"创新设计思维"
数字媒体与艺术设计类新形态丛书

多媒体技术及应用

案例教程

第3版 微课版

李建芳 主编

人民邮电出版社

北 京

图书在版编目（CIP）数据

多媒体技术及应用案例教程：微课版 / 李建芳主编
. -- 3版. -- 北京：人民邮电出版社，2024.8
（"创新设计思维"数字媒体与艺术设计类新形态丛书）
ISBN 978-7-115-63925-7

Ⅰ. ①多… Ⅱ. ①李… Ⅲ. ①多媒体技术－高等学校
－教材 Ⅳ. ①TP37

中国国家版本馆CIP数据核字(2024)第050246号

内 容 提 要

本书根据教育部高等学校大学计算机课程教学指导委员会编制的《大学计算机基础课程教学基本要求》中有关"多媒体技术及应用"课程的教学要求编写而成，主要介绍各类媒体素材的处理与合成技术，以及相关的多媒体技术基本理论。全书分为两部分：第一部分基础知识篇，共6章，分别为多媒体技术概述、图形图像处理、动画设计、音频编辑、视频处理、多媒体作品合成；第二部分实验篇，分别对应第一部分的第1章~第6章内容。

本书由浅入深，循序渐进地介绍多媒体技术的理论及应用，案例丰富，实用性强。通过对本书的学习，读者可掌握多媒体素材的处理与合成方法，了解多媒体技术的相关基本理论，提高多媒体作品的设计能力与数字素养。

本书可以作为高等院校数字媒体技术、网络与新媒体等专业相关课程的教材，也可作为多媒体技术应用的社会培训教材及广大多媒体爱好者的参考书。

◆ 主　编　李建芳
责任编辑　许金霞
责任印制　陈　犇

◆ 人民邮电出版社出版发行　　北京市丰台区成寿寺路 11 号
邮编　100164　　电子邮件　315@ptpress.com.cn
网址　https://www.ptpress.com.cn
三河市兴达印务有限公司印刷

◆ 开本：787×1092　1/16
印张：19　　　　　　　　　2024 年 8 月第 3 版
字数：554 千字　　　　　　2025 年 1 月河北第 2 次印刷

定价：69.80 元

读者服务热线：(010)81055256　印装质量热线：(010)81055316
反盗版热线：(010)81055315
广告经营许可证：京东市监广登字 20170147 号

前言 / FOREWORD

随着计算机技术与通信技术的飞速发展，多媒体技术的应用已经渗透到人类社会的各个领域，改变了人们的学习和生活方式。了解多媒体技术并掌握其相关应用，是当代大学生应该具备的基本数字素养。本书依据普通高校中多媒体技术课程的教学大纲进行编写，注重理论的严谨性与完整性、技能的实用性与创新性、实践的应用性与发展性，旨在提升读者的多媒体技术的应用能力，力求帮助读者掌握多媒体技术理论与应用。

1. 内容介绍

全书分为两部分。第一部分内容如下。

● 第 1 章　多媒体技术概述。介绍多媒体的基本概念、多媒体计算机系统的基本知识和多媒体技术的主要应用领域等内容。

● 第 2 章　图形图像处理。介绍图形图像处理的基本概念、常用的图形图像处理软件 Photoshop CC 2020 的基本操作和应用案例、矢量绘图软件 Illustrator 2020 的基本用法。

● 第 3 章　动画设计。介绍计算机动画的基本概念、常用的动画设计软件 Animate 2020 的基本操作和应用案例、3ds Max 2020 的简单应用。

● 第 4 章　音频编辑。介绍数字音频的基本知识、常用的音频编辑软件 Audition 2020 的基本操作和应用案例，以及使用 TT 作曲家绘制简谱的方法。

● 第 5 章　视频处理。介绍数字视频的基本知识、常用的视频合成软件 Premiere Pro 2020 的基本操作和应用案例、After Effects 2020 的简单应用。

● 第 6 章　多媒体作品合成。简明扼要地介绍多媒体作品合成的含义、传统数字媒体合成和流媒体合成的基本知识，讲解多媒体作品合成的设计过程。

● 第二部分为实验内容，对应第一部分的第 1 章 ~ 第 6 章。

2. 本书特色

● 涵盖图形、动画、音频、视频等多种多媒体技术理论介绍，全面讲解当下多媒体技术实操方法。

● 以多媒体技术应用的实践操作为主，适当介绍相关理论，体现"做中学"的教学理念。

● 精选兼顾案例的实用性、趣味性和艺术性案例，全面激发读者的学习兴趣，以达到寓教于乐、学以致用的目的。

3. 资源下载

本书的模拟试卷、习题答案，以及相关的实验素材和教学课件，读者可以到人邮教育社区（www.ryjiaoyu.com）下载。

4. 教学建议

如利用本书进行教学，可参考以下建议。

● 针对非艺术类专业的学生，可以以多媒体技术概述、Photoshop 图形图像处理、Animate 动画设

FOREWORD

计和多媒体作品合成等知识为主，音频编辑、视频处理等知识为辅。

- 针对美术、设计、音乐等艺术类专业的学生，可以根据需要选讲 Illustrator、3ds Max、TT 作曲家、After Effects 等模块的内容，并适当拓宽讲解范围。
- 注重强化学生编程思维的院校，可以重点讲解第 3 章的"交互式动画"部分和第 6 章的两个综合案例；并在此基础上，适当深入讲解 ActionScript 3.0 编程的基础知识。

本书由李建芳主编，其他作者有江红、陈志云、高爽、杨云、张凌立等。全书由李建芳统稿。本书作者均为长期从事计算机多媒体课程教学的一线教师。在本书的出版过程中，薛万奉老师在计算机绘谱方面给予了无私的指导与帮助，在此深表感谢。

编　者

2024 年 6 月

目 录　　　CONTENT

CONTENT

1 PART

第一部分
基础知识篇

第1章　多媒体技术概述

1.1 多媒体基本概念

多媒体诞生于20世纪80年代。从诞生到现在短短40多年的时间里，多媒体发展迅速，极大地改变了人们的生活方式，并对许多领域产生了巨大的影响。近些年来，数字高新技术不断取得新的突破，计算机、数码产品（手机、数字电视机等）和网络普及大众，多媒体已经成为当今世界最热门的话题之一。

1.1.1 媒体

媒体（Media）又称传播媒体、传媒或媒介，是表达和传播信息的载体，即信息传播过程中传播者到接收者之间携带和传递信息的一切形式的物质工具、载体或平台，是各种传播工具的总称，如电影、电视、广播、印刷品（图书、报纸等），可以代指新闻媒体或大众媒体，也可以指用于任何目的、传播任何信息和数据的工具。

计算机领域中的媒体概念有两层含义：第一层含义是指传递信息的载体，如文本、声音、图形、图像、动画、视频等，它们借助显示屏、音频卡、视频卡等设备以不同的方式向人们传递信息，这些信息以二进制数据的形式存储在计算机存储器中；第二层含义是指用以存储上述信息的实体，例如磁带、磁盘、光盘、各种移动存储卡等。本章所探讨的多媒体技术中的媒体指的是前者。

国际电话电报咨询委员会CCITT（Consultative Committee on International Telephone and Telegraph）将媒体分为5类：感觉媒体、表示媒体、表现媒体、存储媒体和传输媒体。

1. 感觉媒体（Perception Medium）

感觉媒体是指能直接作用于人的感官，使人产生感觉的媒体，例如语言、文字、图像、声音、动画和视频等。本章探讨的多媒体技术中的媒体主要指感觉媒体。

2. 表示媒体（Representation Medium）

表示媒体是指为加工、处理和传输感觉媒体而人为研究、构造出来的一种媒体，目的是更有效地加工、处理和传输感觉媒体，表示媒体包括图像编码（JPEG、MPEG等）、文本编码（ASCII、Unicode编码、GB 2312等）和声音编码等。

3. 表现媒体（Presentation Medium）

表现媒体是指用于通信中对电信号和感觉媒体进行转换的媒体。键盘、鼠标、扫描仪、摄像机、光笔和话筒等，可视为输入表现媒体；显示器、打印机、扬声器等，可视为输出表现媒体；手机触摸屏可以视为集输入和输出于一体的表现媒体。

4. 存储媒体（Storage Medium）

存储媒体是指用来存放表示媒体的物理介质，例如光盘、硬盘、U盘、只读存储器（Read-Only Memory，ROM）及随机存取存储器（Random Access Memory，RAM）等。

5. 传输媒体（Transmission Medium）

传输媒体是指通信中让信号贯穿或在其中传送的天然信息载体或经加工制成的构件，例如双绞线、同轴电缆、光纤等。

1.1.2　多媒体

多媒体一词译自英文 Multimedia，与多媒体对应的是单媒体（Monomedia），因此，从字面上即可看出，多媒体是由单媒体复合而成的。

多媒体是传统媒体在数字技术的支持下产生的，它不仅具有传统媒体（报纸、图书、广播、电影、电视等）信息传播的功能，还能够在数字存储设备中保存、复制、修改、完善，同时，它处理起来非常方便，而且更加环保和节能。因此，多媒体比传统媒体具有更多的优点和更广阔的发展前景。

在信息技术领域，多媒体是指文本、声音、图像、动画、视频等多种媒体信息的组合。图 1-1-1 所示是由 Animate 合成的多媒体作品截图。

优雅的静图

满屏飞舞的蝴蝶

伴随着背景音乐滚动的字幕

图 1-1-1　多媒体作品截图

多媒体是超媒体（Hypermedia）系统中的一个子集，而超媒体系统是由超链接（Hyperlink）构成的全球信息系统。全球信息系统是 Internet 上使用 TCP/IP 和 UDP/IP 的应用系统。二维多媒体网页使用 HTML、XML 等语言编写，三维多媒体网页使用 VRML 等语言编写。目前大部分多媒体作品使用网络发布。

多媒体一般被看作"多媒体技术"（Multimedia Technology）的同义词。多媒体技术是利用计算机对文本、图形、图像、声音、动画、视频等多种信息进行综合处理、建立逻辑关系并实现人机交互的技术。因此，多媒体不仅指多种媒体本身，还指处理和应用它的一整套技术。本章所阐述的多媒体技术是指使用计算机对多种媒体信息（文本、声音、图形、图像、动画、视频等）进行加工处理，并在各媒体之间建立一定的逻辑连接，形成一个具有集成性、实时性和交互性的系统的综合技术。

多媒体技术具有以下特点。

1．集成性

一方面指多种媒体信息的有机合成，另一方面指处理各种媒体信息所需要的软件工具和硬件设备的集成。对前者，《数字化生存》的作者尼古拉·尼葛洛庞帝曾说过："声音、图像和数据的混合被称作'多媒体'，这个名词听起来很复杂，但实际上，不过是指混合的比特罢了。"

2．实时性

视频的声音与画面密切相关，必须同步进行，任何一方滞后都会影响到信息的准确表达，因此多媒体技术具有实时性。另外，在多媒体网络技术、流媒体传输技术层面，实时性还包含"可以实时发布信息，以更强的时效性反馈信息"的含义。

3．交互性

多媒体技术的交互性具体表现为用户通过人机界面与计算机进行信息交流，从而更有效地控制和使用多媒体信息。人机相互交流是多媒体技术最大的特点。

4．多样化

多媒体技术的多样化是指信息媒体的多样化和媒体处理方式的多样化。多媒体技术可以同时采用图、文、声、像等多种媒体进行信息表达；计算机中相应的各种工具软件和硬件设备处理这些媒体的方式也是多种多样的。

此外，"超链接技术"也是多媒体技术的一个重要特征。通过超链接人们不仅能够即时获取某个领域的最新信息，还可以不断深入，最终得到该领域无限扩展的内容。超链接技术同时也改变了人们循序渐进的信息认知方式，帮助人们形成了联想式的认知方式。

1.2 多媒体关键技术

多媒体的产生和发展对传统媒体产生了巨大的冲击，在很大程度上改变了人们生产和生活的方式，促进了社会生产力的迅速发展。当前，促进多媒体发展的关键技术主要有数据压缩技术、多媒体的采集和存储技术、多媒体信息检索技术、流媒体技术和虚拟现实技术等。因为这些技术取得了突破性的进展，多媒体技术才得以迅速地发展，成为对各种媒体信息具有强大处理能力的高科技技术。

1.2.1 数据压缩技术

随着软硬件技术的发展，多媒体技术也向着高分辨率、高速度和高维度的方向发展，这势必使多媒体的数据量日益增大。例如，1分钟未经压缩的1024像素×768像素的真彩色视频的数据量为3GB，如果不进行压缩，这对计算机的数据处理能力、存储空间和传输速度有着极高要求。因此，压缩算法的研究一直是多媒体领域研究的热点。通常，压缩算法有如下两类。

1．无损压缩

压缩前和解压缩后数据完全一致的压缩算法称为无损压缩。例如，哈夫曼编码（Huffman Coding）就是一种典型的无损压缩算法，它对数据流中出现的各种数据进行概率统计，对概率大的数据采用短编码，对概率小的数据采用长编码，这样就使得数据流压缩后形成的编码位数大大减少。无损压缩的特点是可以百分之百地恢复原始数据，但压缩率较低。

2．有损压缩

无法将数据还原到与压缩前完全一样的压缩算法称为有损压缩。有损压缩的过程中会丢失一些人眼或人耳不敏感的图像或音频信息。虽然丢失的信息不可恢复，但人的视觉和听觉主观上是大部分感受不到的。有损压缩的压缩率高，常见的有损压缩方法有预测编码、变换编码等。

1.2.2 采集与存储技术

近年来，随着计算机软硬件技术的发展，多媒体信息的采集和存储技术也有了很大的发展。

图像的采集包括扫描仪扫描、数码相机拍摄等多种方式。音频素材可通过声卡、音频编辑软件、MIDI输入设备等采集。视频素材可通过录像机、电视机等模拟设备采集，再通过视频采集卡将其转换为数字信号。

多媒体数据的存储从早期的光盘存储器（如CD、VCD和DVD等）发展到当前主流的各种存储卡，如CF卡、SD卡、MMC等以及目前流行的云存储。

云存储指通过集群应用、网格技术或分布式文件系统等，将网络中大量的各种不同类型的存储设备通过应用软件集合起来协同工作，对外提供数据存储和业务访问的一个系统。任何地方的任何一个经过授权的使用者都可以通过标准的公用应用接口来登录云存储系统，享受云存储服务。国内较为著名的云存储服务有百度网盘、乐视云盘、移动彩云、金山快盘、坚果云、酷盘、115 网盘、华为网盘、360 云盘、新浪微盘、腾讯微云、夸克网盘等。

1.2.3 多媒体信息检索技术

随着网络技术及多媒体技术的飞速发展，网络中出现了大量的多媒体信息，其中，图像信息的占比较大，因此，高效的信息检索至关重要。多媒体信息检索技术已经引起人们的广泛关注，基于内容的图像检索（Content-based Image Retrieval，CBIR）是该领域公认的最受关注的研究课题。传统的图像检索都是基于关键词的文本检索，实际检索的对象是文本，并非利用图像本身的特征信息。基于图像内容的检索，是根据图像的特征，如颜色、纹理、形状、位置等，从图像库中查找到的内容相似图像，即利用图像的可视特征进行检索，大大地提高了图像系统的检索能力。

1.2.4 流媒体技术

流媒体（Streaming Media）技术是一种新兴的网络多媒体技术。所谓流媒体是指采用流式传输的方式在互联网上播放的媒体格式。在流媒体出现之前，网络用户要浏览存储在远程服务器上的图像、音频、视频等媒体文件时，必须等到文件的全部数据传输到用户端后才能够播放。流媒体则不同，它将视频文件以特殊的压缩方式分成一个个小数据包，只要一个数据包到达，流媒体播放器就开始播放，而且流媒体文件较小，便于存储和网络传输。之后，流媒体数据陆续"流"向用户端，形成"边传输边播放"模式，直到传输完毕。这种方式解决了用户在数据下载完成前的长时间等待问题。

在网络上实现流媒体技术，需要解决流媒体的制作、发布、传输及播放等方面的问题，而这些问题则需要利用视 / 音频技术及网络技术来解决。

Internet 的迅猛发展和普及为流媒体业务的发展提供了强大的市场动力，流媒体业务变得日益流行。流媒体技术广泛应用于多媒体新闻发布、在线直播、网络广告、电子商务、视频点播（Video on Demand，VOD）、视频监视、视频会议、远程教学、远程医疗等领域。目前网络上使用比较广泛的流媒体软件产品有 3 个，分别是 RealNetworks 公司的 Real Media、Apple（苹果）公司的 QuickTime 和Microsoft（微软）公司的 Windows Media。

1.2.5 虚拟现实技术

虚拟现实（Virtual Reality，VR）技术是一种新型的多媒体技术，它结合了三维图像生成技术、多传感交互技术及高分辨率显示技术，生成逼真的三维虚拟环境，用户可以通过特殊的交互设备，感受到实时的、三维的虚拟环境。虚拟现实技术又称幻境或灵境技术。

虚拟现实技术融合了数字图像处理、计算机图形学、多媒体技术、传感器技术等多个信息技术分支，其实质是提供了一种高级的人与计算机交互的接口，是多媒体技术发展的更高境界。

虚拟现实技术始于军事、航空、航天领域的需求，近年来已广泛地应用于各个行业。例如，在科技开发上，可以用来设计新材料，模拟各种成分的改变对材料性能的影响；在医疗上，可以通过虚拟人体帮助医生更了解人体的构造和功能，还可以通过虚拟手术指导手术的进行；在军事上，使用该技术模拟战争过程可以研究战争、培训指挥员；在娱乐上，虚拟现实技术的应用也非常广泛且前景广阔，例如虚拟电影院，虚拟滑雪场等。

1.3 多媒体个人计算机系统

不同于早期仅能处理文字和数字的微型计算机，多媒体个人计算机（Multimedia Personal Computer，MPC）是指能够对文本、声音、图形、图像、动画、视频等多种媒体进行获取、编辑、处理、存储、输出和表现的一种个人计算机系统。

1.3.1 多媒体个人计算机系统的硬件系统

多媒体个人计算机是在普通计算机的基础上配以一定的硬件板卡和相应软件，并由各种接口部件组成的计算机，除具备高性能的中央处理器，还有多媒体的关键设备，包括各种板卡、多媒体数据存储设备、多媒体数据输入 / 输出设备。MPC 联盟规定多媒体计算机系统至少由 5 个基本组成部分：个人计算机（PC）、光盘驱动器、音频卡、Windows 操作系统、一组音箱或耳机设备。

近年来计算机硬件技术发展迅速，个人购买的计算机配置都已经远高于 MPC 标准，硬件种类越来越多，功能也更为强大，多媒体功能已经成为个人计算机的基本功能。下面介绍多媒体计算机硬件系统中的一些重要设备。

1. 中央处理器

随着芯片技术的发展，多媒体和通信功能被集成到了中央处理器（Central Processing Unit，CPU）中，形成了专用的多媒体 CPU。多媒体 CPU 使得 PC 对音频和视频的处理就如同对数字和文字的处理一样快捷。

近年来市场上又兴起了具有"双核"或"多核"CPU 的计算机系统。"核"即核心，又称内核，是 CPU 最重要的组成部分；CPU 所有的计算、接收 / 存储命令、处理数据工作都由核心执行。多核 CPU 就是指在一个 CPU 上集成了多个运算核心，这大大提高了 CPU 的计算能力，计算机系统的性能也随之得到巨大的提升。

2. 音频卡

音频卡又称声卡（见图 1-1-2），是最基本的多媒体声音处理设备，其功能是实现声音的 A/D（模 / 数）和 D/A（数 / 模）转换。采样频率是影响音频卡性能的一个重要因素，不同的音频卡可支持 11.025kHz、22.05kHz 和 44.1kHz 3 种采样频率（目前高档音频卡的采样频率可达 48kHz）。影响音频卡性能的另一个重要因素是采样分辨率（又称量化精度、量化位数），有 8 位、16 位、32 位之分。采样频率和采样分辨率共同决定音频卡的性能。一般来说，采样频率越高，采样分辨率越高，音频卡的性能越好。

图 1-1-2　音频卡

音频卡支持声音的录制和编辑、合成与播放、压缩和解压缩，并且具有与 MIDI 设备和 CD-ROM 驱动器相连接的功能。在音频卡上连接的音频输入 / 输出设备包括话筒、音频播放设备、MIDI 合成器、耳机、扬声器等。

3. 显卡

显卡（见图 1-1-3），又称图形适配器，是显示高分辨率彩色图像的必备部件，用于控制显示在屏幕上的各个像素。目前大部分计算机上的显卡都支持 800 像素 ×600 像

图 1-1-3　显卡

素、1024 像素 ×768 像素、1280 像素 ×1024 像素或更高像素的分辨率。显存大小直接影响屏幕分辨率、可显示颜色数与画面的垂直更新频率。为支持高分辨率，显卡必须有足够容量的显存（显示缓冲存储器）。显存同时协助处理 3D 画面的运算，大容量的显存有助于提升 3D 数据的处理速度。

4. 视频卡

视频技术使得动态影像能够在计算机中输入、编辑和播放。视频技术通过软件、硬件都能够实现，目前使用较多的是视频卡（见图 1-1-4）。视频卡可分为视频叠加卡、视频捕捉卡、电视编码卡、MPEG 卡和 TV 卡等，其功能是连接摄像机、VCR 影碟机、TV 等设备，以便获取、处理和播放各种数字化视频媒体。

图 1-1-4　视频卡

视频叠加卡用于将标准视频信号进行 A/D 转换后与 VGA 信号叠加。视频捕捉卡（又称视频采集卡）用于将模拟视频信号转换成数字化视频信号，并将其以 AVI 格式存储在计算机中。电视编码卡用于将 VGA 信号转换成标准的视频信号。MPEG 卡（又称解压卡 / 回放卡）用于将音频和视频进行 MPEG 解压缩与回放，该功能现在基本由软件实现。TV 卡用于使计算机能够接收 PAL 制式或 NTSC 制式的电视信号，同时 TV 卡还具有电视频道的选择功能。

5. CD-ROM 驱动器、光盘与 DVD 驱动器

CD-ROM 驱动器是光驱的一种，是用于读写光盘的设备。根据与主机连接方式的不同，CD-ROM 驱动器可分为内置式和外置式两种。还有一种可重复读写型光驱（CD-RW，又称光盘刻录机）。对广大用户来说，光驱早已成为多媒体个人计算机系统的必备配置。

光盘是利用光存储技术实现数据读写的大容量存储器。按读写功能分类，光盘可分为只读光盘（CD-ROM 等）、一次写多次读光盘（CD-R 等）和可擦写光盘（CD-RW 等）3 种。

DVD 驱动器是对 DVD 光盘进行读写操作的设备，按读写方式的不同，DVD 驱动器可分为只读型 DVD 驱动器（即 DVD-ROM 驱动器）、一次性写入型 DVD 驱动器（即 DVD-R 驱动器）和可重复擦写型 DVD 驱动器（即 DVD-RW 驱动器，见图 1-1-5）等。

图 1-1-5　DVD-RW 驱动器

CD-ROM 的容量通常为 650MB。DVD-ROM 的容量要大得多，单面单层 DVD-ROM 的容量是 4.7GB，相当于 7 个 CD-ROM 的容量；双面双层 DVD-ROM 的容量是 17.7GB，是 CD-ROM 容量的几十倍。双面双层 DVD-ROM 已成为多媒体计算机系统升级换代的理想产品。

6. U 盘与固态盘

U 盘（见图 1-1-6）是 "USB 闪存盘" 的简称（又称优盘、闪盘），其基于 USB 接口，采用闪存芯片作为存储介质，无须驱动器。U 盘小巧便携且存储容量大（如 128GB、512GB、1TB 等），使人们可以随时随地轻松交换数据资料，U 盘的出现是移动存储技术的一大突破。

固态盘（见图 1-1-7）的存储介质有两种，一种是闪存，另一种是 DRAM。采用闪存芯片的固态盘，即通常所说的 SSD，例如笔记本计算机的硬盘、存储卡等。SSD 的优点很多（如可移动、数据保护不受电源控制、能适应各种环境等），但缺点是使用年限不高，仅适合个人用户。基于 DRAM 的固态盘，效仿传统硬盘的设计，是一种高性能的存储器，使用寿命很长，但需要独立的电源来保护数据安全。

图 1-1-6 U 盘   图 1-1-7 固态盘

7. 触摸屏

随着多媒体信息查询设备的与日俱增，人们越来越多地使用到触摸屏。利用这种技术，用户只要用手指轻轻地触碰计算机显示屏上的图片或文字就能实现对主机的操作，从而使人机交互更为方便、直接，这种技术大大方便了那些对计算机操作陌生的用户。

触摸屏（touch screen）又称为触控屏、触控面板，是一种可接收触头等输入信号的感应式液晶显示装置。当人们接触了屏幕上的图形按钮后，屏幕上的触觉反馈系统可根据预先编写的程序驱动各种连接装置。触摸屏可用以取代机械式的按钮面板，并借由液晶显示画面打造出生动的影像效果。触摸屏作为一种最新的输入设备，赋予了多媒体崭新的面貌，是目前最简单、方便、自然的一种人机交互方式，是极富吸引力的全新多媒体交互设备。

触摸屏（见图 1-1-8）的应用范围非常广，可用于业务信息的查询，如电信局、税务局、银行、电力等；此外还可应用于办公、工业控制、军事指挥、电子游戏、点歌点菜、多媒体教学等。随着平板计算机和智能手机的普及，触摸屏从公共场合走向了家庭和个人用户。

（a）   （b）   （c）

图 1-1-8 一体机、平板计算机、智能手机的触摸屏

为了丰富多媒体个人计算机的功能，还可配置网卡、打印机与扫描仪（见图 1-1-9）、数字相机、数字摄像机等。目前，PC 的多媒体功能大多是通过附加上述插件和设备来实现。

（a）   （b）

图 1-1-9 打印机（a）与扫描仪（b）

1.3.2　多媒体计算机系统的软件系统

多媒体计算机系统的软件系统包括多媒体操作系统、多媒体信息处理工具和多媒体应用软件 3 个层次。

1．多媒体操作系统

多媒体计算机的使用需要多媒体操作系统的支持。多媒体操作系统在传统操作系统的基础上增加了处理声音、图形、图像、动画、视频等多种媒体信息的功能，如 Windows 98、Windows 2000、Windows XP、Windows Vista、Windows 7、Windows 10、Android、iOS 等。多媒体操作系统支持多任务，支持大容量的存储器；在内存容量不足以支持同时运行多个大型程序时，能够通过虚拟内存技术，借助硬盘空间的交换来扩展内存容量；支持高速的数据传输端口，如 IEEE1394 接口等。Windows 10 是目前被广泛应用的多媒体操作系统。1.3.3 小节将专门介绍 Windows 10 的多媒体工具。

Android 是一种基于 Linux 的自由及开放源代码的多媒体操作系统，由谷歌公司和开放手机联盟开发，主要用于移动设备，如智能手机和平板计算机，并逐渐扩展到其他领域，如电视、数码相机、游戏机等。2014 年 6 月，谷歌公司发布全新移动操作系统 Android L、车载系统、智能手表系统等，旨在从移动设备、穿戴设备、智能家居等方面全方位打造 Android 生态圈。谷歌在互联网已经走过 20 年，从搜索巨人到全面的互联网渗透，谷歌服务（如地图、邮件、搜索等）已经成为连接用户和互联网的重要纽带，而 Android 平台手机将无缝结合这些优秀的谷歌服务。

2．多媒体信息处理工具

多媒体信息处理工具按照用途进行划分，一般可分为多媒体信息加工工具、多媒体信息集成（创作）工具和多媒体播放工具。

（1）多媒体信息加工工具，常用的有以下这些。

- 图形图像处理工具：Photoshop、CorelDRAW、Illustrator 等。
- 声音处理工具：Ulead Audio Editor、Audition、CakeWalk 等。
- 动画制作工具：Gif Animation、Animate、3ds Max、Maya 等。
- 视频处理工具：Ulead Video Editor、Ulead Video Studio（会声会影）、Premiere 等。

（2）多媒体信息集成工具，常用的有以下这些。

- 基于幻灯片的多媒体创作工具 PowerPoint。
- 基于时间顺序的多媒体创作工具 Director、Animate。
- 基于图符的多媒体创作工具 Authorware 等。
- 网页形式的多媒体创作工具 FrontPage、Dreamweaver 等。

（3）多媒体播放工具，常用的有 Windows Media Player、RealPlayer、QuickTime 等。不同格式的多媒体文件要求使用不同的播放软件。Internet 上有多种格式的多媒体文件，浏览器往往无法识别所有格式，此时可以下载对应的插件嵌入浏览器。通常，这些插件安装程序除了会安装供浏览器使用的应用插件外，还会自动安装可独立运行的播放软件。

一般来说，多媒体信息加工工具和多媒体信息集成工具的关系是：首先通过前者加工处理得到所需的各类多媒体素材（图形、图像、声音、动画、视频等），再由后者将上述各类素材进行集成，创作出丰富多彩的多媒体作品和多媒体应用软件。

3．多媒体应用软件

多媒体应用软件是利用多媒体信息处理工具开发的、运行于多媒体计算机上、能够为用户提供某种用途的软件，例如辅助教学软件、游戏软件、电子工具书、电子百科全书等。多媒体应用软件一般具有以下特点：由多种媒体集成，具有超媒体结构，比较注重交互性。

1.3.3 Windows 10 中的多媒体工具

Windows 10 中的多媒体工具主要包括声音设置与音量控制程序、录音机、Windows 媒体播放机（Windows Media Player）和"照片"应用程序等。

1. 声音设置与音量控制程序

在 Windows 10 中，单击桌面左下角的"开始"按钮，单击"设置"按钮⚙，或者右击桌面左下角的"开始"按钮，在弹出的菜单中选择"设置"选项，可以打开"Windows 设置"窗口。单击其中的"系统"图标，在打开的系统设置窗口中，单击左侧的"声音"选项，如图 1-1-10 所示，打开 Windows 10 的"声音"设置窗口（也可以通过右击 Windows 10 桌面右下角的喇叭图标◁»，在弹出的菜单中选择"打开声音设置"选项，打开"声音"设置窗口）。

在图 1-1-10 所示的 Windows 10"声音"设置窗口右上方，单击"声音控制面板"超链接，打开"声音"对话框，如图 1-1-11 和图 1-1-12 所示，在其中可以对 Windows 10 的声音性能参数和相关硬件设备进行配置和属性设置（也可以通过右击 Windows 10 桌面右下角的喇叭图标◁»，在弹出的菜单中选择"声音"选项，打开"声音"对话框）。

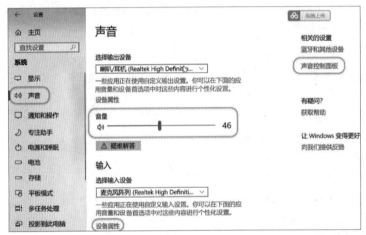

图 1-1-10　Windows 10 中的"声音"设置窗口

图 1-1-11　"声音"对话框（"声音"设置）

（a）"播放"设置

（b）"录制"设置

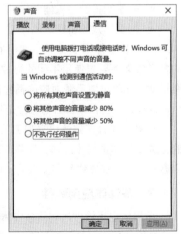

（c）"通信"设置

图 1-1-12　"声音"对话框（其他设置）

通过 Windows 10 的音量合成器，可以实现音量控制。右击 Windows10 桌面右下角的喇叭图标 ，在弹出的菜单中选择"打开音量合成器"选项，打开"音量合成器"窗口，如图 1-1-13 所示。在"音量合成器"窗口中可以打开、关闭声音以及调节喇叭 / 耳机、系统及正在运行的应用程序中的声音。

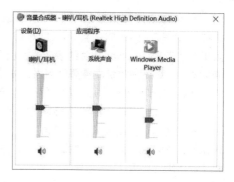

图 1-1-13　Windows 10 中的"音量合成器"窗口

2. 录音机

单击桌面左下角的"开始"按钮，在应用程序列表中单击"录音机"，即可打开 Windows 10 的录音机。

Windows 10 的录音机比以前版本的录音机精简了不少。从界面（见图 1-1-14）上看，刚刚启动的录音机工具只有一个"录制"按钮。

使用录音机可以录制声音，并将其作为音频文件保存在计算机上，还可以使用不同音频设备录制声音（如计算机上连接了声卡的话筒）。录制的音频输入源的类型取决于计算机所拥有的音频设备以及声卡上的输入源。

在使用 Windows 10 录音机录制音频文件前，首先要确保有音频输入设备（如话筒）连接到计算机。单击"录制"按钮 ，即可录制音频，其窗口界面中会显示正在录制的声音信号强弱以及音频的总时间长度。若要停止录制音频，可单击"停止录音"按钮 。

图 1-1-14　Windows 10 的录音机界面

录音完成后，在录音机界面中右击所录制的声音，在弹出的菜单中选择"打开文件位置"选项，如图 1-1-15 所示，可以查看所录制声音的保存位置（Windows 10 录音机所录制的音频文件默认保存为 M4A 格式）。在录音机界面中单击所录制的声音，可以播放声音，如图 1-1-16 所示。可以添加标记以标识录制或播放时的关键时刻；还可以共享、剪裁、删除、重命名所录制的声音；单击"查看更多"按钮可以显示更多的选项。

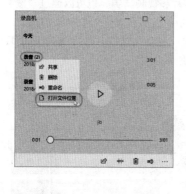

图 1-1-15　打开文件位置

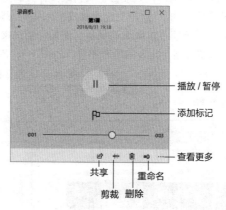

图 1-1-16　播放和编辑所录制声音

3. Windows 媒体播放机

Windows 媒体播放机（Windows Media Player，WMP）是微软公司出品的一款播放器，通常作为 Windows 操作系统中的一个内置组件，也可以从网络下载。

Windows 媒体播放机不仅可以播放 MP3、WMA、WAV 等格式的音频文件，还可以播放 AVI、WMV、MPEG-1、MPEG-2、DVD 等格式的视频文件。对于 Windows Media player 8 及以后的版本，如果安装了 RealPlayer 相关的解码器，也可以播放 RM 格式的文件。用户可以自定义媒体数据库来收藏媒体文件。媒体播放机支持播放列表，支持从 CD 抓取音轨并复制到硬盘。媒体播放机还支持刻录 CD，Windows Media player 9 及以后的版本甚至支持与便携式音乐设备同步音乐。

Windows 10 媒体播放机将媒体库和播放窗口进行了分离。在图 1-1-17 所示的 Windows 10 媒体播放机（媒体库）界面中，单击右下角的"切换到正在播放"按钮，可以切换到图 1-1-18 所示的 Windows 10 媒体播放机（播放）界面，单击右上角的"切换到媒体库"按钮，又可以切换回媒体播放机（媒体库）界面。

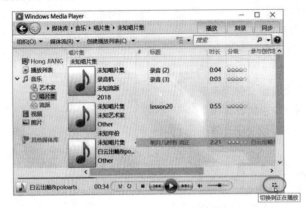

图 1-1-17　媒体播放机（媒体库）界面

图 1-1-18　媒体播放机（播放）界面

4."照片"应用程序

Windows 10 中的"照片"应用程序提供浏览、创建和编辑视频与相册的功能。用户可以借助滤镜、墨迹和 3D 效果等个性化设置实现视频和相册的合成。

单击桌面左下角的"开始"按钮，在应用程序列表中单击"照片"，打开 Windows 10 的"照片"应用程序，如图 1-1-19 所示。

可以按日期、相册、视频项目、人物或文件夹浏览照片和视频集锦。也可以通过"搜索"框查找特定的人物、地点或事物。"照片"应用程序可以识别图像中的人脸和其他对象并添加标记，以帮助用户查找所需内容，而无须不停地滚动鼠标。例如，尝试搜索"海滩"或"小狗"，或者在搜索窗格中选择一张人脸图片以查看包含此人的所有图片，如图 1-1-20 所示。

图 1-1-19　"照片"应用程序窗口

图 1-1-20　基于人脸图片搜索包含此人的所有图片

可以利用"照片"应用程序中的"编辑"命令，对照片进行裁剪、旋转、添加滤镜或自动增强拍摄效果等操作，也可以手动调整照片光线、颜色、清晰度或晕影等，甚至还可以删除红眼、祛除斑点等。

对于打开的视频，可以进行裁剪、添加慢动作、添加降雨彩屑等 3D 效果、将视频保存为帧（照片）、利用绘图添加艺术素材库，以及添加文本、音乐等操作。

对于打开的照片或视频，可以选择"照片"应用程序中的"绘图"命令，从随后出现的 Windows Ink 工具栏中选择自己喜欢的笔触颜色和大小，在打开的照片或视频上绘图，如图 1-1-21 所示。在视频上绘图时，还可以将墨迹附加到视频中特定的人物或其他对象上，随后该墨迹会一直跟随此对象。

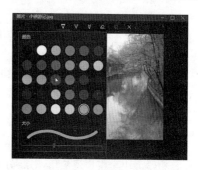

图 1-1-21　在照片上绘图

1.4 其他多媒体终端

多媒体终端是指多媒体产品的承载设备，是用户使用多媒体产品、感受多媒体内容的有形载体。当前主流的多媒体终端除了计算机外，还包括智能手机以及数字电视等数字电子产品。

1.4.1　智能手机

智能手机是指像个人计算机一样，具有独立的操作系统和独立的运行空间，可以由用户自行安装游戏、导航等第三方应用程序，并可以通过移动通信网络或无线局域网等实现 Internet 接入的一类手机总称。

智能手机具有操作系统优秀、可自由安装各类软件、全触屏式操作感这三大特性。智能手机的著名品牌有：苹果、三星、诺基亚、HTC、联想（Lenovo）、华为（HUAWEI）、小米、步步高（VIVO）、中兴（ZTE）、酷派（Coolpad）、魅族（MEIZU）、欧珀（OPPO）、金立（GIONEE）、天语（K-Touch）等。

智能手机的三大主流操作系统分别是谷歌公司的 Android 系统、苹果公司的 iOS 以及微软 Windows Phone 系统。智能手机不仅可以进行传统的通信（通话、发送短信等），还可以上网、拍摄照片和视频及安装各类第三方应用程序。在苹果公司革命性的创新产品 iPhone 的带领下，智能手机开启了一个移动多媒体时代。

1.4.2　数字电视

数字电视是一个从节目采集、节目制作、节目传输到用户端收看，都以数字方式处理信号的系统。2006 年 12 月，荷兰就已经停播地面模拟电视，成为世界上首个实现电视数字化的国家。最近几年，我国也已经完成由电视模拟信号向数字信号的转换，并于 2020 年年底在全国范围内关闭模拟信号。数字电视的具体传输过程为：由电视台送出的图像及声音信号，经数字压缩和数字调制后，形成数字电视信号，再通过卫星、地面无线广播或有线电缆等方式传送；数字电视接收信号后，通过数字解调和数字视音频解码处理还原出原来的图像及声音，全过程均采用数字技术处理，因此信号损失小，接收效果好。

高清数字电视（HDTV）是数字电视的一种，其水平扫描行数至少为 720 行，具有高解析度，宽屏比例为 16 ∶ 9，并且采用多通道传送方式。HDTV 的显示格式共有 3 种，即 720P(1280 像素 × 720 像素，逐行)、1080i(1920 像素 × 1080 像素，隔行) 和 1080P(1920 像素 × 1080 像素，逐行)，其中 P 即 Progressive(逐行)，而 i 则是 Interlaced(隔行) 的意思。我国采用的是 1920 × 1080i/50Hz。

HDTV 可以划分为一体机和分体机。一体机在电视显示器中内置机顶盒的完整功能（信源解码、信道解码、条件接收）。分体机是不带机顶盒的数字电视显示器。目前市场上的数字电视机大多属于分体机，用户需购置机顶盒后才能收看数字电视节目，机顶盒的功能是将数字电视信号转换成模拟信号，这样用户使用普通的模拟电视机就可以收看数字电视节目。

1.5 多媒体技术的应用

诸多领域的应用往往集文字、图形、图像、声音、视频及网络、通信等多媒体技术于一体，并通过计算机和通信设备的数字记录与传送，对上述各种媒体进行处理。

1.5.1 教育领域

多种形式的多媒体教学手段已经在大学、中学、小学中广泛应用，如利用多媒体电子教案进行教学，网络多媒体远程教育，在教学中利用多媒体技术模拟、仿真工艺过程等。合理地进行多媒体教学，可提升教学效果，给教师和学生带来极大的方便。

图 1-1-22 所示为《中国最美古词》多媒体教学课件中的交互式画面。

图 1-1-22　多媒体教学课件

1.5.2 通信领域

多媒体通信技术将多媒体技术与网络技术结合，借助局域网、广域网或移动通信网为用户提供多媒体信息服务。与多媒体通信技术相关的应用领域主要有多媒体电话视频会议、网络视频点播、多媒体信件、远程医疗诊断、远程图书馆等。这些应用深刻改变了人们的工作、生活和学习方式。

图 1-1-23 所示为视频会议示意图，图 1-1-24 所示为远程诊疗示意图。

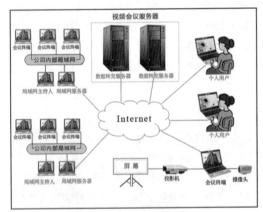

图 1-1-23　视频会议示意图

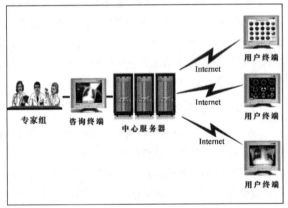

图 1-1-24　远程诊疗示意图

1.5.3 数字媒体艺术领域

数字媒体艺术，是以多媒体技术为基础发展起来的一个新兴领域，是多媒体技术与传统艺术的结合，包括计算机平面设计、数字图形图像（如数字绘画、数字摄影艺术等）、数字动画、网络艺术、数字音乐、数字视频等领域。目前，数字媒体艺术在我国已经得到越来越广泛的应用，其发展前景不可限量。例如，2008 年北京奥运会开幕式上引人注意的光影效果、巨型卷轴画卷（见图 1-1-25）；2010 年的上海世博会中国馆内会动的"清明上河图"（见图 1-1-26），图中的人在走动、河水在流动，一切都栩栩如生。这些都是多媒体技术在数字媒体艺术领域的经典应用。

图 1-1-25　北京奥运会开幕式上的巨型卷轴画卷　　　　图 1-1-26　中国馆内会动的"清明上河图"

1.5.4　商业广告领域

　　如今商业广告已经渗透到社会生活的各个领域。企业通过广告传播新的观念，引领人们追求时尚、感受生活、增加消费，当前，广告的制作与投放成为企业在市场竞争中立于不败之地的重要战略手段。

　　为了有效地传播信息，各企业往往借助多种媒体，集文字、图形、图像甚至声音、动画和视频于一体，制作多媒体广告，并不惜成本，通过户外广告、广播电视和网络等各种途径进行宣传，向广大消费者展示企业理念、产品信息及操作方法等，如图 1-1-27 所示。

图 1-1-27　企业视频广告

1.5.5　电子出版领域

　　电子出版是多媒体技术应用的一个重要方面。电子出版物利用计算机技术将图、文、声、像等信息存储在以磁、光、电为介质的设备中。使用特定的设备可以读取、复制、传输电子出版物。电子出版物（如电子书、电子杂志等）可以将文字、图像、声音、动画、视频等多种信息集成在一起，表现形式丰富，存储密度高。电子出版物的容量大、体积小、制作成本低、检索速度快，易于保存和复制。用多媒体工具可以制作各种电子出版物，例如教材、地图、商业手册等，电子出版市场潜力巨大，发展前景可观。

　　近年来，亚马逊公司推出的 Kindle 电子阅读器作为一种"硬件 + 内容"的电子出版物风靡全球，用户可以通过无线网络在 Kindle 中购买、下载和阅读电子书、报纸、杂志、博客及其他电子媒体。Kindle 除了提供丰富的资源外，还支持网络（包含 Wi-Fi 和 3G 两种网络方式）。

1.5.6　人工智能领域

　　人工智能主要研究如何使用计算机多媒体技术完成以前需要具备人的智能才能够完成的工作；或者说是研究如何借助多媒体计算机的软硬件系统模拟人类智能行为的一门新兴技术科学。其应用包括进行军事领域的作战指挥与作战模拟、飞行模拟，利用机器人协助人类工作等，如图 1-1-28 所示。

　　除了上述领域外，多媒体技术还应用于办公自动化、旅游等领域。

图 1-1-28　利用机器人协助人类工作

习题与思考

一、选择题

1. Windows 10 中的多媒体工具不包括_____。
    A. 录音机   B. Windows 媒体中心
    C. 媒体播放机   D. 照片

2. 多媒体计算机系统的软件系统不包括_____。
    A. 多媒体操作系统   B. 多媒体信息处理工具
    C. 多媒体设备驱动程序   D. 多媒体应用软件

3. 以下不属于多媒体信息加工工具的是_____。
    A. Authorware   B. Photoshop   C. Word   D. Ulead Audio Editor

4. Windows 10 的媒体播放机主要用于_____。
    A. 播放声音和视频   B. 编辑声音和视频
    C. 为声音和视频添加特效   D. 录制声音

5. 一种比较确切的说法是，多媒体计算机是能够_____的计算机。
    A. 接收多种媒体信息   B. 输出多种媒体信息
    C. 播放 CD 音乐   D. 将多种媒体信息融为一体进行处理

6. 多媒体个人计算机在对声音信息进行处理时，必须配置的设备是_____。
    A. 扫描仪   B. 光盘驱动器   C. 音频卡（声卡）   D. 话筒

7. 目前使用的 CD–ROM 光盘的容量大约是_____MB。
    A. 650   B. 2.88   C. 280   D. 1440

8. 下列多媒体信息处理软件中，_____是专门用来制作网页的。
    A. Photoshop 与 Gif Animation   B. Animate 与 Dreamweaver
    C. Authorware 与 Animate   D. FrontPage 与 Dreamweaver

9. Windows 10 中，要将声音分配给事件，应在"Windows 设置"窗口中单击_____图标。
    A. 时间和语言   B. 应用   C. 更新和安全   D. 系统

10. Windows 10 中，要想打开或者关闭 Windows 功能，可在"Windows 设置"窗口中单击
    _____图标。
    A. 系统   B. 应用   C. 账户   D. 更新和安全

11. 在多媒体系统中，用户不是被动接受而是积极参与其中的活动。用户的这种反应和参与主要体
    现了多媒体技术的_____。
    A. 实时性   B. 集成性   C. 交互性   D. 共享性

12. 一个电子地图不仅有数字化地图图片，还有相应地名、建筑物的链接，甚至包括语音注解等，
    这主要体现了多媒体技术的_____。
    A. 实时性   B. 集成性   C. 交互性   D. 共享性

13. 多媒体计算机系统中用于输入 / 输出音频信息的硬件设备是_____。
    A. 显卡   B. 网卡   C. 存储卡   D. 声卡

14. 下列不属于图像输入设备的是_____。
    A. 数码照相机   B. 数码摄像机   C. 扫描仪   D. 投影仪

15. 以下不属于多媒体个人计算机系统的软件系统的是_____。

A．多媒体操作系统　　　　　　　　　B．多媒体交换系统

C．多媒体信息处理工具　　　　　　　D．多媒体应用软件

16．以下不属于多媒体信息加工范畴的是_____。

　　A．图形图像处理　　　B．动画制作　　　　C．视频处理　　　　D．视频会议

17．以下不能用于视频处理的软件是_____。

　　A．Ulead Video Editor　　　　　　　B．Adobe Premiere

　　C．Adobe After Effects　　　　　　　D．Adobe Audition

18．以下不能用于声音处理的软件是_____。

　　A．Ulead Audio Editor　　　　　　　B．Cake Walk

　　C．Maya　　　　　　　　　　　　　D．Adobe Audition

19．对数码相机拍摄的照片进行处理以弥补直接拍摄的不足，最合适的软件是_____。

　　A．Ulead Audio Editor　　　　　　　B．Maya

　　C．Photoshop　　　　　　　　　　　D．Director

20．计算机多媒体技术中的"多媒体"，可以认为是_____。

　　A．文字、图形、图像、声音、动画等　　B．Internet、Photoshop 等

　　C．多媒体个人计算机、ipad　　　　　D．磁带、磁盘、光盘等实体

21．MP3 是_____。

　　A．字符的数字化格式　　　　　　　B．声音的数字化格式

　　C．图形的数字化格式　　　　　　　D．动画的数字化格式

22．以下和多媒体通信技术不相关的领域是_____。

　　A．多媒体电话视频会议　　　　　　B．多媒体信件

　　C．远程医疗诊断　　　　　　　　　D．网络艺术

23．以下不属于 Windows 10 中的多媒体工具的是_____。

　　A．Illustrator　　　　B．Windows Media Player

　　C．录音机　　　　　　D．"照片"应用程序

24．以下不属于图形图像处理软件的是_____。

　　A．Photoshop　　　　B．Premiere

　　C．CorelDRAW　　　D．Illustrator

25．以下与音频卡无连接的输入 / 输出设备为_____。

　　A．话筒　　　　　　B．扫描仪　　　　C．MIDI 合成器　　　D．扬声器

26．以下不属于视频卡的是_____。

　　A．视频叠加卡　　　B．MPEG 卡　　　C．VCR 卡　　　　　D．TV 卡

27．CD-ROM 的容量约为 650 MB。DVD-ROM 的容量要大得多，单面单层 DVD-ROM 的容量是 4.7
GB，相当于 7 个 CD-ROM 的容量；双面双层 DVD-ROM 的容量是_____。

　　A．9.4 GB　　　　　B．12 GB　　　　C．17.7 GB　　　　D．20 GB

二、填空题

1．Windows 10 录音机主要支持扩展名为_____的声音文件。

2．多媒体个人计算机系统包括多媒体计算机_____系统和多媒体计算机_____系统。

3．_____是利用多媒体信息处理工具开发，运行于多媒体计算机上，能够为用户提供某种用
途的软件。

4. 音频卡又称为_____，是最基本的多媒体声音处理设备。

5. 视频技术通过软件、硬件都能够实现，但目前使用较多的是_____。

6. 多媒体个人计算机系统的软件系统包括：_____、_____和_____ 3 个层次。

7. 多媒体通信技术将_____技术与_____技术结合，借助局域网与广域网为用户提供多媒体信息服务。

8. 多媒体操作系统在_____容量不足时，能够通过虚拟内存技术，借助_____空间的交换来扩展内存容量。

9. 音频卡又称声卡，主要功能是实现音频信号的 A/D 和_____转换。

10. _____和采样分辨率是影响音频卡性能的两个重要因素。

11. CD-ROM 驱动器简称_____，是用于读写光盘的设备，可以分为_____式和_____式两种。

12. 光盘是利用_____技术实现数据读写的大容量存储器。按读写功能分类，光盘可分为_____光盘（CD-ROM 等）、_____光盘（CD-R 等）和_____光盘（CD-RW 等）3 种。

13. 在各种视频卡中，视频叠加卡用于将标准视频信号进行 A/D 转换后与 VGA 信号叠加；视频捕捉卡（又称视频采集卡）用于将模拟的视频信号转换成数字化的视频信号，并以_____格式存储在计算机中。

14. MPC 联盟规定多媒体计算机系统至少有 5 个基本组成部分：PC、光盘驱动器、_____、Windows 操作系统、一组音箱或耳机设备。

15. _____也是多媒体技术的一个重要特征，通过它不但能够即时获取某个领域的最新信息，还可以不断深入，最终得到该领域无限扩展的内容。它同时也改变了人们循序渐进的信息认知方式，使人们形成了联想式的认知方式。

16. Windows 10 中的"_____"应用程序提供浏览、创建和编辑视频和相册的功能。用户可以借助滤镜、墨迹和 3D 效果等个性化设置实现视频和相册的合成。

17. 利用 Windows 10 的_____可以将 CD 上的曲目复制到计算机中，形成 .wma 格式的文件。

18. 数字媒体艺术是以多媒体技术为基础发展起来的一个新兴领域，是_____技术与_____的结合，包括计算机平面设计、数字图形图像（如数字绘画、数字摄影艺术等）、计算机动画、网络艺术、数字音乐、数字视频等诸多领域。

19. 计算机领域中的媒体概念有两层含义：第一层含义是指传递信息的_____，如文本、声音、图形、图像、动画、影视等；第二层含义是指用以存储上述信息的_____，如磁带、磁盘、光盘、各种移动存储卡等。

20. 从信号处理的角度出发可把附加的多媒体设备分为_____和_____两大类。

三、思考题

1. 简述 Windows 10 的录音机和媒体播放机的功能。

2. 在录音和播放声音时如何进行音量控制？

3. 怎样将声音方案分配给系统事件？

4. 联系实际，举例说明多媒体技术在相关领域的应用情况。

第 2 章　图形图像处理

2.1 基本概念

为了更好地学习和掌握图形图像处理的实用技术，了解图形图像一些相关的基本概念是很有必要的，下面进行具体介绍。

2.1.1　位图与矢量图

数字图像分为两种类型：位图与矢量图。在实际应用中，二者为互补关系，各有优势，只有相互配合，取长补短，才能使图像达到最佳表现效果。

1. 位图

位图也叫点阵图、光栅图或栅格图，由一系列像素组成。像素是构成位图的基本单位，每个像素都被分配了一个特定的位置和颜色值。位图中所包含的像素越多，其分辨率越高，画面内容表现得越细腻，但文件所占用的存储空间也越大。位图缩放时将造成画面模糊与变形（见图1-2-1）。

数码相机、数码摄像机、扫描仪等设备和一些图形图像处理软件（如 Photoshop、Corel PHOTO-PAINT、Windows 的绘图程序等）都可以生成位图。

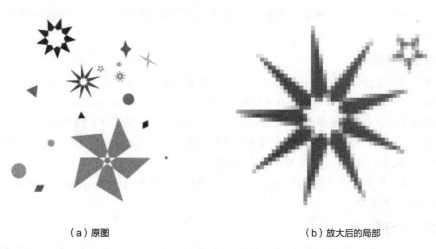

(a) 原图　　　　　　　　　　　　　　(b) 放大后的局部

图1-2-1　位图

2. 矢量图

矢量图就是利用矢量进行绘制的图。矢量图中各元素（这些元素称为对象）的形状、大小都是借助数学公式表示的，同时调用调色板表现色彩。矢量图形与分辨率无关，缩放多少倍都不会影响画质（见图1-2-2）。

生成矢量图的常用软件有 CorelDRAW、Illustrator、Flash、AutoCAD、3ds Max、Maya 等。

（a）原图　　　　　　　　　　　　　　（b）放大后的局部

图1-2-2　矢量图

　　一般情况下，矢量图所占用的存储空间较小，而位图则较大。位图擅长表现细腻柔和、过渡自然的色彩（如渐变、阴影等），其画面内容更趋真实，如风景照、人物照等。矢量图则更适合表现平滑、流畅的线条，可以无限缩放而不变形，常用于图形设计、标志设计、图案设计、字体设计、服装设计等。

2.1.2　分辨率

　　根据不同的设备和用途，分辨率的概念有不同的诠释。

1. 图像分辨率

　　图像分辨率指图像每单位长度上的像素点数，其单位通常为像素 / 英寸（Pixels/Inch，ppi）或像素 / 厘米（Pixels/cm）等。图像分辨率的高低反映的是图像中存储信息的多少，分辨率越高，图像质量越好。

2. 显示器分辨率

　　显示器分辨率指显示器每单位长度上能够显示的像素点数，通常以点 / 英寸（Dots/Inch，dpi）为单位。显示器的分辨率取决于显示器的大小及其显示区域的像素设置，通常为96点 / 英寸或72点 / 英寸。

　　理解了显示器分辨率和图像分辨率的概念，就可以理解图像在显示屏上的显示尺寸常常不等于其打印尺寸的原因。图像在屏幕上显示时，图像中的像素将转化为显示器像素。此时，当图像分辨率高于显示器分辨率时，图像的屏幕显示尺寸将大于其打印尺寸。

　　另外，若两幅图像的分辨率不同，将其中一幅图像的图层复制到另一幅图像时，该图层图像的显示大小也会发生相应的变化。

3. 打印分辨率

　　打印分辨率指打印机每单位长度上能够产生的墨点数，通常以点 / 英寸为单位。一般激光打印机的分辨率为600点 / 英寸 ~ 1200点 / 英寸，多数喷墨打印机的分辨率为300点 / 英寸 ~ 720点 / 英寸。

4. 扫描分辨率

　　扫描仪在扫描图像时，将源图像划分为大量的网格，然后在每一个网格里取一个样本点，以其颜色值表示该网格内所有点的颜色值。按上述方法在源图像每单位长度上能够取到的样本点数，称为扫描分辨率，通常以点 / 英寸为单位。可见，扫描分辨率越高，扫描得到的数字图像的质量越好。扫描仪的分辨率有光学分辨率和输出分辨率两种，购买时主要考虑的是光学分辨率。

5. 位分辨率

位分辨率是指计算机采用多少个二进制位表示像素点的颜色值，也称位深。位分辨率越高，能够表示的颜色种类越多，图像色彩越丰富。

对 RGB 图像来说，24 位（红、绿、蓝 3 种原色各 8 位，能够表示 2^{24} 种颜色）以上称为真彩色，自然界里肉眼能够分辨出的各色光的颜色都可以用其表示出来。

2.1.3　常用的图形图像文件格式

一般来说，不同的图像压缩编码方式决定数字图像的不同文件格式。了解不同的图形图像文件格式，对于选择有效的方式处理图像以及提高图像质量，具有重要意义。

- BMP 格式。BMP 是 Bitmap（位图）的缩写，是 Windows 系统的标准图像文件格式，应用广泛。Windows 环境中的几乎所有图文处理软件都支持 BMP 格式。BMP 格式采用无损压缩或不压缩的方式处理图像，其包含的图像信息丰富，但文件数据量较大。BMP 格式支持黑白、16 色、256 色和真彩色。

- PSD 格式。Photoshop 的基本文件格式，能够存储图层、通道、蒙版、路径和颜色模式等各种图像信息，是一种非压缩的原始文件格式。PSD 文件数据量较大，几乎可以保留所有的原始信息，对于尚未编辑完成的图像，最好选用 PSD 格式进行保存。

- JPEG（JPG）格式。目前广泛使用的位图格式之一，属于有损压缩格式，压缩率较高，文件数据量小，但图像质量较高。该格式支持 24 位真彩色，适合保存色彩丰富、内容细腻的图像，如人物照、风景照等。JPEG（JPG）格式是目前网上主流的图像格式之一。

- GIF 格式。无损压缩格式，分静态和动态两种，是当前广泛使用的位图格式之一，最多支持 8 位（即 256 种）色彩，适合保存色彩和线条比较简单的图像，如卡通画、漫画等（该类图像保存成 GIF 格式将使数据量得到有效压缩）。GIF 图像支持透明色，支持颜色交错技术，是目前网上主流的图像格式之一。

- PNG 格式。PNG 是可移植网络图形（Portable Network Graphic）的英文缩写，是专门针对网络使用而开发的一种无损压缩格式。PNG 格式支持透明色，支持颜色交错技术，但与 GIF 格式不同的是，PNG 格式支持矢量元素，支持真彩色及消除锯齿边缘的功能，因此可以在不失真的情况下压缩保存图形图像。PNG 格式还支持 1 ～ 16 位的图像 Alpha 通道。PNG 格式的发展前景非常广阔，被认为是未来 Web 图形图像的主流格式。

- TIFF 格式。TIFF 格式应用非常广泛，主要用于在应用程序之间和不同计算机平台之间交换文件。几乎所有的绘图软件、图像编辑软件和页面排版软件都支持 TIFF 格式；几乎所有的桌面扫描仪都能生成 TIFF 格式的图像。TIFF 格式支持 RGB、CMYK、Lab、索引和灰度、位图等多种颜色模式。

- PDF 格式。PDF 是可移植文档格式（Portable Document Format）的英文缩写。PDF 格式适用于各种计算机平台，是可以被 Photoshop 等多种应用程序所支持的通用文件格式。PDF 文件可以存储多种信息，其中可包含文字、页面布局、位图、矢量图、文件查找和导航功能（例如超链接）。PDF 格式是 Illustrator 和 Adobe Acrobat 软件的基本文件格式。

- WMF 格式。WMF 格式是 Windows 中常见的一种图元文件格式，全称为 Windows Metafile Format，属于矢量文件格式。WMF 格式的图形文件往往由多个独立的图形元素拼接而成，WMF 文件数据量小，多用于图案造型，但所呈现的图形一般比较粗糙。

- CDR 格式。CDR 格式是矢量绘图大师 CorelDRAW 的源文件格式，CDR 文件数据量较小，可无级缩放而不模糊或变形（这也是所有矢量图的优点）。CDR 格式兼容性较差，只能被除 CorelDRAW 之外的极少数图形图像处理软件（如 Illustrator）打开或导入。即使在 CorelDRAW 的不同版本之间，CDR 格式的兼容性也不太好。

● AI 格式。AI 格式是著名的矢量绘图软件 Illustrator 的源文件格式，其兼容性优于 CDR 格式，可以直接在 Photoshop 和 CorelDRAW 等软件中打开，也可以导入 Flash。与 PSD 文件类似，AI 文件也是一种分层文件，用户可将不同的对象置于不同的图层上分别进行管理。两者的区别在于 AI 文件基于矢量输出，而 PSD 文件基于位图输出。

其他比较常见的图形图像文件格式还有 TGA、PCX、EPS 等。

2.1.4 常用的图形图像处理软件

常用的图形图像处理软件有 Photoshop、CorelDRAW、Illustrator、AutoCAD、3ds Max 等。

1. Photoshop

Photoshop 是 Adobe 公司推出的一款专业的图形图像处理软件，广泛应用于影像后期处理、平面设计、数字相片修饰、Web 图形制作、多媒体产品设计制作等领域，是同类软件中当之无愧的图像处理大师。Photoshop 处理的主要是位图，但其路径造型功能也非常强大，几乎可以与 CorelDRAW 等矢量绘图软件相媲美。与其他同类软件相比，Photoshop 在图像处理方面具有明显的优势，是多媒体作品制作人员和平面设计爱好者的首选工具之一。

2. CorelDRAW

CorelDRAW 是由 Corel 公司推出的一流平面矢量绘图软件，功能强大，使用方便，它集图形设计、文本编辑、位图编辑、图形高品质输出于一体。CorelDRAW 主要用于平面设计、工业设计、CIS 形象设计、绘图、印刷排版等领域，深受广大图形爱好者和专业设计人员的喜爱。

3. Illustrator

Illustrator 是由 Adobe 公司开发的一款重量级平面矢量绘图软件，是出版、多媒体和网络图像工业的标准插图软件，功能强大。Illustrator 在桌面出版（又称桌上出版）领域具有明显的优势，是出版业使用的标准矢量工具。Illustrator 能够方便地与 Photoshop、CorelDRAW、Animate 等软件进行数据交换。

4. AutoCAD

AutoCAD 是 Autodesk 公司开发的计算机辅助设计软件，用于二维绘图和基本三维设计，在众多 CAD 软件中最具影响力、使用人数最多，主要应用于工程设计与制图。AutoCAD 的通用性较强，能够在各种计算机平台上运行，并可以进行多种图形格式的转换，具有很强的数据交换能力，目前已经成为国际上广为流行的绘图工具。

5. 3ds Max

3ds Max 是由 Autodesk 公司开发的三维矢量造型和动画设计软件，主要应用于工业品设计、建筑设计、影视动画制作、游戏开发、虚拟现实内容生产等领域。在众多的三维软件中，3ds Max 开放程度高，学习难度相对较小，功能比较强大且完全能够胜任复杂图形与动画的设计，因此，3ds Max 目前具有庞大的用户群。

上述软件各有优势，合理配合使用，可以创作出质量更高的图形图像作品。例如制作室内外效果图时，最好先使用 AutoCAD 建模，然后在 3ds Max 中进行材质贴图和灯光处理，最后在 Photoshop 中进行后期处理，如添加人物和花草树木等。

2.2 图像处理大师 Photoshop

启动 Photoshop CC 2020，其工作界面如图 1-2-3 所示，包含菜单栏、选项栏、工具箱、图像编辑窗口和浮动面板等组件。

图 1-2-3 Photoshop CC 2020 的工作界面

- 工具箱：汇集了 Photoshop CC 2020 的基本工具及选色、图像编辑模式等按钮。按钮右下角有三角形标记的是工具组，在工具组上右击或长按鼠标左键可展开工具组，以选择组中其他工具。
- 选项栏：用于设置当前工具的基本参数，其显示内容随所选工具的不同而变化。
- 文件标签：显示文件名称、文件格式、缩放比例、颜色模式、当前图层名称等信息。
- 图像编辑窗口：显示和编辑图像的区域。右击图像周围的空白区域，利用弹出的菜单可以改变空白区域的颜色。
- 浮动面板：汇集了 Photoshop 的众多核心功能。各面板允许随意组合，形成多个面板组。通过【窗口】菜单可以控制各面板的显示与隐藏。

 提示

选择菜单命令"编辑 | 首选项 | 界面"，打开"首选项"对话框，利用其中的"颜色方案"选项可以修改工作界面的亮度。

2.2.1 基本工具

1. 选择工具

Photoshop 的选择工具用来创建选区（选取要编辑的图像，并保护选区外的图像免受破坏）。数字图像的处理经常是在局部进行的，因此需要先创建选区，再进行编辑。选区创建得准确与否，直接关系到图像处理的质量。因此，选择工具在 Photoshop 中有着特别重要的地位。Photoshop 的选择工具包括选框工具组、套索工具组和对象选择工具组中的工具。

（1）矩形选框工具[::]

矩形选框工具与椭圆选框工具用于创建具有规则几何形状的选区。在工具箱中选择矩形选框工具，按住鼠标左键并拖动鼠标，通过确定对角线的长度和方向创建矩形选区。矩形选框工具的选项栏如图1-2-4所示。

图 1-2-4　矩形选框工具的选项栏

①选区运算按钮。

● "新选区"按钮■：默认选项，作用是创建新的选区，若图像中已经存在选区，则新创建的选区会取代原有选区。

● "添加到选区"按钮■：将新创建的选区与原有选区进行求和（并集）运算。

● "从选区减去"按钮■：将新创建的选区与原有选区进行减法（差集）运算，即从原有选区中减去与新选区重叠的区域。

● "与选区交叉"按钮■：将新创建的选区与原有选区进行交集运算，即保留新选区与原有选区重叠的区域。

②羽化。

羽化的实质是以选区边缘为中心，以设置的羽化值为半径，在选区边缘内外形成一个选择强度由100%逐步减弱到0%的渐变区域（试一试对羽化的选区进行填色）。"羽化"参数必须在选区创建之前设置才有效。使用菜单命令"选择|修改|羽化"可以对已经创建好的选区进行羽化。

③消除锯齿。

该选项作用是消除选区边缘的锯齿，以获得边缘更加平滑的选区。

④样式。

● 正常：默认选项，通过拖动鼠标随意指定选区的大小。

● 固定比例：通过拖动鼠标创建具有指定长宽比的选区。

● 固定大小：通过单击创建具有指定宽度和高度的选区。默认单位是像素，若想改变单位，可右击"宽度"或"高度"数值框，从弹出的菜单中选择其他单位。

⑤选择并遮住。

"选择并遮住"按钮（或"选择|选择并遮住"菜单命令）用于对现有选区的边缘进行细微的调整，如调整边缘范围、对比度、平滑度和羽化度等。它同时还取代了之前版本的"抽出"滤镜，用来选取毛发等细微图像。

（2）椭圆选框工具○

选择椭圆选框工具，按住鼠标左键并拖动鼠标，可创建椭圆形选区。其选项栏与矩形选框工具的类似。

使用矩形选框工具或椭圆选框工具创建选区时，若按住 Shift 键，可创建正方形或圆形选区；若按住 Alt 键，则以首次单击点为中心创建选区；若同时按住 Shift 键与 Alt 键，则以首次单击点为中心创建正方形或圆形选区。在实际操作中，应先按住键盘功能键（Shift、Alt 或 Shift+Alt），再按住鼠标左键，拖动鼠标以创建选区；最后先松开鼠标，再松开键盘功能键，完成选区的创建。

（3）套索工具 ⌀

套索工具用于创建手绘的选区，其用法如下。

STEP 1 选择套索工具，设置选项栏参数。

STEP 2 在待选对象的边缘按住鼠标左键，沿着对象边缘拖动鼠标以圈选对象。当鼠标指针回到起始点时松开鼠标可闭合选区；若鼠标指针未回到起始点便松开鼠标，起点与终点将以直线段相连，形成闭合选区。

套索工具用于选择与背景颜色对比不强烈且边缘复杂的对象。

（4）多边形套索工具 ⌀

多边形套索工具用于创建多边形选区，其用法如下。

STEP 1 选择多边形套索工具，设置选项栏参数。

STEP 2 在待选对象边缘的某拐点上单击，确定选区的第 1 个紧固点；将鼠标指针移动到相邻拐点上再次单击，确定选区的第 2 个紧固点；依次操作下去。当鼠标指针回到起始点时（此时鼠标指针旁边会出现一个小圆圈）单击可闭合选区；当鼠标指针未回到起始点时，双击可闭合选区。

多边形套索工具适合选择边缘为直线段的对象。在使用多边形套索工具创建选区时，按住 Shift 键，可以确定水平、竖直或方向为 45° 倍数的直线段选区边缘。

（5）磁性套索工具 ⌀

磁性套索工具特别适用于快速选择与背景颜色对比强烈且边缘复杂的对象。其特有的选项栏参数如下。

- 宽度：指定检测宽度，单位为像素，这决定了鼠标指针周围有多少像素能被检测到。
- 对比度：指定鼠标指针感应图像边缘的灵敏度，取值范围为 1% ~ 100%。设置较高的数值时只检测指定宽度内对比强烈的边缘，设置较低的数值时可检测到低对比度的边缘。
- 频率：指定产生紧固点的数量，取值范围为 0 ~ 100。设置较高的频率时所选对象的边缘上将产生更多的紧固点。
- 绘图板压力 ⌀：如果配置有数位板和压感笔，可根据压感笔的压力调整检测范围。

磁性套索工具的基本用法如下。

STEP 1 选择磁性套索工具，根据需要设置选项栏参数。

STEP 2 在待选对象的边缘单击，确定第 1 个紧固点。

STEP 3 沿着待选对象的边缘移动鼠标指针，创建选区。在此过程中，磁性套索工具自动将紧固点添加到选区边缘上。

STEP 4 若选区边缘不易与待选对象的边缘对齐，可在待选对象边缘的适当位置单击，手动添加紧固点；然后继续移动鼠标指针选择对象。

STEP 5 当鼠标指针回到起始点时（此时鼠标指针旁边会出现一个小圆圈）单击可闭合选区。当鼠标指针未回到起始点时，双击可闭合选区，但起点与终点将以直线段连接。

（6）对象选择工具 ⌀

对象选择工具是基于人工智能的快选工具，通过矩形框选或套索圈选对象，系统将智能识别对象边缘，从而形成选区，其选项栏如图 1-2-5 所示。

图 1-2-5　对象选择工具的选项栏

- 模式：设置对象选择工具的选择模式，包括"矩形"和"套索"两种。

- 对所有图层取样：选中该复选框后将基于所有可见图层创建选区；否则，仅参照当前图层创建选区。
- 自动增强：自动加强选区的边缘。
- 减去对象：在定义的区域内自动查找对象边缘，并减去对象外的区域。
- 选择主体：单击该按钮，自动选择图像中较为突出的主体对象。

有人称对象选择工具是抠图"神器"，其实没那么神奇，对于边缘比较复杂的对象，其处理结果不一定完美，此时可使用"选择并遮住"菜单命令、快速蒙版或其他工具对选区细节做进一步处理。

（7）魔棒工具✍

魔棒工具适用于快速选择颜色相近的区域，其用法如下。

STEP 01 选择魔棒工具，根据需要设置选项栏参数。

STEP 02 在待选的图像区域内某一点单击。

魔棒工具的选项栏中除了选区运算按钮、"消除锯齿"复选框、"对所有图层取样"复选框外，还有以下选项。

- 取样大小：用于设置取样范围，例如在 3 像素 ×3 像素的矩形区域内，对 9 个像素颜色的平均值进行取样。
- 容差：用于设置颜色值的差别程度，取值范围为 0 ~ 255，系统默认值为 32。使用魔棒工具选择图像时，系统将比较其他像素点与单击点的颜色值，只有差别在容差范围内的像素才被选中。一般来说，"容差"值越大，所选中的像素越多。"容差"值为 255 时，可选中整个图像。
- 连续：选择在容差范围内并与取样点相邻的像素；否则，会选中图像上在容差范围内的所有像素。

（8）快速选择工具✍

快速选择工具以涂抹的方式"画"出不规则的选区，也能够快速选择多个颜色相近的区域。它比魔棒工具的功能更强大，使用起来也更方便快捷。其选项栏如图 1-2-6 所示。

图 1-2-6 快速选择工具的选项栏

- 画笔大小：用于设置快速选择工具的笔触大小、硬度和间距等属性。
- 增强边缘：自动加强选区的边缘。

选择的区域较大时，应设置较大的笔触；选择的区域较小时，应设置较小的笔触。

2. 绘画与填充工具

绘画与填充工具包括笔类工具组、橡皮擦工具组、填充工具组、形状工具组、文字工具组和吸管工具组中的工具。使用这些工具能够方便地创建或修改图像，如绘制线条、擦除颜色、填充颜色、绘制各种形状、创建文字、吸取颜色等。

（1）画笔工具✍

画笔工具的基本用法是使用前景色绘制线条，其选项栏如图 1-2-7 所示。

图 1-2-7 画笔工具的选项栏

- ⬚：单击该按钮打开"画笔预设"选取器（见图 1-2-8），从中可以选择预设的画笔笔尖形状，并可以更改预设画笔笔尖的大小和硬度。

● ![icon]：单击该按钮打开"画笔设置"面板（见图 1-2-9），从中可以选择预设画笔并可以修改预设画笔的各项参数。"画笔设置"面板的参数介绍如下。

√画笔笔尖形状：用于设置画笔笔尖形状的各项参数，包括形状、大小、翻转、角度、圆度、硬度和间距等。

在"画笔设置"面板中，通过设置"形状动态""散布"等参数还可以得到特殊的画笔效果。

图 1-2-8 "画笔预设"选取器

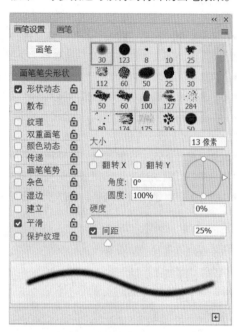

图 1-2-9 "画笔设置"面板

● 模式：设置画笔模式，使当前画笔颜色以指定的颜色混合模式应用到图像上，默认选项为"正常"。

● 不透明度：设置画笔的不透明度，取值范围为 0% ～ 100%。

● 流量：设置画笔的涂抹速度，取值范围为 0% ～ 100%。低于 100% 的取值会使笔画产生间断且透明的效果。

● ![icon]：选择该按钮，可将画笔转换为喷枪，通过控制鼠标的移动快慢可以得到不同的喷涂效果。

● ![icon]：选择该按钮后，用数位板绘画时画笔压力可影响画笔的不透明度和流量。

（2）铅笔工具 ![icon]

铅笔工具与画笔工具用法类似，不同的是，使用铅笔工具只能绘制硬边线条，且笔画边缘不平滑，锯齿明显。

（3）历史记录画笔工具 ![icon]

利用"历史记录"面板上标记的记录或快照进行绘图，可使局部图像得以恢复。其选项栏与画笔工具的类似。

（4）橡皮擦工具 ![icon]

橡皮擦工具用于擦除图像。在背景图层上擦除时，被擦除区域的颜色被当前背景色取代；在位图图层上擦除时，被擦除区域变为透明区域；在包含矢量元素的图层（如文字图层、形状图层等）上不能使用该工具。

（5）油漆桶工具

油漆桶工具用于填充单色（当前前景色）或图案。其选项栏如图1-2-10所示。

填充类型

图1-2-10 油漆桶工具的选项栏

- 填充类型：包括"前景"和"图案"两种，选择"前景"（默认选项）时，使用前景色进行填充；选择"图案"时可从右侧的"图案"拾取器（见图1-2-11）中选择预设图案或自定义图案进行填充。
- 模式：指定填充内容以何种颜色混合模式应用到要填充的图像上。
- 不透明度：设置填充颜色或图案的不透明度。
- 容差：用于控制填充范围，"容差"值越大，填充范围越广。其取值范围为0 ~ 255，系统默认值为32。
- 消除锯齿：选中该复选框，可使填充区域的边缘更平滑。
- 连续的：默认选项，作用是将填充区域限定在与单击点颜色匹配的相邻区域内。
- 所有图层：选中该复选框，将基于所有可见图层进行填充；否则，仅参照当前图层进行填充。

图1-2-11 "图案"拾取器

（6）渐变工具

渐变工具用于填充各种渐变色。其选项栏如图1-2-12所示。

图1-2-12 渐变工具的选项栏

- ■：单击右侧的 按钮，可打开"渐变"拾取器（见图1-2-13），从中可选择所需渐变色；单击左侧的 按钮，则打开"渐变编辑器"对话框（见图1-2-14），可在其中对当前选择的渐变色进行编辑或定义新的渐变色。
- ■■■■■：用于设置渐变种类，从左向右依次是线性渐变、径向渐变、角度渐变、对称渐变和菱形渐变。
- 模式：指定当前渐变色以何种颜色混合模式应用到图像上。
- 不透明度：用于设置渐变色的不透明度。
- 反向：选中该复选框，可反转渐变色中的颜色顺序。
- 仿色：选中该复选框，可用递色法增加中间色调，形成更加平滑的过渡效果。
- 透明区域：选中该复选框，可使不透明度设置生效。

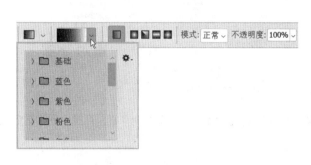

图 1-2-13 "渐变"拾取器　　　　　　　　　图 1-2-14 "渐变编辑器"对话框

下面举例说明渐变工具的基本用法。

STEP 1 打开"第 2 章素材 / 鸡蛋 .jpg",如图 1-2-15 所示。

STEP 2 将前景色设置为白色。

STEP 3 选择渐变工具，在选项栏中选择"菱形渐变"（其他选项保持默认设置：模式为正常,不透明度为 100%,不选"反向",选择"仿色"和"透明区域")。

STEP 4 打开"渐变"拾取器,在"基础"预设分组中选择"前景色到透明渐变"。

STEP 5 在图像上拖动鼠标指针,形成菱形渐变效果。

STEP 6 改变鼠标指针拖动的方向和距离,在不同位置创建多个渐变效果,如图 1-2-16 所示。

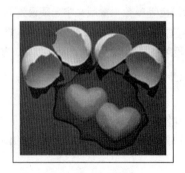

图 1-2-15　素材图像　　　　　　　　　图 1-2-16　菱形渐变效果

（7）形状工具

形状工具包括矩形工具、圆角矩形工具、椭圆工具、多边形工具、直线工具和自定形状工具，用于创建形状图层、路径或位图形状。Photoshop 的自定形状工具还提供了丰富的图形资源。自定形状工具的用法如下。

STEP 1 选择自定形状工具，在选项栏中选择"像素"工具模式。

STEP 2 在选项栏中单击"形状"右侧的按钮,打开"自定形状"拾取器,从中可选择多种形状。

STEP 3 单击"自定形状"拾取器右上角的按钮,打开拾取器菜单。通过该菜单可将更多的形状导入"自定形状"拾取器,如图 1-2-17 所示。

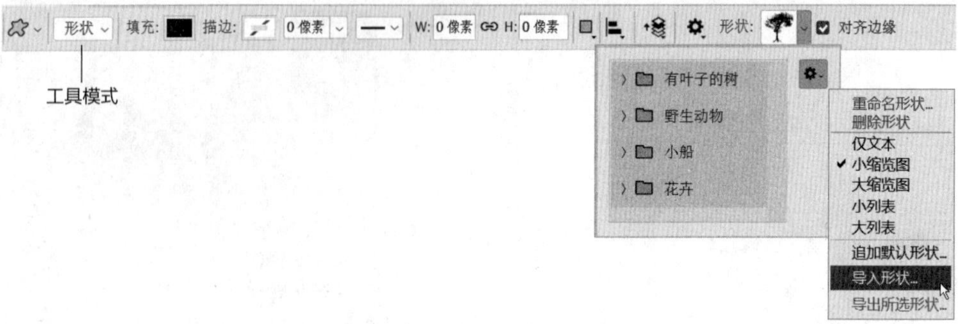

图 1-2-17　将更多的形状导入"自定形状"拾取器

STEP 4 设置前景色。在图像中拖动鼠标指针绘制自定形状。按住 Shift 键，可按比例绘制自定形状。

（8）文字工具

文字工具包括横排文字工具、直排文字工具、横排文字蒙版工具和直排文字蒙版工具。文字工具的选项栏如图 1-2-18 所示。文字工具的基本用法如下。

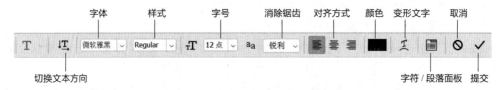

图 1-2-18　文字工具的选项栏

STEP 1 在工具箱中选择所需的文字工具。

STEP 2 在选项栏中设置文字的字体、字号和颜色等参数（蒙版文字无须设置颜色）。

STEP 3 根据需要可单击"字符 / 段落面板"按钮，打开"字符"面板或"段落"面板（见图 1-2-19 和图 1-2-20），在其中可设置文字的字符格式或段落格式（包括行间距、字间距、基线位置等）。

STEP 4 在图像中单击，确定文字插入点（若步骤 1 选择的是文字蒙版工具，此时将进入蒙版状态，图像被不透明度为 50% 的红色保护起来）。

STEP 5 输入文字内容。按 Enter 键可换行或分列。

STEP 6 在选项栏中单击"提交"按钮 ✓，完成文字的输入，同时退出文字编辑状态（若单击"取消"按钮 ⊘，则撤销文字的输入）。

文字输入完成后，横排文字和直排文字将产生文字图层，而蒙版文字则仅形成文字选区。

在"图层"面板上双击文字图层的缩览图（此时会选中该层的所有文字），利用选项栏、"字符"面板或"段落"面板可修改文字的属性。最后单击"提交"按钮确认修改操作。

若要修改文字图层中的部分内容，可在选择文字图层和文字工具后，将鼠标指针移到对应字符上，按下鼠标左键拖动选择，然后对其进行修改并提交。

选择文字图层，在选项栏中单击"变形文字"按钮 ⊥，可打开"变形文字"对话框，设置文字的变形方式。

蒙版文字的修改必须在提交之前进行。可拖动鼠标选择要修改的内容，然后重新设置文字参数。

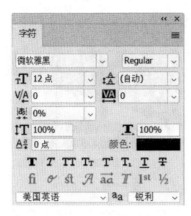

图 1-2-19　"字符"面板

图 1-2-20　"段落"面板

（9）吸管工具

吸管工具用于从图像中吸取颜色。使用该工具在图像上单击，可将单击点的颜色或单击区域颜色的平均值设为前景色。若按住 Alt 键单击，则将所取颜色设为背景色。

3. 修图工具

Photoshop 的修图工具包括图章工具组、修复画笔工具组、模糊工具组和减淡工具组中的工具，常用于数字相片的修饰。这里重点介绍仿制图章工具、修复画笔工具和修补工具的用法，从中可体验修图工具的强大功能。

（1）仿制图章工具

仿制图章工具一般用于仿制图像或快速去除图像中的瑕疵，其选项栏如图 1-2-21 所示。

图 1-2-21　仿制图章工具的选项栏

● 对齐：选中该复选框，复制图像时无论是一次起笔还是多次起笔，都是使用同一个初始取样点和原始样本数据；否则，每次停止并再次拖动鼠标时，都是重新从初始取样点开始复制，并且使用最新的样本数据。

● 样本：用于设置从哪些可见图层进行取样。

以下举例说明仿制图章工具的基本用法。

STEP 1 打开"第 2 章素材 \ 小鸟 .jpg"，如图 1-2-22 所示。

STEP 2 选择仿制图章工具，设置画笔大小为 17 像素，选中"对齐"复选框，其他选项保持默认设置。

STEP 3 将鼠标指针移动到取样点处（例如右侧小鸟的眼睛部位），按住 Alt 键单击取样。

STEP 4 松开 Alt 键。将鼠标指针移动到图像的其他区域（若存在多个图层，也可切换到其他图层或切换到其他图像），按住鼠标左键并拖动鼠标，开始复制图像（注意源图像数据的十字取样点，适当控制鼠标指针移动的范围），如图 1-2-23 所示。

当前取样点　当前拖动位置

图 1-2-22　素材图像　　　　　　　　　　　　　　　图 1-2-23　复制样本

STEP 5 如果想更好地定位，可选择菜单命令"窗口|仿制源"，打开"仿制源"面板（见图 1-2-24），选中"显示叠加"复选框，取消选中"已剪切"复选框，并设置合适的"不透明度"值，然后在图像中移动鼠标指针，此时便能很容易地确定一个开始复制的合适位置，如图 1-2-25 所示。

图 1-2-24　"仿制源"面板　　　　　　　　　　图 1-2-25　定位后拖动鼠标指针进行复制

STEP 6 由于在选项栏中选中了"对齐"复选框，复制时可松开鼠标暂时停止复制。然后再次按住鼠标左键，继续拖动鼠标进行复制，直到将整个小鸟复制出来，如图 1-2-26 所示。

STEP 7 取消选中"对齐"复选框，按住鼠标左键并拖动鼠标，再次复制样本数据。中间不要停止，直到复制出整个小鸟，如图 1-2-27 所示。

图 1-2-26　复制出第 1 只小鸟　　　　　　　　　　图 1-2-27　复制出第 2 只小鸟

提示

此处将"仿制源"面板与仿制图章工具配合使用，可以对采样图像进行重叠预览、缩放、旋转等操作。例如，在上述步骤 4 中，很难确定从什么位置开始复制才能使小鸟的腿刚好站立在横杆上。选中"仿制源"面板的"显示叠加"复选框就能很好地解决这个问题。

（2）修复画笔工具

修复画笔工具的用法与仿制图章工具和图案图章工具类似，可根据取样得到的样本图像或所选图案，以涂抹的方式覆盖目标图像。不仅如此，修复画笔工具还能够将样本图像或所选图案与目标图像自然地融合在一起，形成浑然一体的特殊效果。其选项栏如图 1-2-28 所示。

图 1-2-28　修复画笔工具的选项栏

● 源：选择样本像素的类型，有"取样"和"图案"两种。"取样"表示从当前图像中取样，取样及修复图像的方式与仿制图章工具类似；"图案"表示使用从"图案"拾取器中选择的图案来修复目标图像，使用方法与图案图章工具类似。

● 使用旧版：选中该复选框，无法使用"扩散"功能。

● 扩散：设置修复区域边缘的扩散程度，数值越大羽化效果越明显，被修复区域的边缘越柔和。

其余选项的作用与仿制图章工具的对应选项类似。

下面举例说明修复画笔工具的基本用法。

STEP 1 打开图像"第 2 章素材 \ 风华国乐——笛子 .jpg"，如图 1-2-29 所示。

STEP 2 选择修复画笔工具，在选项栏中选择大小约为 70 像素的软边画笔，将"模式"设置为"正片叠底"（这样可使图像修复结果暗淡些），单击"取样"按钮。其他选项保持默认设置。

STEP 3 移动鼠标指针到人物的眼睛部位，按住 Alt 键单击取样。

STEP 4 打开"仿制源"面板，参数设置如图 1-2-30 所示。

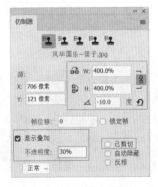

图 1-2-29　素材图像　　　　　　　　　　图 1-2-30　"仿制源"面板

STEP 5 移动鼠标指针到如图 1-2-31 所示的位置并拖动鼠标，以粘贴样本图像（尽量不要覆盖原来图像中的人物、笛子和花瓣）。最后松开鼠标，可得到图 1-2-32 所示的效果。

图 1-2-31　确定修复位置　　　　　　　　　图 1-2-32　修复结果

（3）修补工具

修补工具可使用其他区域的图像或所选图案修复选区内的图像，或将选区内的图像修补到图像的其他地方。和修复画笔工具一样，修补工具可将样本像素的纹理、光照和阴影等信息与待修复的图像进行融合。其选项栏如图1-2-33所示。

选区运算按钮

图1-2-33 修补工具的选项栏

● 选区运算按钮：与选择工具的对应按钮作用相同。

● 修补：包括"源"和"目标"两种修补方式。

√源：用目标区域的像素修补选区内的像素。

√目标：用选区内的像素修补目标区域的像素。

● 透明：将取样区域或选定图案以透明方式应用到要修复的区域中。

● 使用图案：单击右侧的 按钮，打开"图案"拾取器，从中选择预设图案或自定义图案作为取样像素，再将其修补到当前选区内。

下面举例说明修补工具的基本用法。

STEP 1 打开"第2章素材\茶花.jpg"。

STEP 2 选择修补工具，在图像上拖动鼠标指针以选择想要修复的区域（当然，也可以使用其他工具创建选区），如图1-2-34所示。在选项栏中单击"源"按钮。

STEP 3 移动鼠标指针到选区内，将选区拖动到要取样的区域（该区域的颜色、纹理等应与原选区相似），如图1-2-35所示。松开鼠标，原选区内的像素被修补。取消选区，效果如图1-2-36所示。

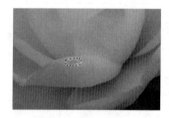 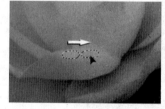 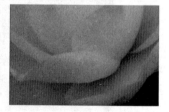

图1-2-34 选择要修复的区域　　　　图1-2-35 寻找取样区域　　　　图1-2-36 修复效果

2.2.2 颜色模式与色彩调整

1. 颜色模式

颜色模式是一种用数字形式记录图像颜色的方式。为了表示各种颜色，人们通常将颜色划分为若干分量，形成多种不同的颜色模式。由于成色原理不同，那些靠色光直接合成颜色的设备（显示器、投影仪、扫描仪等）和那些使用颜料合成颜色的印刷设备，在生成颜色的方式上肯定是不一样的，所以输出图像时应选择适当的颜色模式。

颜色模式决定了数字图像在显示和打印时的色彩重现方式。颜色模式除了用于确定图像中显示的颜色数量外，还影响图像的通道数和文件大小。

Photoshop提供了HSB、RGB、CMYK、Lab、索引、双色调、灰度、位图和多通道等多种颜色模式。不同颜色模式的图像具有不同的用途，它们描述图像和重现色彩的原理也存在很大差别。不同颜色模式的图像可以相互转换。其中 RGB 模式与 CMYK 模式应用最为广泛。RGB 模式的图像一般比较鲜艳，适用于显示器、电视屏等可以自身发射并混合红、绿、蓝 3 种光线的设备，它是 Web 图像设计中最常使用的一种颜色模式。CMYK 模式是一种印刷模式，其中 C、M、Y、K 分别表示青、洋红、黄、黑 4 种颜色的油墨。

　　选择"图像|模式"菜单中的相应命令可以转换图像的颜色模式。在将彩色图像（如 RGB 模式、CMYK 模式、Lab 模式的图像等）转换为位图图像或双色调图像时，必须先将其转换为灰度图像，才能做进一步的转换。

2. 色彩调整

　　Photoshop 的调色命令集中在"图像|调整"菜单下，包括"亮度/对比度""色相/饱和度""色彩平衡""色阶""曲线""可选颜色""阴影/高光""黑白""反相""阈值"等诸多命令。其中"色阶"命令功能比较强大，使用方便，是 Photoshop 中最重要的调色命令之一。使用它可以调整图像的阴影、中间调和高光等色调区域的强度级别，校正图像的色调范围和色彩平衡，以获得令人满意的视觉效果。

　　打开"第 2 章素材\公园 – 雪 .jpg"，如图 1-2-37 所示。选择菜单命令"图像|调整|色阶"，打开"色阶"对话框，如图 1-2-38 所示。

　　对话框的中间显示的是当前图像的色阶直方图（如果存在选区，则对话框中显示的是选区内图像的色阶直方图）。色阶直方图即色阶分布图，反映图像中暗调、中间调和高光等色调区域像素的分布情况。其中横轴表示像素的色调值，从左向右取值范围为 0（黑色）~ 255（白色）。纵轴表示像素的数目。

图 1-2-37　原图　　　　　　　　　　　图 1-2-38　"色阶"对话框

　　首先通过"通道"下拉列表确定要调整的是混合通道还是单色通道（本例图像为 RGB 图像，该下拉列表中包括 RGB 混合通道和红、绿、蓝 3 个单色通道）。

　　沿"输入色阶"滑动条，向左拖动右侧的白色三角形滑块，图像变亮。其中，高光区域的变化比较明显，这使得比较亮的像素变得更亮。向右拖动左侧的黑色三角形滑块，图像变暗。其中，暗调区域的变化比较明显，使得比较暗的像素变得更暗。拖动中间的灰色三角形滑块，可以调整图像的中间调区域。向左拖动使中间调变亮，向右拖动使中间调变暗。

　　沿"输出色阶"滑动条，向右拖动左侧的黑色三角形滑块，会提高图像的整体亮度；向左拖动右侧的白色三角形滑块，会降低图像的整体亮度。

　　本例中的参数设置如图 1-2-39 所示，单击"确定"按钮，图像调整结果如图 1-2-40 所示。

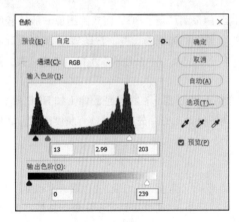

图 1-2-39　本例参数设置

图 1-2-40　图像调整结果

Photoshop 的调色命令分别从不同的角度，采用不同的手段调整图像的色彩，而处理好颜色是获得高质量图像的关键，因此尽可能多地掌握这些命令是很有必要的。下面再举一例进行说明。

打开"第 2 章素材 \ 红梅 .jpg"。选择菜单命令"图像 | 调整 | 可选颜色"，打开"可选颜色"对话框，在"颜色"下拉列表中选择红色，沿各滑动条拖动滑块，改变所选颜色中四色油墨的含量。本例参数设置如图 1-2-41 所示。单击"确定"按钮，图像调整结果如图 1-2-42 所示，图中的红梅瞬间变得鲜艳夺目了。

图 1-2-41　本例参数设置

图 1-2-42　图像调整结果

"可选颜色"对话框用于调整图像中红色、黄色、绿色、青色、蓝色、洋红、白色、中性色和黑色等主要颜色中四色油墨的含量，使图像的颜色达到平衡。在改变某种主要颜色时，不会影响到其他主要颜色的表现。例如，本例改变了红色像素中四色油墨的含量，同时保持了白色、黑色等像素中四色油墨的含量不变。

2.2.3　图层

1. 图层概念

在 Photoshop 中，一幅图像往往由多个图层上下叠盖而成。所谓图层，可以理解为透明的电子画布。通常情况下，上面图层的图像会遮盖其下面图层上对应位置的图像。图像窗口中显示的画面实际上是各层叠盖之后的总体效果。

默认设置下，Photoshop 用灰白相间的方格图案表示图层的透明区域。背景图层是一个特殊的图层，只要不转换为普通图层，它就永远是不透明的，而且始终位于所有图层的底部。

在包含多个图层的图像中，要想编辑图像的某一部分内容，首先必须选择该部分内容所在的图层。若图像中存在选区，可以认为选区浮动在所有图层之间，而不是专属于某一图层。此时，我们所能做的就是对当前图层选区内的图像进行编辑与修改。

2. 图层基本操作

（1）选择图层

在"图层"面板上单击图层的名称即可选择图层。要选择多个图层，只需单击第一个待选择图层的名称，然后按住 Shift 键（选择连续的图层）或 Ctrl 键（选择不连续的图层）单击其他图层的名称即可。一旦选择了多个图层，就能同时对这些图层进行移动、变换等操作。

（2）新建图层

单击"图层"面板上的"创建新图层"按钮 ⊞，或选择"图层 | 新建 | 图层"菜单命令可创建新图层。

（3）删除图层

在"图层"面板上选择要删除的图层，单击"删除图层"按钮 🗑，或直接将图层缩览图拖动到"删除图层"按钮 🗑 上，可删除图层。

（4）显示与隐藏图层

在"图层"面板上单击图层缩览图左边的 👁 图标，可以显示或隐藏该图层。

（5）复制图层

包括图像内部的复制与图像之间的复制。在同一图像中复制图层的常用方法如下。

● 在"图层"面板上，将图层的缩览图拖动到"创建新图层"按钮 ⊞ 上。

● 在"图层"面板上，选择要复制的图层，选择菜单命令"图层 | 复制图层"。

● 在"图层"面板上，选择要复制的图层，按组合键 Ctrl+J。

在不同图像间复制图层的常用方法如下。

● 在"图层"面板上，使用移动工具将当前图像的某一图层直接拖动到目标图像窗口内。

● 选择要复制的图层，选择菜单命令"图层 | 复制图层"，打开"复制图层"对话框，如图 1-2-43 所示。在"为"文本框中输入复制图层的名称，在"文档"下拉列表中选择目标图像（目标图像必须打开），单击"确定"按钮。

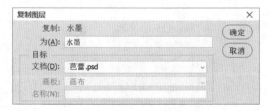

图 1-2-43 "复制图层"对话框

（6）重命名图层

在"图层"面板上双击图层名称，进入名称编辑状态，输入新的名称，按 Enter 确认。

（7）更改图层不透明度

在"图层"面板右上方的"不透明度"框内输入百分比值，按 Enter 键；或单击"不透明度"框右侧的 ▮ 按钮，弹出"不透明度"滑动条，左右拖动滑块，可改变当前图层的不透明度。

（8）图层的重新排序

在"图层"面板上，将图层向上或向下拖动，当突出显示的线条出现在要放置图层的位置时，松开鼠标即可改变图层的排列顺序。另外，使用"图层 | 排列"菜单中的命令也可以改变图层的排列顺序。

（9）合并图层

合并图层能够有效地减少图像占用的存储空间。图层合并命令包括"向下合并""合并图层""合并可见图层""拼合图像"等，在"图层"菜单和"图层"面板菜单中都可以找到这些命令。

向下合并：将当前图层与其下面相邻的一个图层合并（组合键为 Ctrl+E）。

合并图层：将选中的多个图层合并为一个图层（组合键为 Ctrl+E）。

合并可见图层：将所有可见图层合并为一个图层（组合键为 Ctrl+Shift+E）。

拼合图像：将所有可见图层合并到背景图层。

（10）快速选择图层的不透明区域

按住 Ctrl 键，在"图层"面板上单击某个图层的缩览图（注意不是图层名称），可基于该图层上的所有像素创建选区。若操作前图像中存在选区，操作后新选区会取代原有选区。

该操作同样适用于图层蒙版、矢量蒙版与通道。

（11）将背景图层转换为普通图层

背景图层是一个比较特殊的图层，其排列顺序、不透明度、填充、图层混合模式等许多属性都是锁定的，无法更改。另外，图层样式、图层变换操作等也不能应用于背景图层。解除这些锁定的方法是将其转换为普通图层，操作如下。

在"图层"面板上双击背景图层，在弹出的"新建图层"对话框中输入图层名称，单击"确定"按钮。

3. 图层样式

图层样式是创建图层特效的重要手段，包括斜面和浮雕、描边、内阴影、内发光、光泽、颜色叠加和投影等样式。图层样式影响的是整个图层，不受选区的限制，且对背景图层和全部锁定的图层无效。

（1）添加图层样式

添加图层样式的方法如下。

STEP 1 在"图层"面板上选择要添加图层样式的图层。

STEP 2 在"图层"面板上单击"添加图层样式"按钮 *fx*，从弹出的菜单中选择相应的图层样式命令；或选择"图层 | 图层样式"菜单中的对应命令，打开"图层样式"对话框，如图 1-2-44 所示。

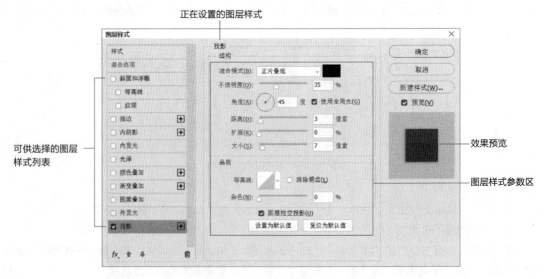

图 1-2-44 "图层样式"对话框

STEP 3 在对话框左侧单击要添加的图层样式的名称，在图层样式参数区中设置图层样式的参数。

STEP　04　如果要在同一图层上同时添加多种图层样式，可在对话框左侧继续选择其他图层样式，并设置其参数。

STEP　05　设置好图层样式参数，单击"确定"按钮，将图层样式应用到当前图层上。

（2）编辑图层样式

① 在"图层"面板上展开和折叠图层样式。

添加图层样式后，"图层"面板上对应图层的右侧会出现 *fx* ∧ 图标，此时图层样式处于展开状态。单击 *fx* ∧ 图标中的 ∧ 按钮，可折叠图层样式，如图 1-2-45 所示。

② 在图像中显示或隐藏图层样式效果。

在"图层"面板上展开图层样式后，单击图层样式名称左侧的 ● 图标，可在图像中显示或隐藏图层样式效果，如图 1-2-45 所示。单击"效果"左侧的 ● 图标，可显示或隐藏对应的图层样式效果。

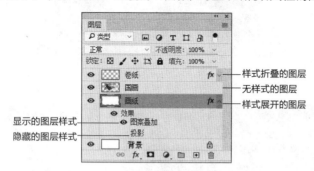

图 1-2-45　图层样式的显示与隐藏

③ 修改图层样式参数。

在"图层"面板上展开图层样式后，双击图层样式的名称，打开"图层样式"对话框，可以在其中修改相应图层样式的参数。

④ 删除图层样式。

在"图层"面板上，将图层样式拖动到 🗑 按钮上，可将其删除。拖动 *fx* ∧ / *fx* ∨ 图标或"效果"到 🗑 按钮上，可删除该图层的所有样式。

下面举例说明图层样式的用法。

STEP　01　打开"第 2 章素材 \ 芭蕾 .jpg"。将背景图层转换为普通图层，并将其命名为"卡片"，如图 1-2-46 所示。

图 1-2-46　转换图层

STEP　02　选择菜单命令"编辑 | 自由变换"，按住 Alt 键拖动变换控制框上的控制块，使"卡片"图层中的图像以中心不变的方式成比例缩小，再将其向上移动到图 1-2-47 所示的位置。按 Enter 键确认。

STEP ▲**3** 新建一个图层，将其填充为白色。选择菜单命令"图层 | 新建 | 图层背景"，将该图层转换为背景图层。

STEP ▲**4** 创建图 1-2-48（a）所示的矩形选区。

STEP ▲**5** 在背景图层的上面新建一个图层，将其命名为"边框"，并在该图层的选区内填充白色，如图 1-2-48（b）所示。

图 1-2-47　变换图层

（a）创建选区　　　　　　　　　　　　　　　（b）填充白色

图 1-2-48　创建白色"边框"图层

STEP ▲**6** 取消选区。为"边框"图层添加"投影"图层样式，参数设置如图 1-2-49 所示，单击"确定"按钮。图像最终效果及"图层"面板如图 1-2-50 所示。

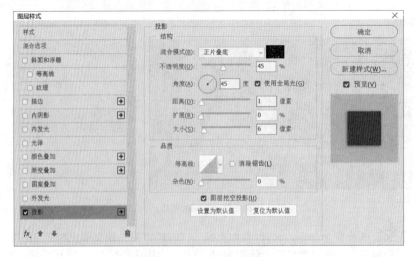

图 1-2-49　设置投影参数

图 1-2-50 图像最终效果及"图层"面板

4. 图层混合模式

图层的混合模式决定了当前图层与其下面图层中对应位置的像素以何种方式进行混合。了解并正确使用图层混合模式，可以合成引人注目的视觉效果。图层混合模式包括"正常""溶解""变暗""正片叠底""变亮""滤色""叠加""柔光"等，不同的混合模式会产生不同的图层叠盖效果。图层默认的混合模式为"正常"，在这种模式下，上面图层上的像素会遮盖其下面图层上对应位置的像素。

在"图层"面板上，单击"正常"下拉列表框，在展开的下拉列表中可以为当前图层选择不同的混合模式，如图 1-2-51 所示。列表中的图层混合模式被水平分隔线分成多个组，一般来说，每个组中各混合模式的作用是类似的。

打开"第 2 章素材 \ 夕阳 .psd"。将"远航"图层的混合模式设为"变亮"，结果如图 1-2-52 所示。

图 1-2-51 图层混合模式列表 图 1-2-52 使用"变亮"模式

"变亮"模式与"变暗"模式相反，其作用是比较本图层和其下面图层对应像素的各颜色分量，选择其中值较大（较亮）的颜色分量作为结果色的颜色分量。以 RGB 图像为例，若对应像素分别为红色（255，0，0）和绿色（0，255，0），则变亮混合后的结果色为黄色（255，255，0）。

2.2.4 滤镜

滤镜是 Photoshop 中的一种特效工具，种类繁多，功能强大。滤镜操作方便，可以使图像产生各种令人惊叹的特殊效果。其工作原理是：以特定的方式使像素产生位移、发生数量变化，或改变颜色值等，从而使图像产生各种各样的神奇效果。

Photoshop CC 2020 提供了 10 多个常规滤镜组，如"风格化""画笔描边""模糊""模糊画廊""扭曲""锐化""视频""像素化""渲染""杂色""其他"等。每个滤镜组都包含若干滤镜，共有 100 多个滤镜。

除了常规滤镜外，Photoshop CC 2020 还提供了"滤镜库""液化""消失点"等多个功能强大的滤镜插件。滤镜插件整合了常规滤镜中的"画笔描边""素描""纹理""艺术效果"等多组滤镜中的部分或全部滤镜，作为一个平台，它使用户可以一次性地将多个滤镜添加到图像上。"液化"滤镜可以对图像进行推、拉、旋转、镜像、收缩、膨胀和人脸识别液化等多种变形操作，该滤镜是 Photoshop 中修饰图像和创建艺术效果的强大工具。"消失点"滤镜可以帮助用户在编辑包含透视效果的图像时，使图像保持正确的透视方向。

滤镜的一般用法如下。

STEP 1 选择要应用滤镜的图层、蒙版或通道。局部使用滤镜时，需要创建相应的选区。

STEP 2 选择"滤镜"菜单下的滤镜命令。

STEP 3 若弹出滤镜对话框，需设置相关参数。然后单击"确定"按钮，将滤镜应用于目标图像。

STEP 4 使用滤镜后，不要进行其他任何操作，使用菜单命令"编辑 | 渐隐 × ×"（其中× × 为刚刚使用的滤镜的名称）可弱化或改变滤镜效果。

STEP 5 按组合键 Ctrl+Alt+F，可重复使用上次使用的滤镜（"消失点"滤镜等除外）。
下面举例说明滤镜的具体用法。

STEP 1 打开"第 2 章素材 \ 水仙 2.psd"，选择背景图层，如图 1-2-53 所示。

图 1-2-53　打开目标图像并选择背景图层

STEP 2 选择菜单命令"滤镜 | 渲染 | 镜头光晕"，打开"镜头光晕"对话框，参数设置如图 1-2-54 所示。（在对话框中的图像预览区的任意位置单击，可确定镜头光晕的位置。）

STEP 3 单击"确定"按钮，关闭滤镜对话框。滤镜效果如图 1-2-55 所示。

图 1-2-54　设置滤镜参数

图 1-2-55　滤镜效果

STEP 04　按组合键 Ctrl+Alt+F，或选择"滤镜"菜单顶部的命令，重复使用上一次使用的滤镜。"镜头光晕"滤镜的效果得到加强，如图 1-2-56 所示。

图 1-2-56　重复使用滤镜

上面介绍的滤镜为 Photoshop 的自带滤镜，或称内置滤镜。还有一类滤镜，种类非常多，是由 Adobe 之外的其他公司开发的，称为外置滤镜。这类滤镜安装好之后，会出现在 Photoshop "滤镜"菜单的底部，使用方法与内置滤镜一样。安装外置滤镜时应注意以下几点。

●　安装前一定要退出 Photoshop。

●　有些 Photoshop 外置滤镜自带安装程序，运行安装程序，按提示进行安装即可。在安装过程中要求选择外置滤镜的安装路径时，选择 Photoshop 安装路径下的 Plug-Ins 文件夹，或 Required\Plug-ins 文件夹，或 Required\Plug-ins\Filters 文件夹。有些外置滤镜没有安装程序，而是一些扩展名为 8BF 的滤镜文件，对于这类外置滤镜，直接将滤镜文件复制到上述文件夹下即可使用。

2.2.5　蒙版

在 Photoshop 中，蒙版主要用于控制图像在不同区域的显示程度。根据用途和存在形式的不同，可将蒙版分为快速蒙版、图层蒙版、剪贴蒙版和矢量蒙版等。以下介绍使用较广泛的图层蒙版与剪贴蒙版。

1.　图层蒙版

图层蒙版附着在图层上，它能够在不破坏图层的情况下，控制图层上不同区域像素的显示程度。

（1）添加图层蒙版

选择要添加蒙版的图层，采用下述方法之一添加图层蒙版。

●　单击"图层"面板上的"添加图层蒙版"按钮■，或选择菜单命令"图层|图层蒙版|显示全部"，可以创建一个白色的蒙版（图层缩览图右边的附加缩览图表示图层蒙版）。白色蒙版对图层的内容显示无任何影响。

●　按住 Alt 键单击"图层"面板上的■按钮，或选择菜单命令"图层|图层蒙版|隐藏全部"，可以创建一个黑色的蒙版。黑色蒙版可以隐藏对应图层的所有内容。

●　在存在选区的情况下，单击"图层"面板上的■按钮，或选择菜单命令"图层|图层蒙版|显示选区"，将基于选区创建蒙版。此时，选区内的蒙版填充为白色，选区外的蒙版填充为黑色。按住 Alt 键单击■按钮，或选择菜单命令"图层|图层蒙版|隐藏选区"，所产生的蒙版正好相反。

（2）删除图层蒙版

在"图层"面板上选择图层蒙版的缩览图，选择菜单命令"图层|图层蒙版|删除"；或单击"图层"面板上的■按钮，在弹出的提示框中单击"应用"按钮，将删除图层蒙版，同时将蒙版效果应用到图层上（图层遭到破坏）；若单击"删除"按钮，则在删除图层蒙版后，蒙版效果不会应用到图层上。

（3）在蒙版编辑状态与图层编辑状态之间切换

在"图层"面板上选择添加了图层蒙版的图层后，若图层蒙版缩览图的周围显示有边框，表示当前处于蒙版编辑状态，所有的编辑操作都将作用在图层蒙版上。此时，单击图层缩览图可切换到图层编辑状态。

若图层缩览图的周围显示有边框，表示当前处于图层编辑状态，所有的编辑操作都将作用在图层上，对蒙版没有任何影响。此时，单击图层蒙版缩览图可切换到蒙版编辑状态。

图层蒙版是以灰度图像的形式存储的，其中黑色表示所附着图层的对应区域完全透明，白色表示完全不透明，介于黑白之间的灰色表示半透明，透明的程度由灰色的深浅决定。Photoshop 允许使用所有的绘画与填充工具、图像修饰工具以及相关的菜单命令对图层蒙版进行编辑和修改。

打开"第2章素材\荷花.psd"。在"图层"面板上选择"荷花"图层，为其添加显示全部内容的图层蒙版，如图1-2-57所示。此时"荷花"图层处于蒙版编辑状态。

图1-2-57 添加"显示全部"的图层蒙版

在工具箱中将前景色和背景色分别设置为黑色与白色，选择菜单命令"滤镜|渲染|云彩"。该滤镜在图层蒙版上将前景色和背景色随机混合，使图像出现白色烟雾效果，如图1-2-58所示。

图1-2-58 在图层蒙版上应用"云彩"滤镜

在图层蒙版编辑状态下，使用菜单命令"图像|调整|亮度/对比度"降低蒙版中灰度图像的亮度，使图像中的白色烟雾变得更浓；若增加亮度，则效果相反。

2. 剪贴蒙版

剪贴蒙版可以通过基底图层控制其上面一个或多个内容图层的显示区域和显示程度。下面举例说明剪贴蒙版的基本用法。

STEP 1 打开"第 2 章素材 \ 竹子 .jpg"，按组合键 Ctrl+A 全选图像，按组合键 Ctrl+C 复制图像。

STEP 2 打开"第 2 章素材 \ 水墨 .psd"，选择"水墨"图层，如图 1-2-59 所示。按组合键 Ctrl+V，将"竹子"图像粘贴在"水墨"图层上面的"图层 1"中（遮挡住下面图层中的"水墨"与"书法"），如图 1-2-60 所示。

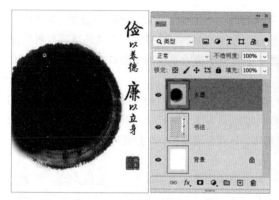

图 1-2-59　素材图像"水墨"　　　　　　　　　　图 1-2-60　粘贴图像

STEP 3 选择"图层 1"，选择菜单命令"图层 | 创建剪贴蒙版"，为"图层 1"创建剪贴蒙版。结果如图 1-2-61 所示。

STEP 4 调整"图层 1"中竹子的位置，结果如图 1-2-62 所示。

剪贴蒙版创建完成后，带有图标并向右缩进的图层（本例中的"图层 1"）称为内容图层。在内容图层下面且与其相邻的一个图层（本例中的"水墨"图层），称为基底图层。基底图层充当了内容图层的剪贴蒙版，其中像素的颜色对剪贴蒙版的效果无任何影响，像素的不透明度控制着内容图层的显示程度。不透明度越高，显示程度越高。本例中水墨的边缘是半透明的，因此内容图层中对应位置的图像也是半透明的。

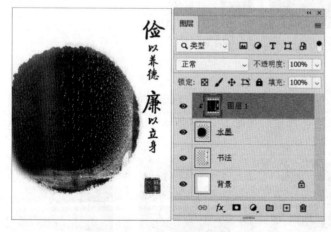

图 1-2-61　创建剪贴蒙版　　　　　　　　　　图 1-2-62　调整竹子的位置

若想将"图层 1"从剪贴蒙版中释放出来，重新转换为普通图层，可在选择"图层 1"的情况下，选择菜单命令"图层 | 释放剪贴蒙版"。

蒙版有时也被称作遮罩，它不是 Photoshop 中特有的工具，Animate、Premiere、CorelDRAW 等相关软件中都有蒙版的应用，只不过操作形式不同。

2.2.6　通道

简而言之，通道就是存储图像颜色信息或选区信息的一种载体。用户可以将选区存放在通道的灰度图像中，并可以对这种灰度图像做进一步处理，以创建更复杂的选区。

Photoshop 的通道包括颜色通道、Alpha 通道、专色通道和蒙版通道等多种类型。其中使用频率最高的是颜色通道和 Alpha 通道。

打开图像时，Photoshop 将根据图像的颜色模式和颜色分布信息，自动创建颜色通道。在 RGB、CMYK 和 Lab 颜色模式的图像中，不同的颜色分量分别存放于不同的颜色通道。在"通道"面板顶部列出的是复合通道，由各颜色分量通道混合而成，其中的彩色图像就是在图像窗口中显示的图像。图 1-2-63 所示是某个 RGB 图像的颜色通道。

图像的颜色模式决定了颜色通道的数量。例如，RGB 颜色模式的图像包含红（R）、绿（G）、蓝（B）3 个单色通道和一个复合通道；CMYK 图像包含青（C）、洋红（M）、黄（Y）、黑（K）4 个单色通道和一个复合通道；Lab 图像包含 L（明度）通道、a 颜色通道、b 颜色通道和一个复合通道；而灰度、位图、双色调和索引颜色模式的图像都只有一个颜色通道。

除了 Photoshop 自动生成的颜色通道外，用户还可以根据需要，在图像中自主创建 Alpha 通道和专色通道。其中，Alpha 通道用于存放和编辑选区，专色通道则用于存放印刷中的专色。但位图模式的图像是个例外，不能额外添加通道。

图 1-2-63　RGB 图像的颜色通道

1.　颜色通道

颜色通道用于存储图像中的颜色信息——颜色的含量与分布。下面以 RGB 图像为例进行说明。

STEP  打开"第 2 章素材 \ 百合 .jpg"，如图 1-2-64 所示。显示"通道"面板，选择蓝色通道，如图 1-2-65 所示。

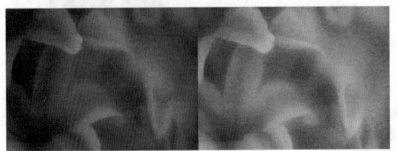

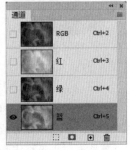

图 1-2-64　素材图像　　　　　　　　　　图 1-2-65　蓝色通道的灰度图像

　　在图像窗口中查看蓝色通道的灰度图像。亮度越高，表示彩色图像对应区域的蓝色含量越高；亮度越低的区域表示蓝色含量越低；黑色区域表示不含蓝色，白色区域表示蓝色含量最高，达到饱和。由此可知，修改颜色通道的亮度将改变图像的颜色。

STEP ♻2 在"通道"面板上选择红色通道，同时单击复合通道（RGB 通道）左侧的灰色方框▉，显示出眼睛图标 ●，如图 1-2-66 所示。这样可以在编辑红色通道的同时，在图像窗口中查看彩色图像的变化情况。

STEP ♻3 选择菜单命令"图像|调整|亮度/对比度"，参数设置如图 1-2-67 所示，单击"确定"按钮。

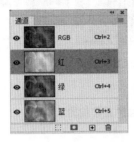

图 1-2-66　选择红色通道　　　　　　　　　图 1-2-67　提高亮度

　　提高红色通道的亮度，等于在彩色图像中提高红色的含量，图像效果及"通道"面板如图 1-2-68 所示。

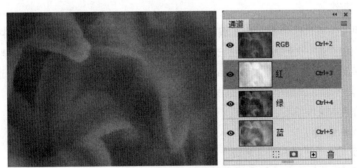

图 1-2-68　提高图像中的红色含量

STEP ♻4 将前景色设为黑色。在"通道"面板上选择蓝色通道，按 Alt+Backspace 组合键，在蓝色通道上填充黑色。这相当于将彩色图像中的蓝色成分全部清除（每个像素点颜色的蓝色分量变成 0)，整个图像仅由红色和绿色混合而成，如图 1-2-69 所示。

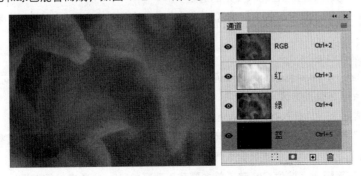

图 1-2-69　将图像中的蓝色成分全部清除

由此可见，通过调整颜色通道的亮度，可校正色偏现象，或制作具有特殊色调效果的图像。

STEP 5 选择绿色通道，选择菜单命令"滤镜 | 滤镜库"添加"纹理 | 纹理化"滤镜，参数设置如图 1-2-70 所示，单击"确定"按钮。图像效果及"通道"面板如图 1-2-71 所示。

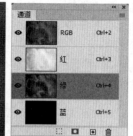

图 1-2-70　设置"纹理化"滤镜 　　　　　　　　　图 1-2-71　在绿色通道上添加滤镜

如果将滤镜添加在其他颜色通道上，图像的变化是不同的。

STEP 6 在"通道"面板上选择复合通道，返回图像的正常编辑状态。

通过上面的案例操作可以得出如下结论。

- 颜色通道是存储图像颜色信息的载体，默认设置下以灰度图像的形式存储于"通道"面板。
- 调整颜色通道的亮度，可以改变图像中各原色成分的含量，使图像色彩产生变化。
- 在单色通道上添加滤镜，与在整个彩色图像上添加滤镜，图像变化一般是不同的。

2. Alpha 通道

Alpha 通道用于保存选区信息，也是编辑复杂选区的重要场所。在 Alpha 通道中，白色代表选区；黑色表示未被选择的区域；灰色表示透明的选区，灰色越深，选区越透明，选择强度越低。

用白色涂抹 Alpha 通道，或增加 Alpha 通道的亮度，可扩展选区的范围或增强选区；用黑色涂抹 Alpha 通道或降低其亮度，则缩小选区的范围或减弱选区。

Alpha 通道的基本操作如下。

（1）创建 Alpha 通道

可采用下列方法之一创建 Alpha 通道。

- 在"通道"面板上单击"创建新通道"按钮⊞，可使用默认设置创建一个黑色的 Alpha 通道，即不包含任何选区的 Alpha 通道。
- 在"通道"面板上，将单色通道拖动到"创建新通道"按钮⊞上，可以得到该颜色通道的副本。此类通道虽然是颜色通道的副本，但二者之间除了灰度图像相同外，没有任何其他的联系，该通道副本也属于 Alpha 通道，其中一般包含比较复杂的选区。
- 对于使用选择等工具创建的临时选区，可以使用菜单命令"选择 | 存储选区"将其存储到新建的 Alpha 通道中。

（2）删除 Alpha 通道

在"通道"面板上，将要删除的 Alpha 通道拖动到"删除当前通道"按钮🗑上，可删除 Alpha 通道。

（3）从 Alpha 通道载入选区

可采用下述方法之一，载入存储于 Alpha 通道中的选区。

- 在"通道"面板上，选择要载入选区的 Alpha 通道，单击"将通道作为选区载入"按钮⬚。若操作前图像中存在选区，则载入的选区会取代原有选区。
- 在"通道"面板上，按住 Ctrl 键，单击要载入选区的 Alpha 通道的缩览图。若操作前图像中存在选区，则载入的选区会取代原有选区。

● 使用菜单命令"选择 | 载入选区"，也可以载入 Alpha 通道中的选区。如果当前图像中已存在选区，则载入的选区还可以与现有选区进行并集、差集、交集运算。

2.2.7 路径

路径工具是 Photoshop 中最精确的选取工具之一，适合用来选择边缘弯曲而平滑的对象，如人物的面部曲线、花瓣、心形等。同时，路径工具也常常用于创建边缘平滑的图形。

Photoshop 的路径工具包括钢笔工具组中的工具、路径选择工具和直接选择工具。其中，钢笔工具、自由钢笔工具、弯度钢笔工具可用于创建路径，其他工具（路径选择工具、直接选择工具和转换点工具等）用于路径的编辑与调整。另外，使用形状工具也可以创建路径。

路径是矢量对象，不仅具有矢量图形的优点，在造型方面还具有良好的可控制性。Photoshop 是公认的位图编辑大师，但它在矢量造型方面的能力也几乎可以和 CorelDRAW、3ds Max 等重量级的矢量软件相媲美。

1. 路径基本概念

路径是由钢笔工具等创建的直线段或曲线段。连接路径上各线段的点称为锚点。锚点分为两类：平滑锚点和角点（或称拐点、尖突点）。角点又分为含方向线的角点和不含方向线的角点两种。调整方向线的长度与方向可以改变路径的形状，路径的组成如图 1-2-72 所示。

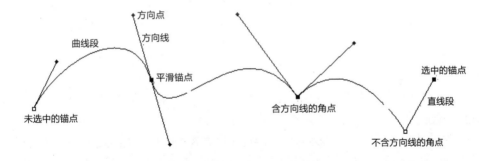

图 1-2-72 路径的组成

● 平滑锚点：在改变锚点单侧方向线的长度与方向时，锚点另一侧的方向线会相应改变，使锚点两侧的方向线始终保持在同一方向上。通过这类锚点的路径是平滑的。平滑锚点两侧的方向线的长度不一定相等。

● 不含方向线的角点：由于不含方向线，所以不能通过调整方向线改变通过该类锚点的局部路径的形状。如果与这类锚点相邻的锚点也是没有方向线的锚点，则二者之间的连线为直线路径，否则为曲线路径。

● 含方向线的角点：此类角点两侧的方向线一般不在同一方向上，有时仅含单侧方向线。两侧方向线可分别调整，互不影响。路径在该类锚点处形成尖突或拐角。

2. 路径基本操作

（1）创建路径

在工具箱中选择钢笔工具 ✎，在选项栏中将工具模式设置为"路径"，如图 1-2-73 所示。

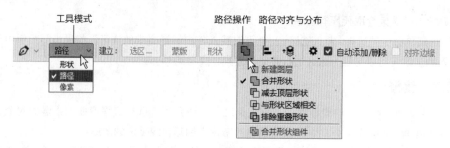

图 1-2-73 钢笔工具的选项栏

① 创建直线路径。

在图像中单击，生成第 1 个锚点；移动鼠标指针再次单击，生成第 2 个锚点，同时前后两个锚点之间由直线路径连接起来。再次移动鼠标指针并单击，形成折线路径。

要结束路径的创建，可按住 Ctrl 键在路径外单击，形成开放路径，如图 1-2-74 所示。要封闭路径，只需将鼠标指针定位在最先创建的锚点上（此时鼠标指针旁出现一个小圆圈）并单击，如图 1-2-75 所示。

在创建直线路径时，按住 Shift 键，可沿水平、竖直或 45° 角倍数的方向创建路径。

构成直线路径的锚点不含方向线，又称直线角点。

图 1-2-74 开放路径　　　　　　　　　　　　　图 1-2-75 闭合路径

② 创建曲线路径。

在确定路径的锚点时，若按住鼠标左键拖动鼠标，则前后两个锚点之间由曲线路径连接起来。若前后两个锚点的拖动方向相同，则形成 S 形路径（见图 1-2-76）；若拖动方向相反，则形成 U 形路径（见图 1-2-77）。

结束创建曲线路径的方法与结束创建直线路径的方法相同。

图 1-2-76 S 形路径　　　　　　　　　　　　　图 1-2-77 U 形路径

在使用形状工具时，只要在选项栏中将工具模式设置为"路径"，即可使用形状工具创建路径。

（2）显示与隐藏锚点

当路径上的锚点被隐藏时，使用直接选择工具在路径上单击，可显示路径上的所有锚点，如图 1-2-78 左所示。反之，使用直接选择工具在显示了锚点的路径外单击，可隐藏路径上的所有锚点，如图 1-2-78 右所示。

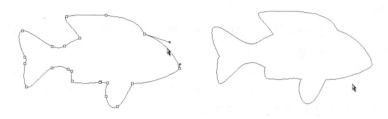

图 1-2-78　显示锚点（左）和隐藏锚点（右）

（3）转换锚点

使用转换点工具⯈可以转换锚点的类型，具体操作如下。

① 将直线角点转换为平滑锚点和含方向线的角点

选择转换点工具，将鼠标指针定位于要转换的直线角点上，按住鼠标左键并拖动，可将直线角点转换为平滑锚点。将鼠标指针定位于平滑锚点的方向点上，按住鼠标左键并拖动，可将平滑锚点转换为含方向线的角点，如图 1-2-79 所示。继续拖动方向点，改变单侧方向线的长度和方向，可进一步调整锚点单侧路径的形状。

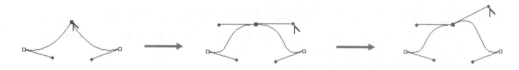

图 1-2-79　将直线角点转换化为平滑锚点和含方向线的角点

② 将平滑锚点或含方向线的角点转换为直线角点

若锚点为平滑锚点或含方向线的角点，使用转换点工具在锚点上单击，可将其转换为直线角点。

在调整路径时，使用直接选择工具⯈拖动锚点或方向点，不会改变锚点的类型。

（4）选择与移动锚点

使用直接选择工具⯈既可以选择锚点，也可以改变锚点的位置，方法如下（假设路径上的锚点已显示）。

STEP 1 选择直接选择工具。

STEP 2 在锚点上单击，可选中单个锚点（空心方块变成实心方块）。选中的锚点若含有方向线，则会显示出方向线。

STEP 3 在锚点上拖动鼠标指针可以改变单个锚点的位置。

（5）添加与删除锚点

添加与删除锚点的常用方法如下。

STEP 1 选择钢笔工具，在选项栏中选中"自动添加/删除"复选框。

STEP 2 将鼠标指针移到路径上要添加锚点的位置（鼠标指针变成 形状），单击可添加锚点。也可以直接使用添加锚点工具 在路径上添加锚点。添加锚点并不会改变路径的形状。

STEP 3 将鼠标指针移到要删除的锚点上（鼠标指针变成 形状），单击可删除锚点。也可以直接使用删除锚点工具 删除锚点。删除锚点后，路径的形状会重新调整，以适应其余的锚点。

（6）选择与移动路径

选择与移动路径的常用方法如下。

STEP 1 选择路径选择工具⯈。

STEP 2 在路径上单击即可选择整个路径。在路径上拖动鼠标指针可改变路径的位置。

（7）删除路径

要想删除路径，可在选择路径后，按 Delete 键。也可以在"路径"面板上，将要删除的路径直接拖动到"删除当前路径"按钮⌫上。

（8）显示与隐藏路径

在"路径"面板的灰色空白区域单击，取消对路径的选择，可以在图像中隐藏路径。在"路径"面板上单击要显示的路径，可以在图像中显示该路径。

（9）将路径转换为选区

将路径转换为选区的常用方法如下。

STEP ⬇**1** 在"路径"面板上选择要转换为选区的路径。

STEP ⬇**2** 单击"路径"面板底部的"将路径作为选区载入"按钮⬚。（载入的选区会取代图像中的原有选区）。

注意，当图像中选区和路径同时显示时，要想操作选区，必须先将路径隐藏。

下面举例说明路径工具的基本用法。

STEP ⬇**1** 新建一个 400 像素 × 400 像素、分辨率为 72 像素 / 英寸、RGB 颜色模式、底色为白色的图像文件。

STEP ⬇**2** 使用钢笔工具创建一个封闭的三角形路径，如图 1-2-80 所示。

STEP ⬇**3** 使用转换点工具把①号锚点和②号锚点转换为平滑锚点，如图 1-2-81 所示。

STEP ⬇**4** 使用删除锚点工具删除③号锚点，如图 1-2-82 所示。

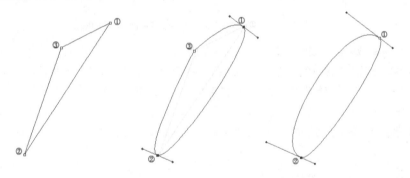

图 1-2-80　创建三角形路径　　　图 1-2-81　转换锚点类型　　　图 1-2-82　删除锚点

STEP ⬇**5** 使用转换点工具把①号锚点和②号锚点转换为含方向线的角点；并通过改变每条方向线的长度与方向把路径调整成竹叶形状，如图 1-2-83 左图所示。

STEP ⬇**6** 使用直接选择工具移动底部锚点的位置，把竹叶调整成侧面形状，如图 1-2-83 右图所示。移动锚点的位置，再适当调整方向线的长度与方向，可以将路径调整为不同类型的叶片形状。

STEP ⬇**7** 使用直接选择工具在路径外单击，隐藏锚点。选择文字工具，将鼠标指针定位在路径上，当鼠标指针显示为Ⅰ形状时单击，此时插入点定位在路径上。输入文字并提交编辑，如图 1-2-84 所示，即可创建沿路径排列的文字。

 注意

利用"字符"面板设置"基线偏移"参数 A↕ 的值（可正可负），可调整文字与路径的间距。

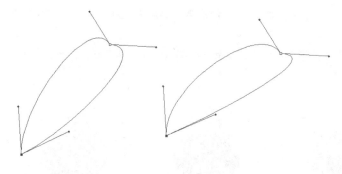

图 1-2-83 把路径调整成竹叶形状

图 1-2-84 创建路径文字

2.3 Photoshop 图像处理综合案例

2.3.1 画葡萄

1. 技术要点

画葡萄

新建文件、创建选区（设置"羽化"参数）、取消选区、选取颜色、填充颜色、画笔工具与文字工具的使用、移动与复制选区内的图像等。

2. 操作步骤

STEP 1 新建一个 500 像素 ×750 像素、分辨率为 72 像素 / 英寸、RGB 颜色模式（8 位）、白色背景的图像文件。

STEP 2 在工具箱中选择椭圆选框工具。在选项栏中设置"羽化"值为 1，其他选项采用默认值。按住 Shift 键，在图像窗口中图 1-2-85 所示的位置创建圆形选区。

STEP 3 在工具箱底部将前景色设置为紫色（颜色值为 #6633ff）。

STEP 4 选择油漆桶工具，在选区内单击进行填色，如图 1-2-86 所示。

STEP 5 选择移动工具，将鼠标指针定位于选区内。按住 Alt 键不放，将选区内的图像拖动到图 1-2-87 所示的位置，然后松开鼠标。

图 1-2-85 创建圆形选区

图 1-2-86 填色

图 1-2-87 复制选区内的图像

STEP 6 按照步骤 5 的操作方式，继续复制选区内的图像，得到图 1-2-88 所示的效果。

STEP 7 按 Ctrl+D 组合键取消选区，将前景色设置为黑色。

STEP 8 选择画笔工具，设置画笔大小为 20 像素、硬度为 0%。在葡萄上依次单击，得到图 1-2-89 所示的效果。

STEP 9 将前景色设置为墨绿色，设置画笔大小为 13 像素、硬度为 100%。在图 1-2-90 所示的位置绘制葡萄的茎。

STEP 10 将前景色设置为黑色，选择直排文字工具，在图像的左上角与右下角分别创建文本，如图 1-2-91 所示。

图 1-2-88　多次复制后的效果　　图 1-2-89　绘制黑点　　图 1-2-90　绘制线条　　图 1-2-91　创建文本

STEP 11 分别以 PSD 格式和 JPG 格式（最佳效果）存储图像。

STEP 12 关闭图像窗口。

2.3.2　寒梅傲雪

寒梅傲雪

1．技术要点

文件基本操作、图层基本操作、改变图像大小、绘制水平线条、局部调色、创建文本等。

2．操作步骤

STEP 1 打开素材图像"第 2 章素材 \ 寒梅 .jpg"。

STEP 2 选择菜单命令"图像 | 图像大小"，打开"图像大小"对话框，参数设置如图 1-2-92 所示，单击"确定"按钮。本步骤的目的是成比例缩小图像，以便后续的操作。

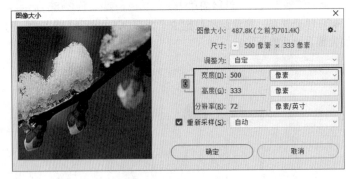

图 1-2-92　"图像大小"对话框

STEP 3 按 Ctrl+A 组合键全选素材图像，按 Ctrl+C 组合键复制选区内图像。

STEP 4 新建一个 500 像素 ×350 像素、分辨率为 72 像素 / 英寸、RGB 颜色模式（8 位）、黑色背景的图像文件。

STEP 5 按 Ctrl+V 组合键粘贴图像，得到图 1-2-93 所示的效果。

STEP 6 按 Ctrl+T 组合键（或选择菜单命令"编辑 | 自由变换"），图像周围会显示变换控制框。

按住 Shift 键在竖直方向上拖动变换控制框水平边中间的控制块，压缩图像，得到图 1-2-94 所示的效果。

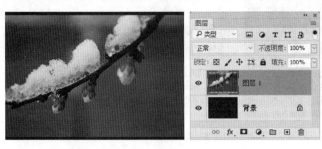

图 1-2-93　在新建的图像文件中粘贴图像　　　　　　　　　　图 1-2-94　在竖直方向上压缩图像

STEP 7 在选项栏右侧单击 ✔ 按钮以执行变换。

STEP 8 在"图层 1"的上面新建"图层 2"，将前景色设置为白色。

STEP 9 选择直线工具（位于形状工具组），选项栏中的设置如图 1-2-95 所示。

图 1-2-95　选项栏中的设置

STEP 10 选择"图层 2"，在寒梅图像的上方绘制水平线条，如图 1-2-96 所示。

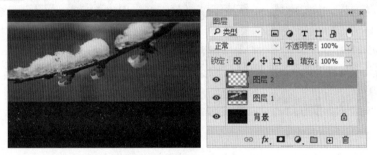

图 1-2-96　在"图层 2"中绘制水平线条

STEP 11 复制"图层 2"，得到"图层 2"拷贝。选择移动工具，按 ↓ 键（可同时按住 Shift 键），将"图层 2 拷贝"图层中的水平线条移动到图 1-2-97 所示的位置（寒梅图像的下方）。

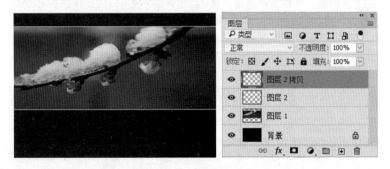

图 1-2-97　复制并移动线条

STEP 12 打开素材图像"第 2 章素材 \ 文字 .jpg"。按 Ctrl+A 组合键全选图像，再按 Ctrl+C 组合键复制图像。

STEP 13 切换到新建图像，按 Ctrl+V 组合键粘贴图像，得到"图层 3"，如图 1-2-98 所示。

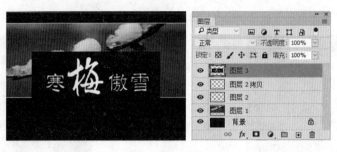

图 1-2-98　将文字素材粘贴到新建图像中

STEP 14 按 Ctrl+T 组合键，显示变换控制框。利用选项栏将素材文字图像缩小到原来的 80%，如图 1-2-99 所示。单击选项栏右侧的 ✔ 按钮确认变换操作。

图 1-2-99　设置宽度与高度参数

STEP 15 选择移动工具，将"图层 3"中的素材文字图像移动到图 1-2-100 所示的位置。

STEP 16 使用套索工具（"羽化"值设置为 0 像素）圈选"梅"字，如图 1-2-101 所示。

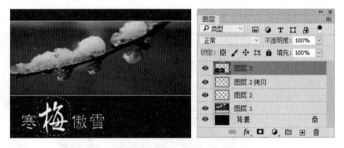

图 1-2-100　调整素材文字图像的位置　　　　　　　图 1-2-101　圈选图像

STEP 17 选择菜单命令"图像|调整|色阶"，打开"色阶"对话框。选择绿色通道，将"输出色阶"的白色滑块拖动到最左侧（与黑色滑块重合），如图 1-2-102（a）所示。此时圈选的文字显示为紫色。

STEP 18 类似地，选择蓝色通道，将"输出色阶"的白色滑块拖动到最左侧，如图 1-2-102（b）所示。单击"确定"按钮后圈选的"梅"字显示为红色。

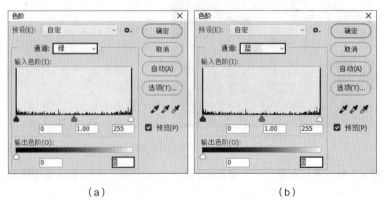

（a）　　　　　　　　　　　　　（b）

图 1-2-102　设置"色阶"对话框中的参数

STEP 19 按 Ctrl+D 组合键取消选区。

STEP 20 按照 STEP 17 ~ STEP 20 的操作方法，将图像中的"寒"与"傲雪"调整为绿色（改变红色通道与蓝色通道），如图 1-2-103 所示。

图 1-2-103　色彩调整结果

STEP 21 使用横排文字工具在图像的右上角创建图 1-2-104 所示的文本。

STEP 22 选择"图层 1"，选择菜单命令"编辑 | 变换 | 水平翻转"，最终效果及"图层"面板如图 1-2-105 所示。

 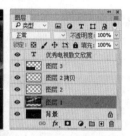

图 1-2-104　创建文本　　　　　　　　图 1-2-105　最终效果及"图层"面板

STEP 23 分别以 PSD 格式和 JPG 格式（最佳效果）存储图像，最后关闭所有图像文件。

2.3.3　烟雨江南

1. 技术要点

图层基本操作（复制、移动、缩放等）、设置图层混合模式、调整色彩、创建选区等。

烟雨江南

2. 操作步骤

STEP 1 打开图像"第 2 章素材 \ 书法（枫桥夜泊）.jpg"，按组合键 Ctrl+A 全选图像，再按 Ctrl+C 组合键复制图像。

STEP 2 打开图像"第 2 章素材 \ 烟雨江南 .jpg"，按 Ctrl+V 组合键粘贴图像，得到"图层 1"。使用移动工具将书法图像移动到右上角，如图 1-2-106 所示。

图 1-2-106　粘贴并移动图像

STEP 3 将"图层 1"的混合模式由"正常"改为"变暗"。选择菜单命令"编辑 | 自由变换"，适当缩小"图层 1"中的图像。按 Enter 键确认，效果及"图层"面板如图 1-2-107 所示。

图 1-2-107 效果及"图层"面板

STEP 4 打开图像"第 2 章素材 \ 渔火 .jpg"。使用套索工具圈选图中的渔火及其倒影，如图 1-2-108 所示。按 Ctrl+C 组合键复制图像。

STEP 5 切换到"烟雨江南 .jpg"，按 Ctrl+V 组合键粘贴图像，得到"图层 2"。

STEP 6 将"图层 2"的混合模式设置为"变亮"，使用移动工具将渔火调整到左侧船头的位置，如图 1-2-109 所示。

图 1-2-108 圈选图像

图 1-2-109 更改图层混合模式并调整图层位置

STEP 7 选择菜单命令"图像 | 调整 | 色阶"，打开"色阶"对话框，参数设置如图 1-2-110 所示。单击"确定"按钮，图像调整效果如图 1-2-111 所示。

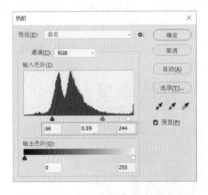

图 1-2-110 设置"色阶"对话框中的参数

图 1-2-111 图像调整效果

STEP 8 保存图像。图像最终效果可参考"第 2 章素材 \ 烟雨江南（合成）.jpg"。

2.3.4　最美的舞者

1.　技术要点

图层基本操作、添加图层蒙版、调整色彩、创建渐变效果等。

2.　操作步骤

最美的舞者

STEP 1 打开素材图像"第 2 章素材 / 脚尖上的优雅 .jpg"。在"图层"面板上双击背景图层的缩览图，打开"新建图层"对话框，采用默认设置，单击"确定"按钮。这样可将背景图层转换为普通图层"图层 0"，如图 1-2-112 所示。

STEP 2 使用"图像 | 画布大小"菜单命令向下扩充画布，参数设置如图 1-2-113 所示（高度扩大到 614 像素，宽度不变）。

图 1-2-112　转换背景图层

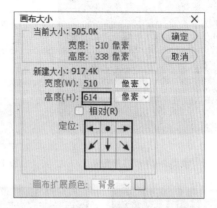

图 1-2-113　设置"画布大小"对话框中的参数

STEP 3 复制"图层 0"，得到"图层 0 拷贝"。使用"编辑 | 变换 | 垂直翻转"，将"图层 0 拷贝"上下颠倒，使用移动工具将"图层 0 拷贝"竖直向下移动到图 1-2-114 所示的位置。

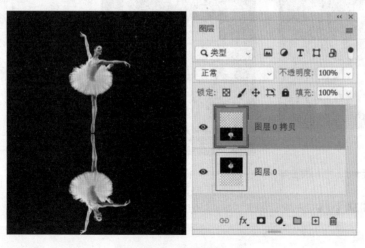

图 1-2-114　复制并移动图层

STEP 4 使用菜单命令"编辑 | 自由变换"，按住 Shift 键，向上拖动变换控制框底边中间的控制块至图 1-2-115 所示的位置（水平方向不压缩），按 Enter 键确认变换操作。

STEP 5 使用菜单命令"图像 | 调整 | 亮度 / 对比度"提高"图层 0 拷贝"的亮度，参数设置如图 1-2-116 所示。

STEP 6 为"图层 0 拷贝"添加"高斯模糊"滤镜（"模糊半径"设置为 1 像素）。

STEP 7 新建图层，将其填充为黑色，并将其放置在所有其他图层的下面。

STEP 8 为"图层 0 拷贝"添加图层蒙版，并确保"图层 0 拷贝"处于蒙版编辑状态。

STEP 9 在图像窗口中，按住 Shift 键的同时沿竖直方向由 A 点向 B 点拖动鼠标指针（如图 1-2-117 所示），创建由白色到黑色的线性渐变。图像最终效果及"图层"面板如图 1-2-118 所示。

STEP 10 分别以 PSD 格式和 JPG 格式（最佳效果）存储图像，最后关闭所有图像文件。

图 1-2-115　压缩图层　　　　　图 1-2-116　设置"亮度 / 对比度"对话框中的参数

图 1-2-117　在蒙版上创建渐变效果　　　图 1-2-118　图像最终效果及"图层"面板

2.3.5　仙女下凡

1. 技术要点

复制通道、编辑通道、载入通道选区、使用图层蒙版修补选区、色阶调整、图层复制等。

仙女下凡者

2. 操作步骤

STEP 1 打开"第 2 章素材 \ 舞蹈 .psd"（见图 1-2-119），选择"人物"图层，按 Ctrl+A 组合键全选图像，再按 Ctrl+C 组合键复制图像。

图 1-2-119　素材图片"舞蹈"

STEP 2 打开"第 2 章素材\仙境 .jpg",按 Ctrl+V 组合键粘贴图像,生成"图层 1",将其重命名为"仙女",如图 1-2-120 所示。

图 1-2-120　粘贴图层并修改图层名称

STEP 3 使用"编辑 | 自由变换"菜单命令适当成比例缩小"仙女"图层中的人物,使用移动工具调整人物的位置,如图 1-2-121 所示。

图 1-2-121　调整"仙女"的大小与位置

STEP 4 打开"第 2 章素材\白云 .jpg"。显示"通道"面板,查看各个单色通道,发现红色通道中的白云与周围蓝天背景的明暗对比度最高。

STEP 5 复制红色通道,得到"红 拷贝"通道(见图 1-2-122)。选择菜单命令"图像 | 调整 | 色阶",打开"色阶"对话框,对"红 拷贝"通道中的灰度图像进行调整。参数设置如图 1-2-123

所示，单击"确定"按钮。

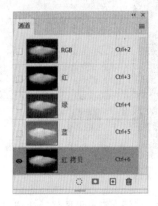

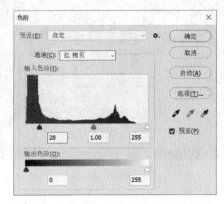

图 1-2-122　复制通道　　　　　　　　图 1-2-123　提高通道图像的对比度

STEP 6 使用黑色软边画笔将"红 拷贝"通道右下角的不完整的云涂抹掉（对通道的编辑与修改也是在图像窗口中进行的）。"红 拷贝"通道的最终效果如图 1-2-124 所示。

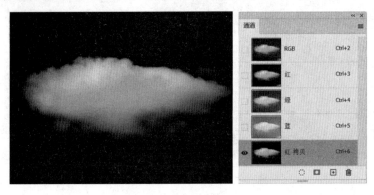

图 1-2-124　"红 拷贝"通道的最终效果

STEP 7 按住 Ctrl 键在"通道"面板上单击"红 拷贝"通道的缩览图，载入通道选区。

STEP 8 选择复合通道。按 Ctrl+C 组合键复制背景图层的选区内的白云。切换到"仙境"图像，按 Ctrl+V 组合键粘贴白云图像，生成"图层 1"，将其重命名为"白云"，并将白云图像移动到图 1-2-125 所示的位置。

图 1-2-125　粘贴和移动白云图像

STEP 9 复制"白云"图层,得到"白云 拷贝"图层。在"图层"面板菜单中选择"向下合并"命令(或按组合键 Ctrl+E),将"白云 拷贝"图层合并到"白云"图层中。这样就解决了白云太透明的问题。

STEP 10 为"白云"图层添加"显示全部"的图层蒙版。使用黑色软边画笔(大小约为 70 像素,不透明度约为 10%)涂抹白云的边缘(特别是顶部边缘),使深色适当变浅,并具有透明效果,如图 1-2-126 所示。

图 1-2-126 使用图层蒙版处理白云边缘

STEP 11 为"仙女"图层添加"显示全部"的图层蒙版。使用黑色软边画笔(大小约为 70 像素,不透明度约为 50%)涂抹(透过白云显现出来的)人物舞裙的下边线,使下边线隐藏,如图 1-2-127 所示。

图 1-2-127 使用图层蒙版处理"仙女"舞裙的下边线

STEP 12 将最终合成图像以"仙女下凡 .jpg"为名进行保存。

2.4 Illustrator 绘图基础

2.4.1 Illustrator 简介

Illustrator 是由 Adobe 公司开发的一款重量级矢量绘图软件,是出版、多媒体和网络图像工业的标准插图软件,其功能非常强大,享有"手绘大师"的美誉。

图 1-2-128 所示是使用 Illustrator 设计的作品。

（a）手提袋

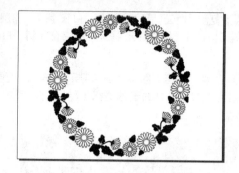
（b）花环

图 1-2-128　使用 Illustrator 设计的作品

Illustrator 与 Photoshop 同是 Adobe 公司的产品，二者的兼容性很好，操作方法也比较类似。如果已经熟悉了 Photoshop 的操作，学习 Illustrator 会比较容易。

2.4.2　Illustrator 2020 工作界面

运行 Illustrator 2020，其工作界面如图 1-2-129 所示，包括菜单栏、控制栏、工具栏（或称工具箱）、画板、用户工作区、面板和状态栏等组成部分。

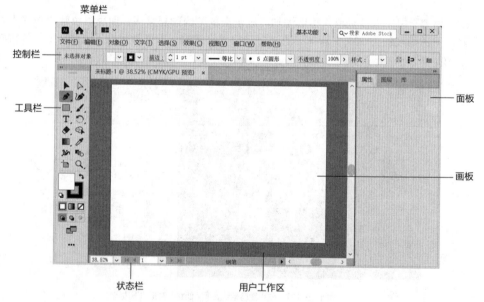

图 1-2-129　Illustrator 2020 的工作界面

画板（或称页面）在用户工作区内，包含可打印图稿的整个区域。Illustrator 的每个文档都可包含多个画板，其数量可以在新建文档时指定。在文档创建好之后，还可以通过"画板"面板新建或删除画板。

2.4.3　Illustrator 2020 基本操作

1. 文件的基本操作

Illustrator 中文档的创建、打开与存储操作与 Photoshop 类似。新建文档时可设置画板的数量、大小、方向、单位、颜色模式等重要参数。编辑文档时可通过工具栏中的画板工具 修改每个画板的大小和方向。

Illustrator 的源文件格式为 Illustrator（*.AI）。使用"文件|导出"菜单命令还可以输出 Photoshop
（*.psd）、JPEG（*.jpg）、PNG（*.png）、AutoCAD 绘图（*.dwg）等多种格式的文件，以便导入其他
相关软件。使用"文件|置入"菜单命令也可以导入 Photoshop（*.psd、*.pdd）、JPEG（*.jpg、*.jpe、
.jpeg）、PNG（.png）、DWG（*.dwg）、GIF89a（*.gif）、Microsoft Word DOCX（*.docx）等多种
格式的文件。

2. 设置对象颜色

（1）设置对象填充颜色、描边颜色

矢量图形对象包括内部填充和外围描边（或称边缘、笔触）两部分。因此在创建图形之前或编辑图
形的过程中，常常需要设置图形的填充颜色（简称填色）和描边颜色。

设置填充颜色的方法如下。

STEP 1 在工具栏底部单击"填色"按钮（该按钮将出现在"描边"按钮的前面，如图 1-2-
129 所示）。

STEP 2 单击"颜色"按钮，可通过"颜色"面板或"色板"面板设置填充颜色。也可以直
接双击"填色"按钮打开"拾色器"对话框，再在其中选择填充颜色。

STEP 3 单击"渐变"按钮，可通过"渐变"面板设置渐变填充颜色。

STEP 4 单击"无"按钮，可将填充颜色设置为无色。

描边颜色的设置方法类似。

（2）编辑渐变填充颜色

通过"渐变"面板（见图 1-2-130）可以进行如下操作：
设置渐变类型、渐变角度，增加或删除渐变色，设置每一个色
标的位置和颜色等。

将鼠标指针移动到渐变色编辑条的下方，当鼠标指针变为
▶+形状时单击可增加色标。选择色标后，通过"颜色"面板可
修改其颜色（在"颜色"面板菜单中可以选择所需的颜色模式）。

选择新增加的色标，沿竖直方向向下拖动色标，可删除
色标（或单击渐变色编辑条右侧的删"除按"钮🗑，删除选择
的色标）。

（3）使用图案

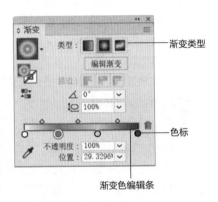

图 1-2-130　"渐变"面板

在"色板"面板菜单中选择"打开色板库|图案"下的相应命令，打开相应的图案面板（见图
1-2-131），在其中单击所需的图案，可将其应用于所选图形的填充或描边部分（见图 1-2-132）。

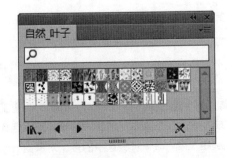

图 1-2-131　"自然_叶子"面板

图 1-2-132　将图案应用于图形的填充和描边部分

（4）设置描边属性

通过"描边"面板和控制栏可设置图形的描边属性，如粗细、线型、箭头等。

（5）创建符号对象

在工具栏中选择符号喷枪工具。打开"符号"面板，在"符号"面板菜单中选择"打开符号库"下的相应命令，打开对应的符号面板，在其中选择某个符号，在画板上单击或拖动鼠标，可创建相应的符号对象，如图 1-2-133 所示。

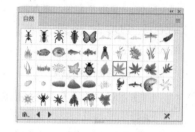

图 1-2-133　创建符号对象

2.4.4　绘制图形

以下内容是基于工具栏的高级模式阐述的。选择菜单命令"窗口 | 工具栏 | 高级"，将工具栏切换到高级模式。

1．矩形工具组

矩形工具组包括矩形工具、椭圆工具、多边形工具、星形工具、圆角矩形工具等。在使用这些工具绘制图形时，应注意以下几点。

● 选择工具组中的某个工具，在工作区中单击，可打开其选项对话框，以设置工具参数。单击"确定"按钮，将生成相应的图形。

● 按住 Shift 键可创建正方形、圆形等图形，按住 Alt 键则以首次单击点为中心创建图形，同时按住 Shift 键与 Alt 键，则以首次单击点为中心创建正方形、圆形等图形。

● 在创建图形前，除了要设置填充颜色和描边颜色外，有时还需要在工具栏底部选择合适的绘图模式，如图 1-2-134 所示。

图 1-2-134　选择绘图模式

2．手绘工具组

手绘工具组包括铅笔工具、平滑工具和路径橡皮擦工具等。在使用这些工具时，应注意以下几点。

● 在工具栏中双击铅笔工具或平滑工具，可以打开相应的选项对话框，以设置工具参数。该操作对直线段工具、弧形工具、画笔工具、橡皮擦工具、画板工具、符号喷枪工具组、形状生成器工具组中的工具等也是适用的。

● 平滑工具与路径橡皮擦工具仅对选中的路径曲线有效。

3．线型工具组

线型工具组包括直线段工具、弧形工具和螺旋线工具等。

4．钢笔工具组与直接选择工具组

钢笔工具组包括钢笔工具、添加锚点工具、删除锚点工具、锚点工具，用来创建和编辑平滑的曲线段，操作方法与 Photoshop 中的对应工具基本相同。

直接选择工具组包括直接选择工具和编组选择工具。直接选择工具 ▷ 与 Photoshop 中对应工具的用法类似，用来选择曲线段上的锚点，移动锚点、调整方向线以改变曲线段局部的形状。编组选择工具 ▷ 用来选择和编辑组合对象中的单个对象（使用"对象 | 编组"菜单命令可将选中的多个对象组合起来）。

在使用直接选择工具时，其控制栏上的"显示多个选定锚点的手柄"按钮 ✦、"连接所选终点"按钮 ✦ 和"在所选锚点处剪切路径"按钮 ✦ 对曲线段的编辑非常有用。

【实例】使用钢笔工具、锚点工具、直接选择、镜像工具等绘制如图 1-2-135 所示的心形。

操作提示：创建一条竖直参考线→创建心形的左半部分→镜像复制出右半部分→连接终点并填色。

图 1-2-135 心形

5. 画笔工具

（1）设置画笔参数

在工具栏中双击画笔工具 🖌，可打开"画笔工具选项"对话框，以设置画笔工具的公共参数。

选择"窗口|画笔"菜单命令，打开"画笔"面板（见图 1-2-136），双击其中某个画笔，打开其选项对话框（见图 1-2-137），进一步设置该类画笔的相关参数。

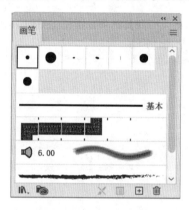

图 1-2-136 "画笔"面板

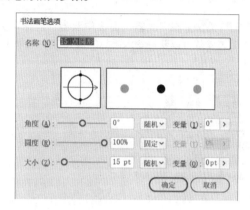

图 1-2-137 "书法画笔选项"对话框

也可以先在"画笔"面板中选择某个画笔，然后在"画笔"面板菜单中选择"画笔选项"命令，打开所选画笔的选项对话框。

（2）画笔分类

从"画笔"面板菜单中可以了解到，Illustrator 的画笔分为书法画笔、散点画笔、图案画笔、毛刷画笔、艺术画笔等。

（3）将画笔应用于路径

选择路径曲线，在"画笔"面板中单击某个画笔，可将该画笔应用于所选路径。

【实例】制作装饰文字效果

STEP 1 使用文字工具 T 创建文本对象 ADOBE（微软雅黑、粗体、150 pt）。

STEP 2 使用选择工具 ▶ 选择该文本对象（图 1-2-138）。选择菜单命令"文字|创建轮廓"，使文本转换为路径曲线，并重新设置填充颜色为无，描边颜色为黑色，如图 1-2-139 所示。

图 1-2-138 选择文本对象

图 1-2-139 转换为路径曲线

STEP 3 从"画笔"面板菜单中选择"打开画笔库|边框|边框_装饰"命令，打开"边框_装饰"面板（见图 1-2-140）。

STEP 4 在"边框_装饰"面板中选择"前卫"图案 ◁▷◁▷◁▷，将该图案应用于"文字"路径（见图 1-2-141）。此时"前卫"图案画笔 ◁▷◁▷◁▷ 被导入"画笔"面板。

图 1-2-140 "边框_装饰"面板

图 1-2-141 将图案应用于路径

STEP 5 在"画笔"面板中双击"前卫"图案画笔，打开其选项对话框（见图 1-2-142），通过设置相关参数可以获得令人满意的装饰文字效果（见图 1-2-143）。

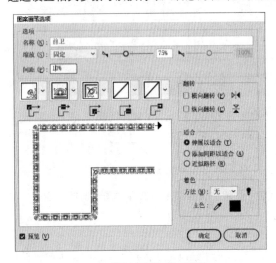

图 1-2-142 "图案画笔选项"对话框

图 1-2-143 装饰文字效果

2.4.5 编辑图形

1. 对象的排序、编组、锁定

使用"对象|排列"中的命令，可以调整同一图层中对象的前后叠盖顺序。

使用"对象|编组"菜单命令可以将选中的多个对象组合起来，以便将它们作为一个整体进行变换。使用"对象|取消编组"菜单命令可以取消组合对象的编组。

使用"对象|锁定|所选对象"菜单命令可以锁定选中的对象。锁定的对象是无法选择和修改的。使用"对象|全部解锁"菜单命令可解锁所有锁定的对象。

2. 对象变换

（1）选择工具▶

选择工具的作用是选择、移动、缩放、旋转对象。在缩放对象时，应注意配合Alt键与Shift键使用。

（2）自由变换工具

使用自由变换工具可以缩放和旋转对象。除此之外，配合键盘功能键还可以对对象进行扭曲、斜切和透视等变换操作，方法如下。

先使用自由变换工具选择对象，将鼠标指针移到控制块上并按住鼠标左键不放，然后进行如下操作。

- 按住 Ctrl 键不放，同时拖动控制块可扭曲对象。
- 按住 Ctrl+Alt 组合键不放，同时拖动控制块可斜切对象。
- 按住 Ctrl+Alt+Shift 组合键不放，同时拖动控制块可透视变换对象。

（3）比例缩放工具

选择要缩放的对象，在工具栏中双击比例缩放工具，打开"比例缩放"对话框。利用该对话框可以精确缩放对象，还可以在缩放的同时复制对象。

（4）旋转工具

选择要旋转的对象，在工具栏中双击旋转工具，打开"旋转"对话框。利用该对话框可以精确旋转对象，还可以在旋转的同时复制对象。

（5）倾斜工具

选择要斜切的对象，在工具栏中双击倾斜工具，打开"倾斜"对话框。利用该对话框可以精确斜切对象，还可以在斜切的同时复制对象。

（6）镜像工具

选择要镜像变换的对象，在工具栏中双击镜像工具，打开"镜像"对话框。利用该对话框可以镜像变换对象，还可以在镜像变换的同时复制对象。

（7）"对象 | 变换"命令

使用"对象 | 变换"中的命令可以实现对象的精确移动、缩放、旋转、镜像和斜切等变换操作，变换的同时还可以复制对象。其中，需要注意的有以下两个命令。

- 再次变换：对对象实施移动、缩放、旋转、镜像等变换操作后，选择该命令（或按组合键 Ctrl+D），可重复执行上述变换。
- 分别变换：一次性对对象实施精确移动、缩放、旋转和镜像等多种操作。变换的同时还可以复制对象。

【实例】绘制松针

STEP 1 新建文档，设置画板大小为 692 像素 ×461 像素，颜色模式为 RGB。

STEP 2 使用直线段工具绘制一条粗细为 2pt、宽约为 30 像素的绿色直线段。

STEP 3 选择旋转工具 。按住 Alt 键不放，在直线段的一侧端点上单击，打开"旋转"对话框，设置"角度"值为 10。单击"复制"按钮，结果如图 1-2-144 所示。

STEP 4 按 Ctrl+D 组合键 34 次，得到图 1-2-145 所示的图形。

STEP 5 框选所有直线段，使用"对象 | 编组"菜单命令对其进行组合。在"属性"面板中查看该组合对象的宽度与高度。

STEP 6 在画板外的灰色区域绘制一个同样大小的白色圆形，如图 1-2-146 所示。

图 1-2-144　旋转复制

图 1-2-145　旋转复制直线段

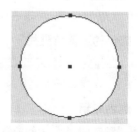
图 1-2-146　绘制白色圆形

STEP 7 将组合对象移到灰色工作区，同时选中圆形与组合对象，选择"窗口 | 对齐"菜单命令，打开"对齐"面板，在面板右下角设置对齐方式为"对齐所选对象"，依次单击面板中的"水平

居中对齐"与"垂直居中对齐"按钮将二者对齐（此时白色圆形在上面）。

STEP 8 使用选择工具▶在空白处单击，取消对象的选择状态。再次单击白色圆形将其单独选中。选择"对象丨排列丨置于底层"菜单命令，将白色圆形调整到组合对象的下面，如图1-2-147所示。

STEP 9 将圆形与组合对象组合在一起，使其形成松针形状。

STEP 10 选择"文件丨置入"菜单命令，将图片"第2章素材\Illustrator\树干.gif"导入画板。

STEP 11 打开"对齐"面板，对齐方式为"对齐画板"（见图1-2-148），依次单击面板中的"水平居中对齐"按钮♣与"垂直居中对齐"♣按钮，将素材图片对齐到画板中央。

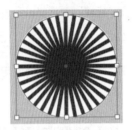

图1-2-147 修改排列顺序　　　图1-2-148 选择"对齐画板"命令

STEP 12 选择"对象丨排列丨置于底层"菜单命令，将素材图片放置到图层最下面。选择"对象丨锁定丨所选对象"菜单命令，锁定素材图片。

STEP 13 复制松针，并将其适当缩放，排列在树干上，最后得到图1-2-149所示的效果。

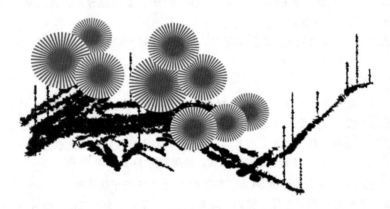

图1-2-149 松树

3. 对齐与分布对象

利用"对齐"面板，可以进行对齐与分布对象的操作。

4. 路径的运算与查找

利用"路径查找器"面板（见图1-2-150），可对选定的多个图形进行并集、差集、交集、分割等运算。

5. 混合对象

使用"对象丨混合"中的命令（主要是"混合选项"与"建立"命令）可以在两个图形之间形成颜色与形状的过渡，如图1-2-151所示。

图 1-2-150　"路径查找器"面板

图 1-2-151　图形混合效果

2.4.6　"效果"菜单

"效果"菜单用于改变对象的外观,以创建各种各样的特殊效果。有的效果针对矢量图,有的效果针对位图,有的效果既能应用于矢量图,也能应用于位图。

添加在对象上的效果可通过"外观"面板进行编辑与修改。

【实例】绘制图案

STEP 1 创建圆形(描边颜色为 #3399FF,描边粗细为 0.5pt,填充颜色为无),如图 1-2-152 所示。

STEP 2 选择圆形。选择菜单命令"效果 | 扭曲和变换 | 波纹效果",打开"波纹效果"对话框,参数设置如图 1-2-153 所示。

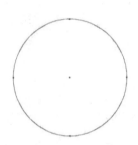

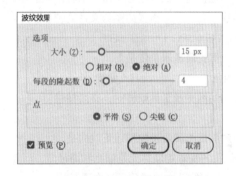

图 1-2-152　创建圆形

图 1-2-153　"波纹效果"对话框

STEP 3 单击"确定"按钮关闭对话框,变形效果如图 1-2-154 所示。

STEP 4 在工具栏中双击旋转工具,打开"旋转"对话框,设置角度值为 3,其他参数保持默认。单击"复制"按钮,结果如图 1-2-155 所示。

STEP 5 连续按 Ctrl+D 组合键(或选择菜单命令"对象 | 变换 | 再次变换")4 次,可得到图 1-2-156 所示的效果(取消对象的选择后)。

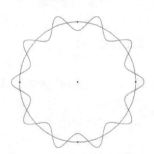
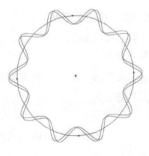
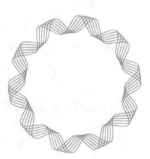

图 1-2-154　波纹变形效果　　　　图 1-2-155　旋转复制图形　　　　图 1-2-156　图案最终效果

习题与思考

一、选择题

1. 下列描述不属于位图特点的是_____。

    A. 由数学公式来描述图中各元素的形状和大小

    B. 适合表现含有大量细节的画面，例如风景照、人物照等

    C. 图像内容会因为放大而出现马赛克现象

    D. 与分辨率有关

2. 位图与矢量图相比，其优越之处在于_____。

    A. 放大图像后，图像内容不会出现模糊现象

    B. 容易对画面上的对象进行移动、缩放、旋转和扭曲等变换操作

    C. 适合表现含有大量细节的画面

    D. 一般来说，位图文件比矢量图文件小

3. "目前广泛使用的位图格式之一；属有损压缩，压缩率较高，文件容量小，但图像质量较高；支持真彩色，适合保存色彩丰富、内容细腻的图像；是目前网上主流的图像格式之一。"该段话描述的是_____格式的图像文件的特点。

    A. JPEG（JPG）   B. GIF   C. BMP   D. PSD

4. 构成位图的最基本单位是_____。

    A. 颜色   B. 像素   C. 通道   D. 图层

5. 在使用仿制图章工具取样时，必须按住_____键。

    A. Alt   B. Ctrl   C. Shift   D. Enter

6. 下面对矢量图和位图的描述正确的是_____。

    A. 位图的基本组成单元是锚点和路径

    B. 矢量图的基本组成单元是像素

    C. 使用 Photoshop 不能创建矢量图

    D. 使用 Illustrator 能够生成矢量图

7. 图像分辨率的单位是_____。

    A. ppi   B. dpi   C. pixel   D. lpi

8. _____的选项栏中没有"模式"选项。

    A. 仿制图章工具   B. 文字工具   C. 画笔工具   D. 铅笔工具

9. _____适合用于选择图像中颜色相近的区域。

    A. 魔棒工具   B. 磁性套索工具   C. 椭圆选框工具   D. 矩形选框工具

10. 套索工具组中不包含下面哪种工具？_____。

    A. 套索工具   B. 磁性套索工具   C. 矩形套索工具   D. 多边形套索工具

11. 下列不支持无损压缩的图像文件格式是_____。

    A. JPEG   B. TIFF   C. PSD   D. PNG

12. 使用椭圆选框工具时配合_____键能够创建圆形选区。

    A. Shift   B. Ctrl   C. Alt   D. Tab

13. 在 RGB 颜色模式的图像中添加一个新通道，该通道可能属于_____通道。

    A. Alpha   B. Beta   C. Gamma   D. 颜色

14. 在 Photoshop 中，下面有关修补工具的使用描述正确的是_____。
    A. 修补工具和修复画笔工具在使用时都要先按住 Alt 键来确定取样点
    B. 修补工具和修复画笔工具在修图时都可以保留原图像的纹理、亮度、层次等信息
    C. 修补工具可以在不同图像之间使用
    D. 在使用修补工具之前所确定的修补选区不能设置"羽化"值

15. 在 Photoshop 中利用渐变工具创建从黑色至白色的渐变效果，如果想使两种颜色的过渡非常平缓，下列操作有效的是_____。
    A. 使渐变工具拖动的距离尽可能长一些   B. 将渐变工具拖动的路线控制为斜线
    C. 将渐变工具的不透明度降低   D. 使渐变工具拖动的距离尽可能缩短

16. 在 Photoshop 中使用魔棒工具选择图像时，通常情况下"容差"值为_____时选择的范围相对最大。
    A. 10   B. 20   C. 30   D. 40

17. 如果选择了一个前面的历史记录，所有位于其后的历史记录都变成灰色显示，以下描述正确的是_____。
    A. 这些变成灰色的历史记录已经被删除，但可以按组合键 Ctrl+Z 将其恢复
    B. 允许非线性历史记录的选项处于选中状态
    C. 应当清除这些灰色的历史记录
    D. 若从当前选中的历史记录开始继续修改图像，则其后的灰色历史记录都会被删除

18. 画板（或称页面）位于用户工作区内，是包含可打印图稿的整个区域。Illustrator 的每个文档都可包含_____画板。
    A. 1 个   B. 2 个   C. 4 个   D. 多个

19. Illustrator 可以方便地与 Photoshop 等软件进行数据交换，关于两个软件本质区别的叙述，正确的是_____。
    A. Illustrator 是以处理矢量图形为主的绘图软件，而 Photoshop 是以处理位图为主的图像处理软件
    B. Illustrator 支持 EPS 格式，而 Photoshop 不支持
    C. Illustrator 可打开 PDF 格式的文件，而 Photoshop 不可以
    D. Illustrator 和 Photoshop 都可以对图形进行像素化处理，但同样的文件均存储为 EPS 格式后，Illustrator 存储的文件要小很多

20. 以下关于 Illustrator 的描述，不正确的是_____。
    A. Illustrator 可以制作 Flash（SWF）和 SVG 图形
    B. Illustrator 可以打开 PSD（*.psd）文件
    C. Illustrator 可以指定专色和原色，但不可以指定 Web 颜色
    D. Illustrator 可将透明特性赋予任何对象

二、填空题

1. 图像每单位长度上的像素点数称为_____，其单位通常为"像素 / 英寸"。

2. _____指计算机采用多少个二进制位表示像素点的颜色值，也称位深。

3. _____格式是 Photoshop 的基本文件格式，能够存储图层、通道、蒙版、路径和颜色模式等各种图像属性，是一种非压缩的原始文件格式。

4. 数字图像分为两种类型：_____与_____。在实际应用中，二者为互补关系，各有优势，只有相互配合，取长补短，才能达到最佳表现效果。

5. 位图也叫点阵图、光栅图或栅格图，由一系列像素组成。_____是构成位图的基本单位。

6. 矢量图就是利用矢量进行描述的图。矢量图中各元素的形状、大小都是借助数学公式表示的，同时调用调色板表现色彩。矢量图形与_____无关，缩放多少倍都不会影响画质。

7. 对于_____图形，无论将其放大和缩小多少倍，它都有一样平滑的边缘和清晰的视觉效果。

8. CMYK 颜色模式的图像有_____个单色通道。

9. 在使用"色阶"命令调整图像时，选择_____通道可以调整图像的明暗对比，选择_____通道可以调整图像的色彩。例如一个 RGB 图像在选择_____通道时可以通过调整增减图像中的蓝色。

10. 图层_____用于控制图层的显示范围和显示程度，但不会破坏图层上的图像。

11. _____颜色模式的图像适合在屏幕上显示，CMYK 颜色模式的图像适合印刷。

12. 油漆桶工具可根据像素颜色的近似程度来填充图像，填充的内容包括_____和_____两种类型。

13. _____工具可以提高或降低图像的饱和度。

14. 路径由_____、_____和_____组成。

15. 在Photoshop的拾色器中，对颜色的描述方式有_____、_____、_____和_____4种。

16. 在 Photoshop 中，使用仿制图章工具时按住_____键并单击可以确定取样点。

17. 在 Photoshop 中缩放图像时，按住_____键可以影响缩放比例。

18. 在 Photoshop 中，_____缩放工具可以以 100% 的比例显示图像。

19. 在 Photoshop 中，通道分为_____通道、_____通道和_____通道等多种类型。

20. 模糊工具通过降低相邻像素的_____使涂抹过的区域变模糊。

21. Illustrator 是由美国 Adobe 公司开发的一款重量级_____软件，是出版、多媒体和网络图像工业的标准插图软件，其功能非常强大，享有"手绘大师"的美誉。

22. 在 Illustrator 中，_____在用户工作区内，是包含可打印图稿的整个区域。

23. Illustrator 的源文件格式为_____。

24. 矢量图形对象一般包括_____和_____两部分。

25. 在创建矢量图形之前或编辑图形的过程中，常常需要分别设置图形的_____和_____两种颜色。

三、操作题

1. 利用"练习\第 2 章"文件夹下的素材图像"静以致远 .jpg"和"院墙 .jpg"合成图 1-2-157 所示的效果。

操作题 1

图 1-2-157　效果图

可使用多边形套索工具、椭圆选框工具、文字工具等和"描边"命令、"斜面和浮雕"图层样式进行操作。

2. 利用"练习\第 2 章"文件夹下的素材图像"墙壁 .gif"和"花朵 .psd"合成"吊饰"效果（见图 1-2-158 ）。

操作提示如下。

（1）将"墙壁 .gif"转换为"RGB 颜色模式"。

（2）将"花朵 .psd"中的花朵复制到"墙壁"图像中，将其适当缩小，再调整其位置。

（3）使用画笔工具（增大画笔间距）在"花朵"图层中绘制白色点画线。添加阴影效果，完成一个吊饰的制作。

（4）使用上述方法制作其他吊饰。

3. 利用"练习\第 2 章"文件夹下的素材图像"童年 .jpg"（见图 1-2-159）制作图 1-2-160 所示的艺术镜框效果。

（a）素材图片　（b）吊饰

图 1-2-158　制作"吊饰"效果　　图 1-2-159　原图　　图 1-2-160　艺术镜框效果

操作提示如下。

（1）打开素材图像，新建"图层 1"。

（2）创建矩形选区。在"图层 1"的选区内填充黑色。反转选区，再为其填充白色。

（3）取消选区。将"图层 1"的混合模式设置为"滤色"。

（4）为"图层 1"应用玻璃滤镜（纹理：小镜头）。

4. 利用"练习\第 2 章"文件夹下的素材图像"月夜素材 01.jpg"与"月夜素材 02.jpg"合成图 1-2-161 所示的月夜效果。

操作提示如下。

（1）满月颜色为 #ffffcc，"羽化"值约为 2 像素。

（2）将"月夜素材 02.jpg"合成到"月夜素材 01.jpg"中，将图层混合模式设置为"变暗"。

5. 利用"练习\第 2 章"文件夹下的素材图像"风景 .jpg"合成图 1-2-162 所示的蓝天白云效果。

操作提示如下。

（1）打开素材，新建"图层 1"，将前景色与背景色分别设置为黑色与白色，添加"云彩"滤镜。

（2）将"图层 1"的图层混合模式设置为"滤色"，为"图层 1"添加图层蒙版，在蒙版上添加从黑色到白色的线性渐变效果。

图 1-2-161　月夜效果　　　图 1-2-162　蓝天白云效果

第 3 章　动画设计

动画概述

3.1.1　动画原理

　　动画由一系列静态画面按一定顺序组成，这些静态画面称为动画的帧。通常情况下，相邻的帧差别不大，其内容的变化存在一定的规律。由于人眼存在视觉滞留（也称视觉暂留）特征，当这些帧按顺序以一定的速度播放时，便形成了连贯的动画。

提示

人们眼前的物体被移走之后，该物体反映在视网膜上的影像不会立即消失，而是继续短暂滞留一段时间，滞留时间一般为 0.1 ~ 0.4 秒。这就是人眼的视觉暂留特性，是科学家们在 19 世纪初发现的。

　　在传统动画的创作中，首先将每一个帧画面手动绘制在透明胶片上，然后利用摄像机将每一个画面按顺序拍摄下来，再以一定的速度播放就可以看到动画效果。一个小时的动画片往往需要绘制几万张图片，因此传统动画片的创作方法要付出非常艰巨的劳动。图 1-3-1 所示的是美术片《哪吒传奇》中的部分画面。

图 1-3-1　美术片《哪吒传奇》中的部分画面

　　所谓计算机动画就是以计算机为主要工具创作的动画。在计算机动画中，比较关键的画面仍要人工绘制，关键画面之间的大量过渡画面由计算机自动计算后插补完成。这样就能够节省大量的人力、财力和时间，使动画创作变得方便多了。目前，计算机动画所要解决的主要问题就是如何通过计算更好地实现关键画面的过渡问题。

　　动画与视频有着明显的不同。一般来说，数字视频信号来源于摄像机、录像机，由一系列静态图像组成，其内容是对现实世界的直接反映，因而仅仅从画面上看，它具有写实主义的风格。而动画画面一般比较简洁，往往由设计者徒手绘制或借助计算机生成，"体现出一种浪漫主义色彩"（《新媒体艺术》张燕翔著）。

　　动画与视频并不是孤立存在的。一方面，影视作品中常常夹杂着大量的动画片段，以更加生动地表现主题，或实现通过实际拍摄无法完成的影视特技。另一方面，动画设计者也常常将拍摄的一系列图像输入计算机，经动画软件处理后形成动画，以获得更加逼真的动态效果。

3.1.2　动画分类

传统的动画将一幅幅预先绘制好的静态画面连续播放,而计算机动画则可以通过插值方法在两个静态画面之间生成一系列过渡画面,Animate 动画甚至可以通过添加脚本使动画与用户互动。

计算机动画按帧的产生方式分为逐帧动画与补间动画两种。

● 逐帧动画:动画的每个帧画面都由创作者手动完成,这些帧称为关键帧。计算机逐帧动画与传统动画的原理几乎是相同的。

● 补间动画:创作者只完成动画过程中首尾两个关键帧画面的设计与制作,中间的过渡画面由计算机通过各种插值方法计算生成。

图 1-3-2 所示的是由 Morpher 软件生成的图像变形动画,用户只需提供首尾两张图像,中间的变形过程可由 Morpher 轻松完成(在 Animate 中可通过元件的不透明度补间动画实现)。

图 1-3-2　图像变形动画

3.1.3　常用的动画设计软件

常用的动画设计软件有 Gif Animator、Director、Animate、3ds Max、Maya 等。

1. Gif Animator

Gif Animator 是由中国台湾友立公司出品的一款 GIF 动画设计软件。使用 Gif Animator 创建动画时,可以套用许多现成的特效。该软件可将 AVI 影视文件转换成 GIF 动画文件,还可以使 GIF 动画中的每帧图片最优化,有效地减小文件数据量,方便动画的网络传播。

2. Animate

Animate 是一款功能强大的矢量动画设计软件,是最受用户青睐的动画创作工具之一。由于其具有简单易学、功能强大、动画文件数据量小及流式传输等优点,Animate 成为"闪客"们创作网页动画的首选工具。Animate 的前身是 Macromedia 公司的 Flash,2005 年被 Adobe 公司收购,并于 2015 年更名为 Animate。

3. Director

Director 是一款专业的多媒体创作软件,可以用于设计交互动画、交互多媒体课件、多媒体交互光盘,也可以用来开发小型游戏。Director 主要用于多媒体项目的集成开发。它功能强大、操作简单、便于掌握,目前已经成为国内多媒体开发的主流工具之一。

4. 3ds Max

3ds Max 是由美国 Autodesk 公司开发的一款三维动画创作软件。在众多的三维动画创作软件中,3ds Max 开放程度高,学习难度相对较小,功能比较强大,完全能够胜任复杂动画的设计要求。3ds Max 曾经风靡全球,是用户群比较庞大的一款重量级软件。

5. Maya

Maya 是由 AliaslWavefront（2003 年更名为 Alias）公司开发的、世界顶级的三维动画创作软件，2005 年被 Autodesk 公司收购，它广泛应用于影视广告、角色动画、电影特技等领域。作为三维动画创作软件的后起之秀，Maya 深受业界的欢迎与喜爱，成为三维动画创作软件中的佼佼者。Maya 集成了 AliaslWavefront 最先进的动画及数字效果技术，它不仅提供一般三维和视觉效果的设计功能，还结合了最先进的建模、数字化布料模拟、毛发渲染和运动匹配技术。在建模时，使用 Maya 可以任意揉捏造型。Maya 掌握起来有些难度，对计算机系统的要求相对较高，尽管如此，目前 Maya 的使用人数仍然很多。

除了上述动画设计软件，利用程序设计软件同样可以合成很酷的动画效果。图 1-3-3 和图 1-3-4 所示的是使用网页代码合成的动画特效"水中倒影"和"飘雪"。

图 1-3-3 借助 Java 脚本实现的网页动画（水中倒影）　　图 1-3-4 借助 Java 脚本实现的网页动画（飘雪）

3.2 矢量动画设计大师 Animate

Animate 具有以下优点，深受广大用户的喜爱。

1. 简单易用

Animate 的工作界面非常友好，其功能强大，使用其进行基本动画的设计也非常方便，绝大多数用户都可以掌握。利用 Animate 提供的 ActionScript3.0 脚本语言，能够创作复杂的交互式动画，虽然这对普通用户来说有些困难，但通过一定的学习还是能够完成。

2. 基于矢量图形

Animate 动画主要基于矢量图形，其画面可以无级缩放而不易变形或模糊，保证了全屏播放的画面质量。另一方面，存储于库中的矢量资源可以重复使用，使得 Animate 动画文件数据量较小，有利于网络传播。

3. 流式传输

Animate 动画采用流媒体传输技术，在互联网上可以边下载边播放，用户不必等到数据全部传输到客户端后再观看，减少了用户等待的时间。

4. 多媒体创作环境和强大的交互功能

Animate 动画实现了对声音、图像、视频等多种媒体的支持。声音的加入，有效地渲染了动画场景的气氛；外部图像的导入，提高了画面的真实感，丰富了动画的色彩。加上 Animate 强大的动画功能，这意味着利用 Animate 能够创作出有声有色、动感十足的多媒体作品。除此以外，利用 Animate 提供的脚本语言，完全可以满足高级交互功能的设计要求。

3.2.1 Animate 动画的相关概念

启动 Adobe Animate 2020（下面除特殊情况外，统一简称 Animate，不再注明公司及版本），选择"窗口 | 工作区 | 基本功能"菜单命令，显示的工作界面如图 1-3-5 所示。

熟悉 Animate 工作界面，了解各组成部分的基本功能，是使用 Animate 制作动画的基础。

注：选择菜单命令"编辑 | 首选参数 | 编辑首选参数"，打开"首选参数"对话框，通过"常规 |UI 主题"选项可以修改 Animate 工作界面的颜色。

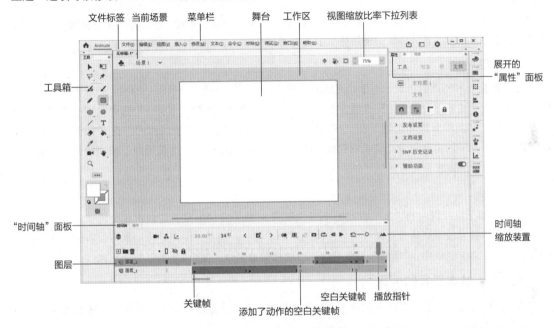

图 1-3-5　Animate 工作界面

1. 图层

图层是 Animate 动画设计中非常重要的概念。在其他相关设计软件（例如 Photoshop、Dreamweaver、Illustrator 等）甚至文本处理软件 Word 中都有图层的概念，其含义和作用大同小异。在图层的操作上，Animate 与 Photoshop 比较接近。

图层可以理解为透明的电子画布。Animate 动画文件往往由多个图层组成，这些图层自上而下按顺序叠盖在一起。在每一个图层上都可以利用基本工具创建动画角色，或者导入外部的图形、图像、动画和视频资源。播放指针指示了动画当前帧的时间位置，舞台中显示的是在当前帧位置多个图层画面的叠盖效果。

使用图层一方面可以控制动画对象在舞台上的遮盖关系；另一方面，可以将一部动画中的不同对象（例如静止对象、运动对象、声音、动作等）和动画的各个组成部分（例如太阳的升起、小鸟的飞行、枝条在微风中的摆动等）分层处理，使它们之间互不干扰，这样有利于动画的制作和维护。

2. 时间轴

时间轴的作用是组织和控制动画对象的出场顺序，其中的每一个小方格代表一帧。动画在播放时，一般是从左向右，按顺序依次播放每个帧中的画面。

3. 舞台

舞台是设计和观看 Animate 动画的矩形区域（新建动画文件后，屏幕中间的空白区域）。动画中关键帧画面的编辑是在包括舞台的工作区内完成的。每一帧画面中的对象只有放置在舞台范围内，才能在动画播放时正常显示出来。

4. 工作区

默认设置下，工作区包括舞台与周围的灰色区域。在灰色区域中同样可以创建和编辑关键帧画面中的对象，只是在播放发布后的 Animate 动画时，看不到该区域内的所有内容。

5. 帧

帧是 Animate 动画的基本组成单位，一帧就是一个静态画面。Animate 动画一般都由若干帧组成，这些帧按顺序以一定的速率播放。使用帧可以控制对象在时间上出现的先后顺序。

6. 关键帧

关键帧是一种特殊的、表示对象特定状态（颜色、大小、位置、形状等）的帧，一般表示一个变化的起点或终点，或变化过程中的一个特定的转折点。在外观上，关键帧上有一个圆点或空心圆圈。关键帧是 Animate 动画的骨架和关键所在，在 Animate 动画中起着非常重要的作用。在 Animate 动画创作中，关键帧画面一般由动画设计者编辑完成，关键帧之间的其他帧（称为普通帧、补间帧或过渡帧）由 Animate 自动计算完成。

7. 场景

场景类似于电视剧中的"集"或戏剧中的"幕"。一段 Animate 动画可以由多个场景组成。通常情况下，这些场景会按照"场景"面板中列出的顺序依次播放；但是，使用动作脚本可以实现不同场景的任意跳转。在 Animate 中，"场景"面板可以通过选择菜单命令"窗口 | 场景"显示出来。

3.2.2 基本工具的使用

Animate 工具箱中的工具用于创建和修改动画对象。下面介绍工具箱中一些常用工具的基本用法。

1. 笔触颜色■（▨表示笔触无色）

"笔触颜色"按钮用于设置图形外围边框的颜色，其基本用法如下。

STEP ❶ 在工具箱中单击"笔触颜色"按钮■（或▨按钮），弹出图 1-3-6 所示的色板，同时鼠标指针变成吸管形状。

STEP ❷ 在色板上选择单色或渐变色。

STEP ❸ 单击图 1-3-6 右上角的▨按钮，可将笔触颜色设置为无。

STEP ❹ 单击图 1-3-6 右上角的●按钮，可打开图 1-3-7 所示的"颜色选择器"对话框（类似 Photoshop 中的拾色器），从中可以定义任意一种笔触颜色。

STEP ❺ 在图 1-3-6 所示的"16 进制颜色值"数值框中输入颜色值可以精确取色。

STEP ❻ 在图 1-3-6 中的"不透明度"数值框中输入百分比值，可以确定颜色的不透明度。

STEP ❼ 若步骤 2 中选择的是渐变色，可选择"窗口 | 颜色"菜单命令，打开"颜色"面板编辑渐变色（见图 1-3-8）。渐变类型包括线性渐变和径向渐变两种。在"颜色"面板上单击渐变色控制条上的色标（选中的色标尖部显示为黑色），可利用面板上的选色器、Alpha 选项等修改该色标的颜色和不透明度。在渐变色控制条的下面单击可增加色标，左右拖动色标可改变色标的位置。选择用户添加的色标，向下拖动色标可将其删除。

另外，在工作区中选中了线条的情况下，还可以通过"属性"面板设置线型和线宽等属性。

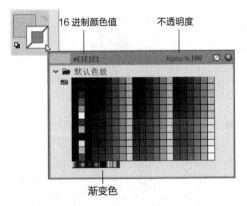

图 1-3-6　设置笔触颜色

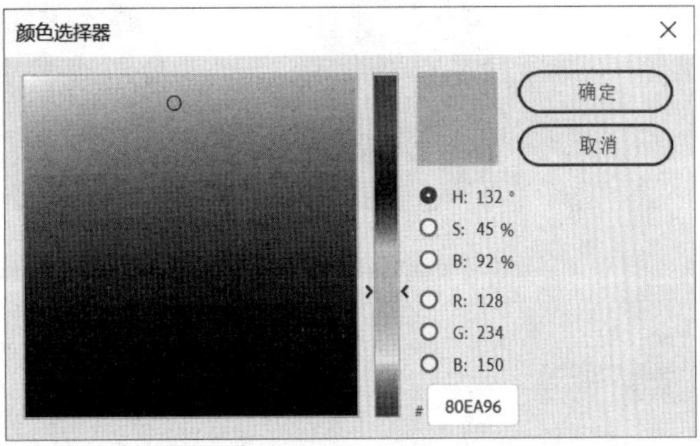

图 1-3-7　"颜色选择器"对话框

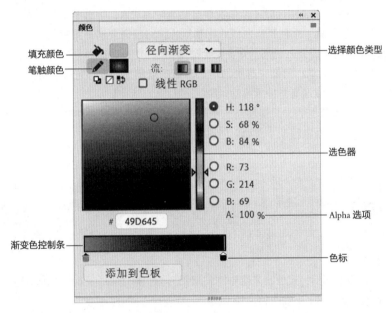

图 1-3-8　"颜色"面板

2. 填充颜色☐（⊘表示无填充颜色）

"填充颜色"按钮用于设置图形内部填充的颜色。在 Animate 中，可以在图形中填充单色、渐变色或位图，操作方法与选择笔触颜色类似。

3. 选择工具▶

选择工具的基本功能是选择和移动对象，同时还可以从整体上调整线条的形状。

（1）选择和移动对象

使用选择工具选择对象的要点如下。

● 单击。使用选择工具在对象上单击可选择对象，在对象外的空白处单击或按 Esc 键可取消对象的选择。特别要注意的是，对于使用矩形、椭圆和多角星形等工具绘制的完全分离的矢量图形（假设填充颜色和笔触颜色都不是无色），在图形内部单击，可选中图形的填充区域，如图 1-3-9 所示；在图形的边缘上单击，可选中图形的边框线条，如图 1-3-10 所示。

● 双击。使用选择工具在矢量图形的内部双击，可选择整个图形（包括填充区域和边框线条），如图 1-3-11 所示。

图1-3-9　选择填充区域　　　图1-3-10　选择边框线条　　　图1-3-11　选择整个图形

 提示

绘制矩形（假设笔触颜色不是无色），使用选择工具分别在矩形的边框上单击和双击，看结果有何不同。

- 加选：按住 Shift 键，使用选择工具依次单击要选择的对象，可选中多个对象。
- 框选：使用选择工具，按住鼠标左键并拖动鼠标，将所有要选择的对象框在矩形内部后松开鼠标（见图 1-3-12），所有框在矩形内部的对象都会被选中。

要使用选择工具移动对象，只要在选中的对象上拖动鼠标指针，即可改变对象的位置。按住 Shift 键，使用选择工具可在水平或竖直方向上拖动对象。

当然，也可以使用键盘上的方向键移动选中的对象。在使用方向键移动对象时，若同时按住 Shift 键，则每按一下方向键可使对象移动 10 像素（否则仅移动 1 像素）。

 提示

在使用 Animate 的其他工具时，按住 Ctrl 键不放，可临时切换到选择工具；松开 Ctrl 键，即可返回原来的工具。

（2）调整图形的形状

使用选择工具，将鼠标指针定位在未选中的矢量图形的边框线上（此时鼠标指针旁出现弧线标志），拖动鼠标，可改变图形的形状，如图 1-3-13 所示。

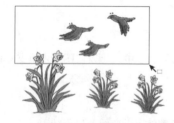

图1-3-12　框选对象

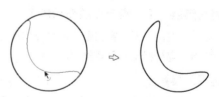

图1-3-13　改变图形的形状

若在拖动图形的边框线时按住 Ctrl 键，可使图形局部产生尖突变形（见图 1-3-14）。

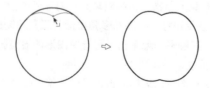

图1-3-14　改变图形局部的形状

提示

在使用选择工具改变图形形状的时候，必须满足两个条件：图形是未经组合的矢量图形（如使用矩形、椭圆和多角星形等工具直接绘制的图形），图形对象处于未选中状态。

4．线条工具

选择线条工具，在"属性"面板中设置线条的颜色（即笔触颜色）、粗细（即笔触大小）和线型（即样式）。将鼠标指针置于舞台上，按住鼠标左键并拖动鼠标，可绘制任意长短和方向的直线段。若在绘制线条时按住 Shift 键不放，可创建水平、竖直和 45° 角倍数方向的直线段。

5．椭圆工具

椭圆工具用来绘制椭圆形和圆形，操作方法如下。

选择椭圆工具，在工具箱中或"属性"面板上设置要绘制图形的填充颜色和笔触颜色。在"属性"面板中设置笔触的粗细和线型。

（1）将鼠标指针置于舞台上，按住鼠标左键并拖动鼠标，可绘制椭圆形。

（2）在绘制椭圆形时，若同时按住 Alt 键，可绘制以单击点为中心的椭圆形。

（3）在绘制椭圆形时，若按住 Shift 键，可绘制圆形。

（4）在绘制椭圆形时，若同时按住 Shift 键与 Alt 键，可绘制以单击点为中心的圆形。

（5）将填充颜色或笔触颜色设置为无，可绘制只有边框或只有内部填充的椭圆形或圆形。

【实例】绘制满月。

STEP 1 新建一个空白文档。（使用菜单命令"修改 | 文档"）设置舞台大小为 400 像素 ×300 像素，舞台颜色为 #0099FF，其他属性保持默认。

STEP 2 使用椭圆工具配合 Shift 键与 Alt 键在舞台中央绘制一个没有边框的白色圆形，如图 1-3-15 所示。

绘制满月

STEP 3 使用选择工具选择白色圆形。选择菜单命令"修改 | 形状 | 柔化填充边缘"，弹出"柔化填充边缘"对话框，参数设置如图 1-3-16 所示，单击"确定"按钮。

STEP 4 取消圆形的选择状态，结果如图 1-3-17 所示。

　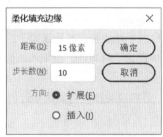　

图 1-3-15　绘制圆形　　　　图 1-3-16　设置边缘柔化参数　　　　图 1-3-17　柔化后的效果

6．矩形工具

矩形工具用来绘制矩形、正方形和圆角矩形，操作方法如下。

选择矩形工具，在工具箱中或"属性"面板上选择要绘制图形的填充颜色和笔触颜色。在"属性"面板中设置笔触的粗细和线型。将鼠标指针置于舞台上，按住鼠标左键并拖动鼠标，绘制矩形。在绘制矩形时，若同时按住 Alt 键，可绘制以单击点为中心的矩形。若同时按住 Shift 键，可绘制正方形。若同时按住 Shift 键与 Alt 键，可绘制以单击点为中心的正方形。将填充颜色或笔触颜色设置为无，可以绘制只有边框或只有内部填充的矩形。在绘制矩形前，还可以在"属性"面板的"矩形选项"参数区中设置圆角半径的数值（见图 1-3-18），以便绘制圆角矩形（见图 1-3-19）。

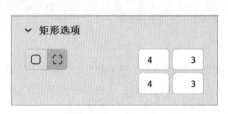

图 1-3-18　设置圆角半径　　　　　　　　　　　　　图 1-3-19　圆角矩形

7. 多角星形工具

多角星形工具用来绘制多边形和多角星形，其用法如下。

在工具箱上选择多角星形工具。在工具箱中或"属性"面板上设置要绘制图形的填充颜色和笔触颜色。在"属性"面板上设置笔触的粗细和线型。在"属性"面板的"工具选项"参数区中，确定是创建多边形还是多角星形（见图 1-3-20），并设置多边形的边数，或多角星形的边数和星形顶点大小（即锐度，仅对星形有效）。将鼠标指针置于舞台上，按住鼠标左键并拖动鼠标，绘制以单击点为中心的正多边形或星形，如图 1-3-21 所示。

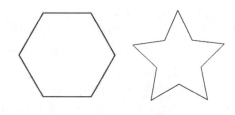

图 1-3-20　设置工具参数　　　　　　　　　　　　　图 1-3-21　绘制正多边形或星形

8. 铅笔工具

使用铅笔工具可绘制不同笔触颜色的手绘线条，其用法如下。

选择铅笔工具，在"属性"面板中设置笔触颜色、粗细和线型。在工具箱底部选择铅笔模式，如图 1-3-22 所示。

● 伸直：对线条进行伸直处理，可将线条转换为其最接近的三角形、圆形、椭圆形、矩形等几何形状。

● 平滑：对线条进行平滑处理，可绘制非常平滑的曲线。

● 墨水：绘制接近于铅笔工具实际运动轨迹的自由线条。

将鼠标指针置于舞台上，按住鼠标左键并拖动鼠标，可随意绘制线条。Animate 将根据铅笔模式对线条进行调整。按住 Shift 键，使用铅笔工具可绘制水平或竖直的直线段。

9. 橡皮擦工具

橡皮擦工具除了可以擦除使用绘图工具（线条工具、钢笔工具、椭圆工具、矩形工具、多角星形工具、铅笔工具、画笔工具等）绘制的图形外，还可以擦除完全分离的位图、完全分离的文本对象等。另外，在工具箱中双击橡皮擦工具，可快速擦除舞台上所有未锁定的对象。

10. 墨水瓶工具

使用墨水瓶工具可以修改线条的颜色、不透明度、线宽和线型等属性，操作方法如下。

选择墨水瓶工具。在工具箱、"属性"面板或"颜色"面板上设置笔触的颜色。在"属性"面板上设置笔触的粗细和线型等属性。在"颜色"面板上设置笔触颜色的不透明度或编辑渐变笔触颜色。在完全分离的对象边缘单击，如图 1-3-23、图 1-3-24 和图 1-3-25 所示。

图 1-3-22　选择铅笔模式

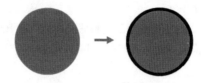

图 1-3-23　修改图形的边框线

图 1-3-24　为完全分离的位图添加边框　　　图 1-3-25　为完全分离的文本添加边框

11. 颜料桶工具

颜料桶工具可以在图形的填充区域填充单色、渐变色或位图，其用法如下。

（1）填充单色

①使用线条工具、铅笔工具或钢笔工具绘制封闭的线条，如图 1-3-26 所示。

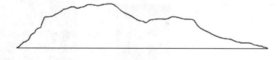

图 1-3-26　绘制封闭的线条

②选择颜料桶工具，在工具箱、"属性"面板或"颜色"面板上将填充颜色设置为纯色，必要时可设置不透明度参数。

③如果要填充的区域没有完全封闭（存在小的缺口），此时可在工具箱底部选择一种合适的空隙大小，如图 1-3-27 所示。

- 不封闭空隙：只有完全封闭的区域才能进行填充。
- 封闭小空隙：当区域的边缘上存在小缺口时也能够进行填充。
- 封闭中等空隙：当区域的边缘上存在中等大小的缺口时也能够进行填充。
- 封闭大空隙：当区域的边缘上存在较大缺口时仍然能够进行填充。

所谓空隙的小、中、大只是相对而言。当区域的边缘缺口很大时，任何一种空隙大小都无法进行填充。所以，在视图缩小显示的情况下，空隙即使看上去很小，也可能填不上颜色。

④在封闭区域的内部单击，填色效果如图 1-3-28 所示。

（2）填充渐变色

①使用椭圆工具和铅笔工具绘制图 1-3-29 所示的图形。

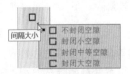

图 1-3-27 选择空隙大小　　　　　　　　图 1-3-28 在封闭区域内部填色

②将填充色设置为径向渐变，在"颜色"面板上对渐变色进行修改（左侧色标设置为浅紫色，右侧色标设置为深紫色）。

③选择颜料桶工具。不选择工具箱底部的"锁定填充"按钮🔒。依次在两个圆形区域的内部单击，填充渐变色（单击点即径向渐变的中心），如图 1-3-30 所示。

图 1-3-29　绘制图形　　　　　　　　　图 1-3-30　填充渐变色

（3）填充位图

①新建空白文档。在舞台上绘制一个矩形，如图 1-3-31 所示。

②使用菜单命令"文件|导入|导入到库"，导入素材图像"第3章素材\小狗.jpg"（见图 1-3-32 ）。

③在工具箱底部单击"填充颜色"按钮，从弹出的色板上选择导入的位图（位于底部渐变色的右边）。

④选择颜料桶工具，在前面绘制的矩形内部单击，将位图填充到矩形内，如图 1-3-33 所示。

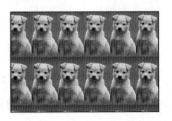

图 1-3-31　绘制矩形　　　　　图 1-3-32　位图　　　　　图 1-3-33　填充矩形

12. 手形工具 ✋

当工作区中出现滚动条时，使用手形工具可以随意拖动工作区，将隐藏的区域拖动出来。在编辑图形的局部细节时，往往需要将视图放大许多倍。此时，手形工具是非常有用的。

在使用其他工具时，按住 Space 键不放，可切换到手形工具；松开 Space 键，将重新返回原来的工具。另外，双击工具箱中的手形工具，舞台中的内容将全部且最大化显示在工作区窗口的中央位置。

13. 缩放工具 🔍

缩放工具的作用是放大或缩小工作区视图，其用法如下。

在工具箱中选择缩放工具。根据需要在工具箱底部单击"放大"按钮🔍或"缩小"按钮🔍。在需要缩放的对象上单击，对象将以一定的比例放大或缩小。

将鼠标指针置于舞台上，按住鼠标左键并拖动鼠标，框选舞台的局部画面，松开鼠标后，框选的内容会放大到整个工作区窗口显示，如图 1-3-34 所示。

当舞台放大或缩小显示时，双击工具箱中的缩放工具，舞台将恢复到 100% 的显示比例。

图 1-3-34　框选放大

14. 文本工具 T

文本是向观众传达动画信息的重要途径，Animate 中的文本包括静态文本、动态文本和输入文本 3 种类型。

静态文本在动画播放过程中外观与内容保持不变。

动态文本的内容及文字属性在动画播放过程中可以动态改变。用户可以为动态文本对象指定一个变量名，并可以在时间轴的指定位置或某一特定事件发生时，赋予该变量不同的值。在播放动画时，Animate 播放器可以根据变量值的变化动态更新文本对象的显示效果。

通过"属性"面板可以为静态文本和动态文本建立 URL 链接。

输入文本允许用户在动画播放时输入内容。例如，在 Animate 动画的开始创建一个登录界面，播放动画时，用户只有输入正确的信息才能继续观看动画的剩余内容。

下面重点介绍静态文本的基本用法。

选择文本工具，在舞台上单击以确定插入点，根据需要在"属性"面板上设置文本的属性，该面板包括"位置和大小""字符""段落""选项""滤镜"等参数区，如图 1-3-35 所示。

- 文本类型：设置文本的类型。此处选择"静态文本"。
- 文本方向：设置文本的方向，包括"水平""垂直""垂直，从左向右" 3 个选项。
- 字符间距：设置文本的字符间距。
- 添加滤镜：为文本添加"投影""模糊""发光""斜角"等滤镜效果。类似于 Photoshop 的图层样式。此外，在 Animate 中也可以使用"文本"菜单设置文本的部分属性。

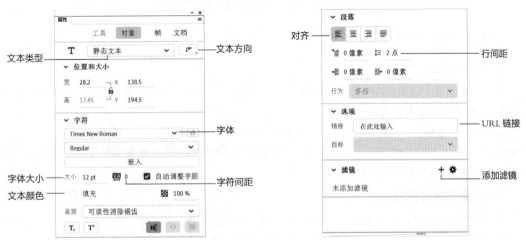

图 1-3-35　文本工具的属性设置

文本属性设置好之后，输入文字内容。这样创建的是单行文本，行宽随着文本内容的增加而增大，需要换行时按 Enter 键即可。

选择文本工具后，将鼠标指针置于舞台上，按住鼠标左键并拖动鼠标，则可创建文本输入框，并在其中输入文字内容。这样创建的是固定宽度的段落文本，当输入文本的宽度接近输入框的宽度时，文本会自动换行。

在 Animate 中，文本只能填充单色，且不能使用颜料桶工具进行填充，也不能使用墨水瓶工具为文本添加边框。使用"修改 | 分离"菜单命令将文本对象彻底分离（分离到不能再分离）后，就可以使用颜料桶工具为文本填充渐变色和位图了，也可以使用墨水瓶工具设置文本边框的颜色。

15. 任意变形工具

任意变形工具可以使对象产生缩放、旋转、倾斜等变形效果；还可以对使用绘图工具绘制的矢量图形和完全分离的文本、完全分离的位图等进行扭曲和封套变形。以下仅演示旋转与倾斜变形的操作方法。

STEP 1 选择要变形的对象，在工具箱中选择任意变形工具。

STEP 2 在工具箱底部单击"任意变形"按钮，在弹出的菜单中单击"旋转与倾斜"按钮，所选对象周围出现变形控制框。

STEP 3 将鼠标指针定位在变形控制框 4 个角的控制块的外围附近，当鼠标指针变成形状时，按住鼠标左键沿顺时针或逆时针方向拖动鼠标指针，可随意旋转对象，如图 1-3-36（a）图所示。

STEP 4 将鼠标指针定位在变形控制框 4 条边中间的控制块附近，当鼠标指针变成或形状时，按住鼠标左键沿水平或竖直方向拖动鼠标指针，可使对象产生斜切变形。如图 1-3-36（b）图所示。

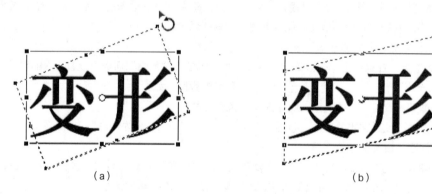

（a） （b）

图 1-3-36 旋转和斜切变形

3.2.3 Animate 基本操作

1. 设置文档属性

选择菜单命令"修改 | 文档"，在打开的"文档设置"对话框中可以设置动画文件的舞台大小、舞台颜色、帧频率和标尺单位等属性。

在动画设计过程中，可以随时更改文档的属性。但是，一旦动画的许多关键帧创建完毕，再回过头来修改舞台大小，往往会给动画设计带来麻烦（需要重新调整舞台上众多对象的位置，其工作量不可小觑）。所以最好在动画创作前，确定好舞台大小。

2. 调整舞台的显示比例

在动画设计过程中，为方便动画的编辑处理，常常需要调整舞台的显示比例。常用的方法有两种。

（1）通过文档窗口右上角的缩放比率下拉列表（见图 1-3-37），调整舞台的显示比例。

● 符合窗口大小：将舞台以适合工作区窗口大小的方式显示出来。

- 显示帧：将舞台在工作区窗口中全部显示并尽可能最大化居中显示。
- 显示全部：将工作区中动画场景的所有内容全部显示并尽可能最大化显示。

其余各选项均是以特定的百分比显示舞台。另外，用户还可以在缩放比率下拉列表框中输入任意比例值，然后按 Enter 键确认，舞台即以该比例显示。

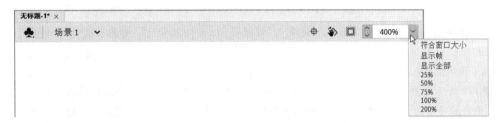

图 1-3-37　缩放比例下拉列表

（2）通过菜单命令"视图 | 缩放比率"调整舞台的显示比例。

3.　面板管理

Animate 的绝大多数面板命令都分布在"窗口"菜单中。

（1）面板的显示与隐藏

通过选择和取消选择"窗口"菜单中的面板命令，可在 Animate 用户界面中显示和隐藏相应的面板。也可以通过面板菜单中的"关闭"命令隐藏面板，如图 1-3-38 所示。

（2）面板的折叠与展开

单击面板或面板组右上角的 ⏴⏴ 和 ⏵⏵ 按钮，可展开或折叠面板和面板组。

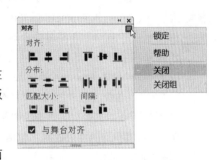

图 1-3-38　"对齐"面板菜单

（3）隐藏与显示所有面板

选择菜单命令"窗口 | 隐藏面板"或按快捷键 F4，可隐藏当前所有面板，包括工具箱。在隐藏所有面板的情况下，选择菜单命令"窗口 | 显示面板"或按快捷键 F4，可显示所有面板，包括工具箱。

（4）恢复面板默认布局

选择菜单命令"窗口 | 工作区 | 重置'××'"（×× 为当前工作区名称），可恢复面板及整个工作区的默认布局。

4.　导入外部对象

（1）图形图像的导入

导入（Import）与导出（Export）命令一般位于"文件"菜单中，用于在不同软件之间交换数据。能够导入 Animate 的外部图形图像文件的类型包括 .jpg、.bmp、.gif、.psd、.png、.ai 等。这些文件一旦被导入，就可以在动画场景中重复使用。

① 导入舞台。

选择菜单命令"文件 | 导入 | 导入到舞台"，打开"导入"对话框，从中选择所需的图形图像文件，单击"打开"按钮，将图形图像导入舞台。此时，导入的图形图像会同时出现在 Animate 的"库"面板中。

② 导入库。

选择菜单命令"文件 | 导入 | 导入到库"，打开"导入到库"对话框，从中选择所需的图形图像文件，单击"打开"按钮，将图形图像导入 Animate 的"库"面板。此时，舞台上并不会出现导入的图形图像。

（2）GIF 动画的导入

将 GIF 动画导入 Animate 后，GIF 动画的帧会自动转换为 Animate 动画的帧。Animate 根据原 GIF

动画每帧滞留时间的长短确定转换后的 Animate 动画的帧数。

例如，选择菜单命令"文件 | 导入 | 导入到舞台"，选择 GIF 动画文件，单击"打开"按钮，即可将 GIF 动画导入 Animate 当前图层的时间轴上。同时，组成 GIF 动画的各帧静态画面也将出现在 Animate 的"库"面板中。

（3）视频的导入

通过菜单命令"文件 | 导入 | 导入视频"，可以将 .mov、.mp4、.flv 等多种类型的视频文件导入 Animate。

（4）声音的导入与使用

在 Animate 动画中，声音的导入与使用有着不同寻常的意义。无论是为动画配音，还是作为背景音乐，声音的使用都会使动画的整体效果增色许多。合理地使用声音可以更好地渲染动画气氛，增强动画节奏。

① 导入声音。

与图形图像的导入类似，通过菜单命令"文件 | 导入 | 导入到库"，可以将 .wav、.mp3、.au 和 .flac 等类型的音频文件导入 Animate 的"库"面板中。综合考虑音质和文件大小等因素，在 Animate 中一般采用 22.05kHz、16bit 和单声道的音频。

② 向动画中添加声音。

将音频文件导入 Animate 的"库"面板后，在时间轴上单击要添加音效的关键帧。打开"属性"面板，在"声音"参数区的"名称"下拉列表中选择所需的声音文件即可，如图 1-3-39 所示。

"属性"面板中其他有关声音的主要参数如下。

效果：设置声音的播放效果，包括"左声道""右声道""向右淡出""向左淡出""淡入""淡出"和"自定义"等选项。

同步：设置声音播放的同步方式，可选择的同步方式如下。

● 事件。使声音与某一动画事件同步发生。在该同步方式中，声音从事件起始帧开始以独立于动画时间轴的方式进行播放，直至播放完毕（不管动画有没有结束）。

● 开始。作用与"事件"方式类似。区别是，如果同一声音已经开始播放，且还没有播放完毕，这时即使动画重复播放也不会创建新的声音实例（这样就不会出现声音混杂的现象）。

● 停止。将所选的声音指定为静音。

● 数据流。在 Web 站点上播放动画时，该方式可使声音和动画同步。Animate 将调整动画的播放速度使之与"数据流"方式的声音同步。若声音过短而动画过长，Animate 将调整动画帧足够快，有些动画帧会被忽略，以保持动画与声音同步。与"事件"方式不同，若动画停止，"数据流"方式的声音也会停止。

无论选择哪一种同步方式，都可以选择声音的循环方式，包括"循环"和"重复"两种选项。

在交互式动画中，可使用动作脚本通过编码的方式调用 Animate 库中或 Animate 外部的声音文件。

5. 图层管理

Animate 中的图层分为普通层（或称一般层）、引导层、被引导层、遮罩层和被遮罩层等类型，Animate 中图层的管理与 Photoshop 中的类似。

图 1-3-39　在"属性"面板中选择声音文件

（1）新建图层

新建的 Animate 文档只有一个图层，默认名称为"图层_1"。在"时间轴"面板左侧的图层控制区，单击"新建图层"按钮⊞（见图 1-3-40），或者右击图层名称，从弹出的菜单中选择"插入图层"命令，可在当前图层的上方添加一个新图层。

（2）删除图层

单击图层控制区的"删除"按钮🗑（见图 1-3-40），或者右击名称，从弹出的菜单中选择"删除图层"命令，可删除当前图层。当"时间轴"面板上仅剩一个图层时，是无法删除该图层的。

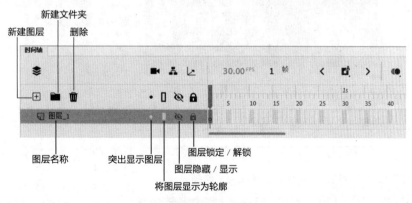

图 1-3-40　"时间轴"面板

（3）重命名图层

在"时间轴"面板双击图层的名称，进入名称编辑状态，输入新名称，按 Enter 键或者在图层名称编辑框外单击即可。

（4）隐藏和显示图层

单击图层名称右侧的"图层隐藏/显示"按钮（该按钮只有在鼠标指针移到此处时才会显示），可以显示或隐藏图层。隐藏图层后，该图层上的每帧画面在工作区中都是看不到的。

（5）锁定与解锁图层

单击图层名称右侧的"图层锁定/解锁"按钮（该按钮只有在鼠标指针移到此处时才会显示），可以使图层在锁定状态与解锁状态之间切换。锁定图层后，Animate禁止对该图层时间线上任何一帧的画面内容进行改动。但是，在被锁定图层的时间线上有关帧的操作（如复制帧、删除帧、插入关键帧等）仍然可以进行。

（6）调整图层的叠盖顺序

图层的上下排列顺序影响舞台上对象之间的相互遮盖关系。在"时间轴"面板，将图层向上或向下拖动，当突出显示的线条出现在要放置图层的位置时，松开鼠标可改变图层的排列顺序。

【实例】使用 Animate 为 GIF 动画"第3章素材\下雨了\下雨了.gif"配上下雨的音效。使用的声音文件为同一素材文件夹下的"雨.wav"。

下雨了

STEP 1 启动 Animate，新建空白文档（舞台大小为 500 像素 ×334 像素，帧速率为 12 帧/秒，平台类型为 ActionScript 3.0，其他设置保持默认）。

STEP 2 修改文档属性，设置舞台颜色为黑色。

STEP 3 调整舞台的显示比率为"符合窗口大小"。

STEP 4 使用菜单命令"文件|导入|导入到舞台"导入 GIF 动画"第3章素材\下雨了\下雨了.gif"，如图 1-3-41 所示。

图 1-3-41 导入 GIF 动画

STEP 5 将"图层_1"的名称更改为"动画"。

STEP 6 新建"图层_2"，将图层_2的名称更改为"声音"。

STEP 7 使用菜单命令"文件|导入|导入到库"导入"第3章素材\下雨了\雨.wav"。

STEP 8 在"声音"图层的第1帧上单击，选中该空白关键帧。

STEP 9 打开"属性"面板，在"声音"参数区的"名称"下拉列表中选择"雨.wav"选项，在"同步"下拉列表中选择"开始"选项，在"声音循环"下拉列表中选择"循环"选项。此时的Animate 窗口如图 1-3-42 所示。

图 1-3-42　添加声音

STEP 10 使用菜单命令"控制 | 测试"测试动画效果。

STEP 11 锁定"动画"图层和"声音"图层。

STEP 12 选择菜单命令"文件 | 另存为"，以"下雨了 .fla"为名保存动画源文件。

6. 调整对象的排列顺序

Animate 不同图层中的对象相互遮盖，上面图层中的对象优先显示。实际上，同一图层中的对象之间也存在一个排列顺序，一般来说，最晚创建的对象在最上面，最早创建的对象则在最底部；完全分离的对象永远处于组合对象、文本对象、元件实例、导入的位图等非分离对象的下面。

使用"修改 | 排列"中的"上移一层""下移一层"等菜单命令可以调整同一图层上不同对象间的上下排列次序，从而改变它们的相互遮盖关系。需要注意的是，"修改 | 排列"中的菜单命令对完全分离的对象无效。

但是，一个图层上的对象的排列顺序无论怎样靠上，也总是被其上面图层的对象所遮盖；同样，一个图层上的对象的排列顺序无论怎样靠下，都总是遮盖其下面图层上的对象。

7. 锁定对象

正如前面所述，图层的锁定是图层的每一帧上所有对象的锁定。要想锁定图层上的部分对象，可以先选择这些对象，然后选择菜单命令"修改 | 排列 | 锁定"。

对象一旦锁定，就无法选择和编辑，除非使用菜单命令"修改 | 排列 | 解除全部锁定"将其解锁。另外需要注意的是，"锁定"命令对完全分离的对象是无效的。

8. 组合对象

在 Animate 中，将多个对象组合后，在进行选择、移动、缩放、旋转等变形操作时，可以像控制单个对象一样控制组合中的所有对象。组合对象的方法如下。

STEP 1 选择要组合的多个对象或单个完全分离的对象。

STEP 2 选择菜单命令"修改 | 组合"，结果如图 1-3-43 所示。

当需要修改组合中的部分对象时，可使用菜单命令"修改 | 取消组合"将组合解开。

对于完全分离的对象，可以选择其中的任何一部分；这种图形若不组合或转换为元件的实例，很容易被破坏。因此，"组合"命令也常常用来组合单个完全分离的对象，如图 1-3-44 所示。

（a）组合前　　　　　　（b）组合后　　　　　　（a）组合前　　　　　　（b）组合后

图1-3-43　组合对象　　　　　　　　　　图1-3-44　组合完全分离的单个对象

将使用绘图工具（钢笔、线条、矩形、椭圆、多角星形、铅笔、画笔等工具）绘制的图形组合后，其笔触颜色与填充颜色无法直接修改，可双击组合对象进入次级（组内）进行修改。修改完成后别忘记单击文档窗口左上角的箭头图标或场景名称（ ← 场景1 🖽 组 ），返回上一级的组合状态。

9．分离对象

分离对象的操作如下。

STEP 🖱1 选择要分离的对象。

STEP 🖱2 选择菜单命令"修改 | 分离"或按组合键Ctrl+B。

文本对象、组合对象、导入的位图和元件的实例等不能用于创建补间形状动画。只有将这些对象进行分离，分离到不能继续分离（"分离"命令显示为灰色）后，才能用它们创建补间形状动画。图1-3-45和图1-3-46所示为文本对象与多重嵌套组合体分离的状况。

（a）分离前　　　　　（b）第1次分离后　　　　　（c）第2次彻底分离后

图1-3-45　分离文本对象

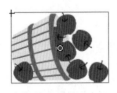 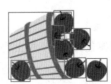  

（a）分离前　　　　（b）第1次分离后　　　　（c）第2次分离后　　　　（d）彻底分离后

图1-3-46　分离多重嵌套的组合体

"分离"与"取消组合"虽然是两个不同的命令，但二者之间存在如下关系。

● 对于文本对象、元件的实例和导入的位图，只能分离，不能取消组合。分离位图实际上就是将位图矢量化。

● 对于组合体，执行一次"分离"命令和执行一次"取消组合"命令是等效的。

当两个或多个完全分离的图形重叠在一起时，在两个图形相交的边缘，下面的图形会被分割；而在相互重叠的区域，上面的图形会取代下面的图形。下面举例说明。

STEP 🖱1 在舞台上绘制一个黑色矩形，再绘制一个其他颜色的圆形（见图1-3-47）。注意绘制图形时不要选择工具箱底部的"对象绘制"按钮🔘，这样绘制出来的图形才是完全分离的。

STEP 🖱2 选择并移动整个圆形（边框和填充），使之与矩形部分重叠（见图1-3-48）。

STEP 3 使用选择工具在舞台的空白处单击，取消圆形的选择状态。

STEP 4 使用选择工具双击矩形上没有被圆形覆盖的填充区域，并将其移开，取消选择后的效果如图 1-3-49 所示。

STEP 5 （STEP 3）使用选择工具双击圆形的填充区域，重新选择圆形并将其移开，取消选择后的效果如图 1-3-50 所示。

| 图 1-3-47 绘制矩形与圆形 | 图 1-3-48 将二者重叠 | 图 1-3-49 被分割的矩形 | 图 1-3-50 在重叠区域，圆形取代矩形 |

在动画设计中，若两个完全分离的图形不得不重叠放置且不希望任何一方被分割或取代，可以将二者放置在不同的图层中。

10. 对齐对象

选择菜单命令"窗口 | 对齐"，显示"对齐"面板，如图 1-3-51 所示。其中"对齐"栏中的按钮从左向右依次是："左对齐" ▌▌、"水平中齐" ▙▙、"右对齐" ▐▐、"顶对齐" ▜▜、"垂直中齐" ▟▟ 和"底对齐" ▟▖。

对齐对象的操作方法如下。

STEP 1 选择舞台上两个或两个以上的对象（这些对象可以位于不同的图层）。

STEP 2 在"对齐"面板上单击相应的对齐按钮。

图 1-3-53 所示的是执行各对齐命令后对象的排列情况（对象的初始位置如图 1-3-52 所示）。

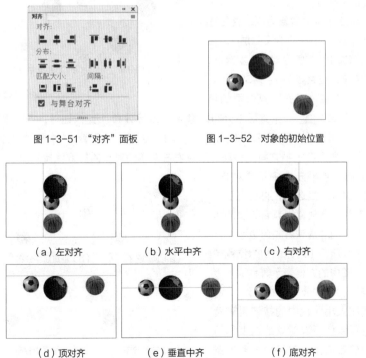

图 1-3-51 "对齐"面板　　　图 1-3-52 对象的初始位置

（a）左对齐　　　（b）水平中齐　　　（c）右对齐

（d）顶对齐　　　（e）垂直中齐　　　（f）底对齐

图 1-3-53 对象对齐的效果

在对齐对象前，若事先选中了"对齐"面板上的"与舞台对齐"复选框，则上述对齐操作是将所选各对象（可以是一个）分别与舞台进行对齐，如图 1-3-54 所示（对象的初始位置如图 1-3-52 所示，图中的方框表示舞台）。

也可以使用"修改 | 对齐"中的命令对齐对象。在选中"修改 | 对齐 | 与舞台对齐"菜单命令的情况下选择各对齐命令，其结果是所选对象与舞台进行对齐；否则，是所选对象之间进行对齐。

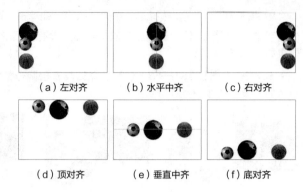

（a）左对齐　　（b）水平中齐　　（c）右对齐

（d）顶对齐　　（e）垂直中齐　　（f）底对齐

图 1-3-54　对象与舞台的对齐效果

11. 分布对象

在"对齐"面板上，"分布"栏中的按钮从左向右依次是："顶部分布"、"垂直居中分布"、"底部分布"、"左侧分布"、"水平居中分布"和"右侧分布"。

● 顶部分布：使经过各对象顶部的假想水平线之间的距离相等。

● 垂直居中分布：使经过各对象中心的假想水平线之间的距离相等。

● 底部分布：使经过各对象底部的假想水平线之间的距离相等。

● 左侧分布：使经过各对象左边的假想竖直线之间的距离相等。

● 水平居中分布：使经过各对象中心的假想竖直线之间的距离相等。

● 右侧分布：使经过各对象右边的假想竖直线之间的距离相等。

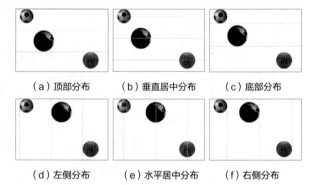

（a）顶部分布　　（b）垂直居中分布　　（c）底部分布

（d）左侧分布　　（e）水平居中分布　　（f）右侧分布

图 1-3-55　对象分布效果

仍以图 1-3-52 所示的对象为例，首先选择 3 个小球（这些对象可处于不同图层），在"对齐"面板上取消选中"与舞台对齐"复选框，单击相应的分布按钮，结果如图 1-3-55 所示。

在取消选中"与舞台对齐"复选框的情况下，单击"顶部分布"、"垂直居中分布"和"底部分布"按钮时，各对象仅在竖直方向上移动，而且上下两端的对象的位置保持不变。同样，单击"左侧分布"、"水平居中分布"和"右侧分布"按钮时，各对象只在水平方向上移动，而且左右两端的对象的位置保持不变。

在分布对象前，若事先选中了"对齐"面板上的"与舞台对齐"复选框，再单击上述各分布按钮，则结果是各对象以舞台的顶部和底部为边缘或以舞台的左端和右端为边缘进行分布，如图 1-3-56 所示（对象的初始位置如图 1-3-52 所示，图中的方框表示舞台）。

除了"对齐"栏与"分布"栏之外，"对齐"面板的"匹配大小"栏中的按钮也有着重要的作用，它可以使所选对象的宽度和高度变换到一致，或者变换到与舞台一致的宽度和高度。

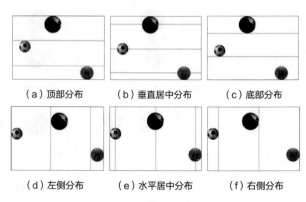

（a）顶部分布　　（b）垂直居中分布　　（c）底部分布

（d）左侧分布　　（e）水平居中分布　　（f）右侧分布

图 1-3-56　对象相对舞台的分布效果

12. 精确变形对象

使用"变形"面板可以对动画对象进行精确地缩放、旋转和斜切等变形，还可以在进行变形的同时复制对象。

选择菜单命令"窗口 | 变形"，显示"变形"面板，如图 1-3-57 所示。

● 缩放：根据输入的百分比值，对选定对象进行水平和垂直方向上的缩放。

● 旋转：选择"旋转"单选项，在其下的数值框内输入旋转角度值，按 Enter 键，可以对当前对象进行旋转变形。正值表示顺时针旋转，负值表示逆时针旋转。

● 倾斜：选择"倾斜"单选项，在其下的数值框内输入倾斜角度值，按 Enter 键，可以对当前对象在水平和垂直两个方向上进行斜切变形。

利用"变形"面板可以同时对动画对象进行缩放与旋转变形，或缩放与斜切变形。

【实例】利用"变形"面板创建美丽的图案。

创建美丽图案

STEP 1 新建空白文档。设置舞台背景色为黑色，其他设置保持默认。

STEP 2 使用椭圆工具在舞台中央绘制一个宽度为 60 像素、高度为 240 像素的椭圆形。

STEP 3 将椭圆形的边框颜色和内部填充颜色都设置为蓝色（#019BF8）。其中内部填充颜色的不透明度为 50%。将椭圆形的边框宽度设置为 1，如图 1-3-58 所示。

STEP 4 使用选择工具框选椭圆形，选择菜单命令"修改 | 组合"将椭圆形组合，如图 1-3-59 所示。

STEP 5 打开"变形"面板。选择"旋转"单选项，将旋转角度设置为 12°。单击面板上的"重制选区和变形"按钮 14 次，旋转复制椭圆形，中间过程及结果如图 1-3-60 和图 1-3-61 所示。

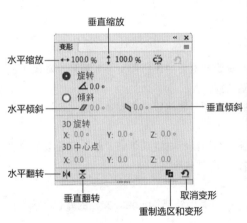

图 1-3-57　"变形"面板

图 1-3-58　设置颜色与不透明度

图 1-3-59　组合椭圆形

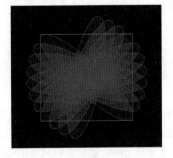

图 1-3-60　连续旋转和复制椭圆形

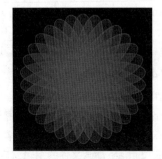

图 1-3-61　操作结果

13.　库资源的使用

（1）内部库资源的使用

每个 Animate 源文件都有自己的库，其中存放着元件以及从外部导入的图形图像、声音、视频等各类资源。将动画中需要多次使用的对象定义为元件存放于库中，可以有效地减小文件数据量。

选择菜单命令"窗口 | 库"，打开"库"面板，如图 1-3-62 所示。

库资源预览窗

"库"面板菜单

库资源列表

图 1-3-62　"库"面板

① 使用库资源。在库资源列表中单击某个资源，在库资源预览窗中进行预览。如果要在动画中使用该资源，可将其从库资源列表或库资源预览窗中直接拖动到舞台上。

② 重命名库资源。在库资源列表区选择需要重命名的库资源，利用鼠标右键菜单或"库"面板菜单中的"重命名"命令，可以更改当前库资源的名称。

③ 删除库资源：在库资源列表区选择要删除的库资源，利用鼠标右键菜单或"库"面板菜单中的"删除"命令，或单击"库"面板左下角的"删除"按钮🗑，可将其删除。

（2）外部库资源的使用

在 Animate 动画的创建过程中，可以在当前文档窗口中打开其他外部 Animate 文档的库（外部库），并将其中的资源用于当前文档，操作方法如下。

选择菜单命令"文件 | 导入 | 打开外部库"，弹出"打开"对话框，选择其他的 .fla 文件（该文件未在 Animate 窗口中打开），单击"打开"按钮，其"库"面板即可在当前文档窗口中打开。

外部库中的资源可以使用，但不允许编辑与修改。将外部库中的资源拖动到当前文档的库中，变成当前文档的库资源，这样就可以对其进行修改了。

14.　动画的测试与发布

（1）动画的测试

Animate 动画的创作过程一般是这样的：边测试，边修改，再测试，再修改……直至满意为止，最后发布动画作品。整个过程虽然艰辛，但也是一个令人有成就感的过程。

在 Animate 动画文件的编辑窗口中，直接按 Enter 键，可以从当前帧开始播放动画，直至动画的最后一帧。以这种方式测试动画，添加的动作脚本不能正常运行，舞台上元件实例中的动画也无法展示。

比较常用的测试方法是，选择菜单命令"控制 l 测试"，或按 Ctrl+Enter 组合键，打开图 1-3-63 所示的测试窗口，演示动画效果。同时为当前动画导出 .swf 文件，该文件保存在动画源文件（.fla 文件）存储的位置，其文件主名与动画源文件的主名相同。

此时，如果发现动画中存在问题，可关闭测试窗口，回到文档编辑窗口对动画进行修改，直到满意为止。

（2）动画的发布

动画测试完成之后，接下来的工作就是发布动画，操作如下。

STEP 1 选择菜单命令"文件 l 发布设置"，打开"发布设置"对话框，如图 1-3-64 所示。

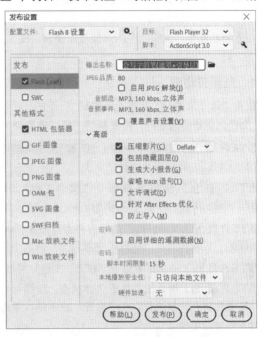

图 1-3-63　测试窗口　　　　　　　　　图 1-3-64　"发布设置"对话框

STEP 2 在对话框的左侧方框内选择动画的发布格式，并在"输出名称"文本框内输入相应的输出文件名。必要时可单击右侧的📁按钮，选择所发布文件的存储位置。在默认设置下，所发布的任何格式的文件的主名就是已存储的 Animate 源文件的主名，且发布位置也与 Animate 源文件的存储位置相同。

STEP 3 单击"发布"按钮，以上述指定的格式、文件名和发布位置发布动画。单击"确定"按钮，关闭对话框。

下面简单介绍 Animate 动画中几种常用的发布格式。

● Flash（.swf）。Animate 动画的主要发布格式，支持所有 Animate 交互功能。选择该格式后，可以继续为 SWF 影片设置目标播放器版本、脚本版本、JPEG 图像品质、音频流和音频事件格式、允许调试和防止导入等属性。所谓"防止导入"，就是禁止他人在 Animate 中使用"文件 l 导入"菜单命令导入该 SWF 文件或附加导入条件。一旦选中了"防止导入"复选框，便可在下面的"密码"框中设置密码。这样，只有提供正确的密码才允许将该动画导入 Animate。

● HTML 包装器。可发布包含 SWF 影片的 HTML 网页文件。选择该格式后，可以在"发布设置"对话框中进一步设置 SWF 影片在网页中的尺寸大小、画面品质、窗口模式（有无窗口、背景是否透明）等属性。

● GIF、JPEG、PNG、SVG 图像。4 种不式的图像格式，可以将动画以图片的形式进行发布。

3.3 Animate 动画设计

使用 Animate 可以创建如下类型的动画：逐帧动画、传统补间动画、补间形状动画、补间动画、遮罩动画、元件动画和交互式动画等。

下面通过一些典型的实例来讲解上述动画的创建方法。

3.3.1 逐帧动画

所谓逐帧动画，是指动画的每个关键帧画面都由创建者手动完成，且不存在补间帧（或称过渡帧）的动画。

在逐帧动画中，关键帧中的对象可以使用绘图工具绘制，也可以是外部导入的图形、图像、视频等资源。

1. 眨眼睛动画

使用"第3章素材\小猴子眨眼睛\"下的"小猴子01.jpg""小猴子02.jpg""start.wav"文件创建眨眼睛动画，效果参照"第3章素材\眨眼睛.swf"。

小猴子眨眼睛

STEP 1 启动 Animate，新建空白文档（帧速率为 12 帧/秒，平台类型为 ActionScript 3.0，其他设置保持默认）。

STEP 2 使用菜单命令"文件 | 导入 | 导入到库"，将素材"小猴子01.jpg""小猴子02.jpg""start.wav"导入"库"面板。

STEP 3 显示"库"面板。将素材图片"小猴子01.jpg"从"库"面板中拖动到舞台，在"属性"面板的"位置和大小"参数区中看到图片的大小为 140 像素 ×97 像素，如图 1-3-65 所示。

STEP 4 使用菜单命令"修改 | 文档"将舞台大小设置为 140 像素 ×97 像素。

STEP 5 确认图片处于选择状态。选择菜单命令"窗口 | 对齐"，显示"对齐"面板。选中其中的"与舞台对齐"复选框。在"对齐"栏中依次单击"水平中齐"按钮 ▉ 和"垂直中齐"按钮 ▉，将图片对齐到舞台中央。

STEP 6 在"图层_1"的第 2 帧上右击，在弹出的菜单中选择"插入空白关键帧"命令。

STEP 7 将素材图片"小猴子02.jpg"从"库"面板中拖动到舞台，并对齐到舞台中央。

STEP 8 单击"图层_1"的第 1 个关键帧，按住 Shift 键单击第 2 个关键帧（此时两个关键帧同时被选中）。在选中的帧上右击，在弹出的菜单中选择"复制帧"命令。

STEP 9 在第 3 帧上右击，在弹出的菜单中选择"粘贴帧"命令。将步骤 8 复制的帧粘贴到第 3 帧和第 4 帧。此时"时间轴"面板如图 1-3-66 所示。

图 1-3-65 查看图片大小

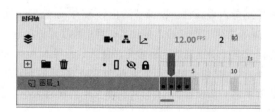

图 1-3-66 粘贴帧之后的"时间轴"面板

STEP 10 在第 5 帧插入空白关键帧。将图片"小猴子 01.jpg"从"库"面板中拖动到舞台，并对齐到舞台中央。

STEP 11 在第 20 帧上右击，在弹出的菜单中选择"插入帧"命令。锁定"图层 _1"。

STEP 12 在"时间轴"面板左侧单击"新建图层"按钮 ⊞，在"图层 _1"的上方新建"图层 _2"。

STEP 13 选择"图层 2"的第 1 帧（此时为空白关键帧）。在"属性"面板的声音"名称"下拉列表中选择"start.wav"选项，在"同步"下拉列表中选择"开始"选项（重复 1 次）。

STEP 14 在"图层 _2"的第 3 帧插入空白关键帧。在"属性"面板的声音"名称"下拉列表中选择"start.wav"选项，在"同步"下拉列表中选择"开始"选项（重复 1 次）并锁定"图层 _2"。

STEP 15 动画制作完成后的"时间轴"面板如图 1-3-67 所示。

STEP 16 将动画源文件以"眨眼睛 .fla"为名保存。

STEP 17 选择菜单命令"控制 | 测试"，观看动画效果。同时，Animate 会在保存"眨眼睛 .fla"文件的位置输出影片文件"眨眼睛 .swf"。

STEP 18 关闭动画源文件"眨眼睛 .fla"。

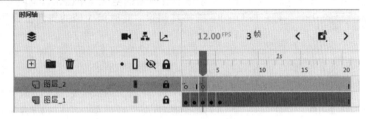

图 1-3-67　动画制作完成后的"时间轴"面板

2. 文字逐字出现动画

创建文字逐字出现的动画，效果参照"第 3 章素材 \ 下载 .swf"。

下载动画

STEP 1 启动 Animate，新建空白文档（舞台大小为 300 像素 ×150 像素，帧速率为 12 帧 / 秒，平台类型为 ActionScript 3.0，其他设置保持默认）。

STEP 2 使用菜单命令"视图 | 缩放比率 | 显示帧"调整舞台显示大小，以便后续操作。

STEP 3 在工具箱中选择文本工具，在"属性"面板中设置文本类型为静态文本，字体为华文彩云，大小为 36、文本颜色为黑色、字符间距为 9。在舞台上创建文本"Loading…"。

STEP 4 利用"对齐"面板将文本对齐到舞台的中央位置（如图 1-3-68 所示）。

STEP 5 确保文本对象"Loading…"处于选择状态。选择菜单命令"修改 | 分离"（或按组合键 Ctrl+B），把文本对象分离成各自独立的单个字符，如图 1-3-69 所示。

图 1-3-68　在舞台上创建文本对象

图 1-3-69　分离文本一次

STEP 6 在"时间轴"面板上单击"图层 _1"的第 2 帧，再按住 Shift 键单击第 10 帧，选择第 2 ~ 10 帧之间的所有帧（见图 1-3-70）。在选中的帧上右击，在弹出的菜单中选择"转换为关键帧"

命令，此时选中的帧全部转换成关键帧（见图 1-3-71）。每个关键帧的内容都和第 1 帧保持一致。

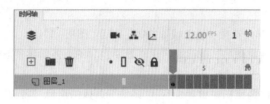
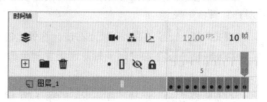

图 1-3-70　选择连续的多帧　　　　　　　　　图 1-3-71　将多帧同时转换成关键帧

 提示

在时间轴上插入一个关键帧或将时间轴上的某帧转换成关键帧后，该关键帧的内容与前面（左边）相邻关键帧的内容完全一致。在步骤6中，也可以先在第2帧上右击，在弹出的菜单中选择"插入关键帧"命令，将第2帧转换成关键帧；接着在第3帧、第4帧……第10帧上分别进行同样的操作。

STEP 7 单击"图层 _1"的第 1 个关键帧。在舞台的空白处单击，取消所有字符的选择状态。使用选择工具框选后面的 9 个字符，按 Delete 键将其删除。此时第 1 帧的舞台上只剩下字符 L，如图 1-3-72 所示。

（a）用选择工具框选对象　　　　　（b）框选后的状态　　　　　（c）删除框选的字符

图 1-3-72　编辑第 1 个关键帧

 提示

在时间轴上单击某一帧时，该帧的舞台上所有未锁定的对象都会被选中。

STEP 8 在时间轴上单击第 2 个关键帧，按类似的方法在舞台上删除后面的 8 个字符，只保留前两个字符 Lo。

STEP 9 单击第 3 个关键帧，在舞台上只保留前 3 个字符 Loa，删除其余字符。

STEP 10 以此类推，最后选中第 9 个关键帧，只删除舞台上的最后一个字符。

STEP 11 第 10 个关键帧舞台上的文字内容保持不变。

STEP 12 使用菜单命令"文件 | 另存为"将动画源文件保存为"下载 .fla"。

STEP 13 选择菜单命令"控制 | 测试"，观看动画效果。同时，Animate 将在保存"下载 .fla"文件的位置输出文件"下载 .swf"。

STEP 14 关闭 Animate 源文件"下载 .fla"。

3.3.2　补间动画

所谓补间动画，指动画设计者只进行过渡动画中首尾两个关键帧的创建，关键帧之间的过渡帧由计算机自动计算完成。补间动画分为补间形状动画、传统补间动画和补间动画 3 种。

1. 创建补间形状动画

在 Animate 中，能够用于补间形状动画的对象有：使用绘图工具直接绘制的矢量图形、完全分离的组合对象、完全分离的元件实例和完全分离的文本对象等。在补间形状动画中，能够产生过渡效果的对象属性有形状、位置、大小、颜色、不透明度等。

【实例】制作水果变形动画，效果参照"第 3 章素材 \ 水果变形 .swf"。

STEP **1** 启动 Animate，新建空白文档（舞台大小为 400 像素 ×400 像素，帧 速率为 12 帧 / 秒，平台类型为 ActionScript 3.0，其他设置保持默认）。

STEP **2** 在工具箱中选择椭圆工具，将笔触颜色设为无，填充颜色设为白色到 黑色的径向渐变 ■ 。水果变形动画

STEP **3** 在"颜色"面板上修改填充颜色，将黑色换成绿色（#54A014），如图 1-3-73 所示。

STEP **4** 按住 Shift 键不放，使用椭圆工具在舞台上绘制一个圆形，如图 1-3-74 所示。在工 具箱中选择颜料桶工具（不要选择工具箱底部的"锁定填充"按钮 ■ ），在圆形的左上角单击，重新填 色，以改变渐变的中心，如图 1-3-75 所示。至此"图层 _1"的第 1 个关键帧编辑完成。使用"对齐" 面板，将所绘制的图形对齐到舞台中央。

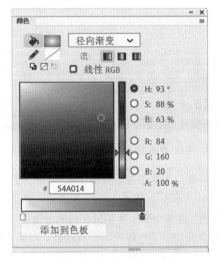

图 1-3-73　修改渐变色　　　图 1-3-74　绘制圆形　　　图 1-3-75　修改渐变中心

STEP **5** 分别在"图层 _1"的第 5 帧和第 20 帧上右击，在弹出的菜单中选择"插入关键帧" 命令，如图 1-3-76 所示。

STEP **6** 选择第 20 帧，使用选择工具在舞台的空白处单击，取消对象的选择状态。

STEP **7** 依旧选择选择工具，将鼠标指针置于圆形边缘线的顶部（此时，鼠标指针旁出现一 条弧线），按住 Ctrl 键不放向下拖动鼠标指针，改变圆形局部的形状，如图 1-3-77 所示。

STEP **8** 使用类似的方法，按住 Ctrl 键在圆形边缘线底部向下拖动鼠标指针，改变圆形底部 的形状，如图 1-3-78 所示。

STEP **9** 在"颜色"面板上修改渐变填充的颜色，将原来的绿色（#54A014）换成红色 （#FA3810），如图 1-3-79 所示。

STEP **10** 选择颜料桶工具（不要选择工具箱底部的"锁定填充"按钮 ■ ），在图形左上角 的渐变中心处单击，将填充颜色修改成由白色到红色的渐变色（渐变中心大致不变）。

STEP **11** 在第 25 帧上右击，在弹出的菜单中选择"插入关键帧"命令。

STEP **12** 在第 40 帧上右击，在弹出的菜单中选择"插入空白关键帧"命令，结果如图 1-3-80 所示。

图 1-3-76　在第 5 帧和第 20 帧分别插入关键帧

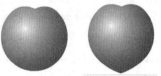

图 1-3-77　修改　　图 1-3-78　修改
圆形顶部的形状　　圆形底部的形状

图 1-3-79　修改渐变颜色

图 1-3-80　在第 40 帧插入空白关键帧

STEP 13 选中第 1 帧，按组合键 Ctrl+C 复制该帧舞台上的图形。再选中第 40 帧，选择菜单命令"编辑|粘贴到当前位置"，将第 1 帧的圆形粘贴到第 40 帧的同一位置。

STEP 14 选择第 5 帧，选择"插入|创建补间形状"菜单命令（或在第 5 帧的右键快捷菜单中选择"创建补间形状"命令）。这样就在第 5 帧和第 20 帧之间建立了一段补间形状动画。对第 25 帧进行同样的操作，效果如图 1-3-81 所示。

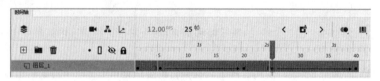

图 1-3-81　在第 5 帧和第 25 帧分别插入补间形状动画

STEP 15 测试动画效果。将动画源文件保存为"水果变形 .fla"，并发布 SWF 影片文件。

◎ 提示

在 Animate 中，补间形状动画创建成功后，关键帧之间以带箭头的实线连接，关键帧之间的所有过渡帧的背景显示为橙色。

跳动的小球

2. 创建传统补间动画

在 Animate 中，用于传统补间动画的对象一般为元件的实例。在传统补间动画中，能够产生过渡效果的对象属性有位置、大小、旋转角度、颜色（只对元件实例有效）、不透明度（只对元件实例有效）等。

【实例】创建一段球体从空中下落到地面又弹起的动画，效果参照"第 3 章素材 \ 跳动的小球 .swf"

（假设小球每次弹起的高度相同）。

STEP ☝**1** 新建空白文档（舞台大小为 400 像素 ×350 像素，帧速率为 12 帧 / 秒，平台类型为 ActionScript 3.0，其他设置保持默认）。

STEP ☝**2** 在工具箱中选择线条工具，将笔触颜色设为黑色，填充颜色设为从黑色到白色的径向渐变色，不选择"对象绘制"按钮⬤，如图 1-3-82 所示。

STEP ☝**3** 按住 Shift 键，使用线条工具（实线、粗细为 0.25 像素）在舞台底部绘制一条水平线段，如图 1-3-83 所示。

STEP ☝**4** 将"图层 _1"改名为"背景"。锁定"背景"图层，并在该图层的第 20 帧插入帧。

STEP ☝**5** 新建图层，将其命名为"动画"，如图 1-3-84 所示。

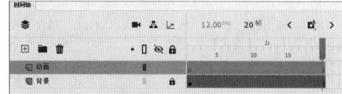

图 1-3-82 选色 图 1-3-83 绘制水平线段　　　　　　　图 1-3-84 创建"动画"图层

STEP ☝**6** 在"时间轴"面板单击"动画"图层的第 1 帧。选择"椭圆工具"，按住 Shift 键在舞台顶部中间位置绘制一个圆形。使用颜料桶工具在圆形的顶部单击，改变渐变的中心。使用选择工具选择圆形的边框，按 Delete 键将其删除，如图 1-3-85 所示。

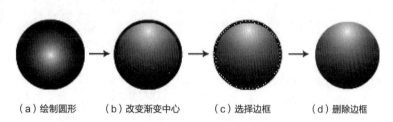

（a）绘制圆形　　（b）改变渐变中心　　（c）选择边框　　（d）删除边框

图 1-3-85 绘制发光球体

STEP ☝**7** 选择圆形，使用菜单命令"修改 I 转换为元件"将其转换为图形元件（存于"库"面板中），参数设置如图 1-3-86 所示。此时舞台上的圆形就变成了库中该元件的一个实例。元件的转换可确保后续传统补间动画的形成。关于元件、实例的概念可阅读本章后面相关内容。

STEP ☝**8** 在"动画"图层的第 10 帧和第 20 帧分别插入关键帧。

STEP ☝**9** 选择"动画"图层的第 10 帧。按住 Shift 键，使用选择工具将舞台上的小球竖直拖动到水平线段的上方，使其与水平线段相切，如图 1-3-87 所示。

图 1-3-86 "转换为元件"对话框

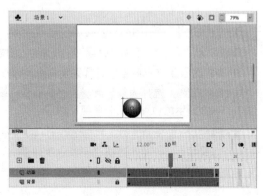

图 1-3-87 将第 10 帧的小球移到底部

STEP 10 在"动画"图层的名称上单击，选择整个"动画"图层，如图 1-3-88 所示。

STEP 11 选择"插入 | 创建传统补间"菜单命令，或者在"动画"图层被选中的帧上右击，在弹出的菜单中选择"创建传统补间"命令。这样就在"动画"图层的各关键帧上插入了传统补间动画，如图 1-3-89 所示。

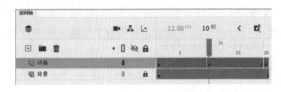
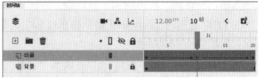

图 1-3-88　选择"动画"图层　　　　　　　图 1-3-89　创建传统补间动画

STEP 12 选择"动画"图层的第 1 帧，在"属性"面板上设置"补间"参数，如图 1-3-90 所示。用类似的方法设置第 10 帧的"补间"参数："缓动"为"属性（一起）"，"缓动强度"为 -100，逆时针旋转 1 次。

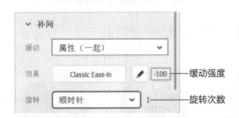

图 1-3-90　设置传统补间动画的相关参数

提示

通过"缓动强度"参数可以设置运动的加速度，其绝对值越大，速度变化越快。正值表示减速运动，负值表示加速运动。

STEP 13 锁定"动画"图层。测试动画效果。保存 .fla 源文件，并导出 SWF 影片文件。

提示

传统补间动画创建成功后，关键帧之间以带箭头的实线连接，关键帧之间的所有过渡帧的背景显示为蓝紫色。

【实例】制作钟摆动画，效果参照"第 3 章素材 \ 钟摆 .swf"。

STEP 1 新建空白文档（舞台大小为 550 像素 ×400 像素，帧速率为 12 帧 / 秒，平台类型为 ActionScript 3.0，其他设置保持默认）。

钟摆　　**STEP 2** 选择椭圆工具，将笔触颜色设为无，填充颜色设为从黑色到白色的径向渐变色。

STEP 3 按住 Shift 键拖动鼠标，在舞台上图 1-3-91 所示的位置绘制圆形。

STEP 4 使用颜料桶工具在圆形的左上位置单击，改变渐变中心的位置（见图 1-3-92）。

STEP 5 选择圆形，选择菜单命令"修改 | 组合"将其组合。

STEP 6 选择线条工具 ，将笔触颜色设为黑色，按住 Shift 键沿竖直方向拖动鼠标，在舞台上图 1-3-93 所示的位置绘制一条竖直线段。

STEP 7 使用选择工具框选圆形和竖直线段。显示"对齐"面板。在"对齐"面板上选中"与舞台对齐"复选框，并单击"水平中齐"按钮，结果如图 1-3-94 所示。

STEP 8 确保选中圆形与直线。使用菜单命令"修改 | 转换为元件"将其转换为图形元件。

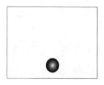

图 1-3-91　绘制圆形

图 1-3-92　修改渐变中心

图 1-3-93　绘制黑色竖直线段

图 1-3-94　对齐对象

STEP 9 选择任意变形工具 ，注意选择菜单命令"视图 | 贴紧 | 贴紧至对象"，将图形元件实例的变形中心拖动到直线段的顶部，如图 1-3-95 所示。

STEP 10 分别在"图层 _1"的第 10、20、30、40 帧插入关键帧。

STEP 11 在"图层 _1"的名称上单击，选择该层的所有帧。选择"插入 | 创建传统补间"菜单命令。这样就在"图层 _1"的所有关键帧上插入了传统补间动画，如图 1-3-96 所示。

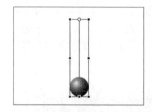

图 1-3-95　定位变形中心

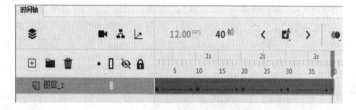

图 1-3-96　插入传统补间动画

STEP 12 单击第 10 帧（即第 2 个关键帧）。在工具箱中选择任意变形工具，然后选择菜单命令"窗口 | 变形"，显示"变形"面板。在"变形"面板上选择"旋转"单选项，并将旋转角度设置为 45°，按 Enter 键确认，结果如图 1-3-97 所示。

STEP 13 类似地，选择第 30 帧（即第 4 个关键帧），将"变形"面板上的旋转角度设置为 -45°，按 Enter 键确认。这样可以将"钟摆"旋转到右侧顶部。

STEP 14 单击第 1 帧（即第 1 个关键帧），在"属性"面板上设置"缓动强度"值为 100。类似地，将第 20 帧（即第 3 个关键帧）的"缓动强度"值设为 100，将第 10 帧（即第 2 个关键帧）和第 30 帧（即第 4 个关键帧）的"缓动强度"值设为 -100。

STEP 15 至此，"钟摆"动画制作完成。动画效果如图 1-3-98 所示。

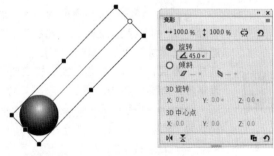

图 1-3-97　将"钟摆"旋转到左侧顶部

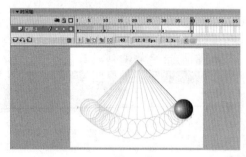

图 1-3-98　"钟摆"动画示意图

STEP 16 保存 .fla 动画源文件，并导出 SWF 影片文件。

3.3.3　遮罩动画

遮罩层是 Animate 动画中的特殊图层之一。遮罩层用于控制紧贴在其下面的被遮罩层的显示范围。确切地说，遮罩层上的填充区域（无论填充的是单色、渐变色还是位图，也不管填充区域的不透明度如何）像一个窗口，透过它可以看到被遮罩层上对应区域的画面。在遮罩层的时间线上同样可创建各类动画，也就是说，遮罩层上图形的位置、大小和形状是可以改变的，这样就可以形成一个随意变化的动态窗口。因此，利用遮罩层可以制作许多有趣的动画效果，比如水面波动效果、动态瀑布效果、百叶窗等各种转场效果。

转场

【实例】使用"第 3 章素材\转场"下的图片素材"睡莲.jpg"和"冬雪.jpg"，利用遮罩层上的补间动画创建简单转场效果。动画效果参照"第 3 章素材\转场\转场.swf"。

STEP 1 新建空白文档（舞台大小为 400 像素 ×300 像素，帧速率为 12 帧/秒，平台类型为 ActionScript 3.0，其他设置保持默认）。

STEP 2 将素材图片"睡莲.jpg"和"冬雪.jpg"导入"库"面板。

STEP 3 显示"库"面板，将"睡莲.jpg"从面板中拖动到舞台上。

STEP 4 打开"对齐"面板，将"睡莲.jpg"和舞台分别在水平和竖直方向上居中对齐。

STEP 5 在"图层_1"的第 40 帧上右击，在弹出的菜单中选择"插入帧"命令。这样可将"睡莲"画面一直显示到第 40 帧。

STEP 6 锁定"图层_1"，并将"图层_1"的名称更改为"睡莲"，如图 1-3-99 所示。

STEP 7 新建"图层_2"，选择"图层_2"的第 1 帧。将"库"面板中的图片"冬雪.jpg"拖动到舞台上，并与舞台在水平和竖直方向上分别居中对齐。锁定"图层 2"，将其名称更改为"冬雪"，如图 1-3-100 所示。

图 1-3-99 编辑"图层 1"

图 1-3-100 编辑"图层 2"

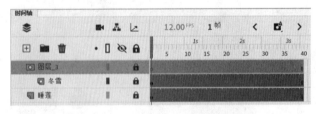
图 1-3-101 为"冬雪"图层添加遮罩层

STEP 8 新建"图层_3"，在"图层_3"的名称上右击，在弹出的菜单中选择"遮罩层"命令。此时"图层_3"转换成遮罩层，同时"冬雪"图层转换成被遮罩层，如图 1-3-101 所示。

STEP 9 将"图层_3"的名称更改为"转场"。

提示

在遮罩层或被遮罩层的名称上右击，在弹出的菜单中选择"属性"命令，打开"图层属性"对话框；选择其中的"一般"单选项，可将遮罩层或被遮罩层转换成普通层（或称一般层）。利用类似的方法也可将普通层转换成遮罩层或被遮罩层（选择"图层属性"对话框中的"遮罩层"或"被遮罩"单选项）。遮罩层和被遮罩层的删除方法与普通层相同。将遮罩层删除或将遮罩层转换成普通层后，被遮罩层会自动转换成普通层。

STEP **10** 将"转场"图层取消锁定，单击该层的第 1 帧，以便将播放指针定位在该帧。在舞台上绘制一个没有边框只有填充内容的矩形。选择该矩形，使用菜单命令"修改|转换为元件"将其转换为图形元件。

STEP **11** 在"转场"图层的第 15 帧插入关键帧，如图 1-3-102 所示。

STEP **12** 选择"转场"图层的第 1 帧，使用选择工具单击舞台上的矩形，使"属性"面板上显示出矩形的参数。将"宽度"与"高度"都设置为 1（像素）。使用"对齐"面板将缩小后的矩形对齐到舞台中央。

STEP **13** 选择"转场"图层的第 15 帧，使用同样的方法将该帧的矩形大小修改为 400 像素 × 300 像素，并将其对齐到舞台中央。

STEP **14** 在"转场"图层的第 1 帧插入传统补间动画，并在"属性"面板上设置旋转参数为 旋转 逆时针 ∨ 30 。

STEP **15** 在"转场"图层的第 20 帧、第 35 帧分别插入关键帧。

STEP **16** 在"转场"图层的第 20 帧插入传统补间动画，如图 1-3-103 所示。

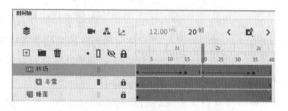

图 1-3-102　在第 15 帧插入关键帧　　　　　　　　图 1-3-103　在第 20 帧插入传统补间动画

STEP **17** 选择"转场"图层的第 35 帧，利用"属性"面板将舞台上的矩形大小修改为 1 像素 × 300 像素，并将其水平对齐到舞台中央，如图 1-3-104 所示。

STEP **18** 在"转场"图层的第 40 帧插入关键帧，利用"属性"面板将舞台上的矩形大小（此时显示为一条"竖直线段"）修改为 1 像素 × 1 像素，并将其对齐到舞台中央。

STEP **19** 在"转场"图层的第 35 帧插入传统补间动画。

STEP **20** 再次锁定"转场"图层，如图 1-3-105 所示。

图 1-3-104　修改第 35 帧的矩形大小　　　　　　　　图 1-3-105　锁定"转场"图层

STEP ⬆21⤵ 测试动画效果。保存 .fla 源文件，并导出 SWF 影片文件。图 1-3-106 所示的是动画播放过程中的两个画面之间的转场效果。

（a）　　　　　　　　　　　　　　（b）

图 1-3-106　画面转场效果

3.3.4　元件动画

在 Animate 中，元件（Symbol）是存放于库中可以重复使用的图形（Graphic）、按钮（Button）和影片剪辑（Movie Clip）3 类资源。

图形元件主要用于动画中的静态图形图像，有时也用来创建动画片段，但图形动画的播放依赖于主时间轴，并且交互式控制和声音不能在图形元件中使用。

按钮元件用于创建动画中响应标准鼠标事件的交互式按钮，可以根据不同的鼠标事件让系统运行不同的动作脚本。按钮元件其实就是一种特殊的四帧交互式影片剪辑。

影片剪辑元件是拥有自身独立时间轴的动画片段。影片剪辑元件中可包含交互式控制和声音。

使用元件的好处主要有以下几点。

● 将多次重复使用的动画元素定义为元件，可显著减小动画文件所占用的存储空间，提高动画的下载和播放速度，还可以减少重复劳动、提高工作效率。

● 将库中的元件应用到舞台上，得到元件的副本，称为实例（Instance）。修改元件时，元件的所有实例会自动更新，有利于动画的维护。反之，修改实例不会影响元件。

● 元件存放于库中，可作为共享资源应用于其他动画源文件中。

● 不同元件之间可以相互调用，嵌套使用。但图形元件一般不调用按钮和影片剪辑元件，因为图形元件的时间轴不独立，而且不支持交互式控制和声音。

1．创建元件

元件的基本创建方法有两种。

（1）使用"新建元件"命令创建元件

STEP ⬆1⤵ 选择菜单命令"插入 | 新建元件"，打开"创建新元件"对话框（见图 1-3-107）。

STEP ⬆2⤵ 在"创建新元件"对话框中选择元件类型，输入元件的名称。单击"确定"按钮，进入相应元件的编辑窗口。元件编辑窗口中"+"的位置表示元件的中心，也是坐标系的原点，对应场景舞台的左上角。

STEP ⬆3⤵ 在元件的编辑窗口中完成元件的编辑。例如，在影片剪辑元件的编辑窗口中，可以像在场景中一样创建和编辑动画。

STEP ⬆4⤵ 单击元件编辑窗口左上角的"返回场景"按钮←（见图 1-3-108），可以返回场景。单击"编辑元件"按钮♣可打开包含本文档中的所有元件的下拉列表，可从中选择任意一个元件并进入其编辑窗口。

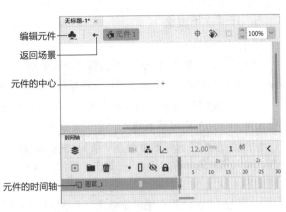

图 1-3-107　"创建新元件"对话框

图 1-3-108　元件编辑窗口

（2）使用"转换为元件"命令创建元件

创建元件的另一种方法是直接选择场景中已创建或导入的对象，选择菜单命令"修改 | 转换为元件"，打开"转换为元件"对话框（见图 1-3-109）。选择元件类型，输入元件名称，并利用"对齐"按钮▦设置元件的中心。单击"确定"按钮，将选中的对象转换为元件，此时场景中原来选中的对象自动转换为元件的一个实例。

元件的实例常用于创建传统补间动画或补间动画，不仅实例的大小、位置和角度可产生过渡变化，实例的颜色、不透明度等属性也可产生过渡变化。

图 1-3-109　"转换为元件"对话框

2．修改元件

在元件实例上右击，在弹出的菜单中选择"编辑元件""在当前位置编辑""在新窗口中编辑"等命令，可进入元件的不同编辑窗口。也可在文档窗口左上角单击"编辑元件"按钮♣，在弹出的菜单中选择要修改的元件，进入该元件的编辑窗口。

元件修改后，返回场景。此时，场景中该元件的所有实例都会自动更新。

3．添加色彩效果

Animate 允许在元件的实例上添加色彩效果，操作方法如下。

STEP 🔽**1** 选择元件的实例。

STEP 🔽**2** 显示"属性"面板，在"色彩效果"参数栏的"颜色样式"下拉列表中选择相应的选项。

STEP 🔽**3** 在随后出现的"色彩效果"参数区进行设置，如图 1-3-110 所示。

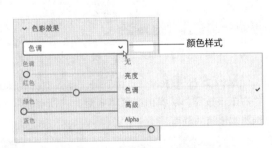

4．添加滤镜效果

Animate 允许为文本对象、按钮元件或影片剪辑元件的实例添加滤镜效果，使其产生投影、发光、模糊、斜角、色彩变换等效果，操作方法如下。

图 1-3-110　设置"色彩效果"参数

STEP 🔽**1** 选择文本对象、按钮元件或影片剪辑元件的实例。

STEP 🔽**2** 显示"属性"面板，在"滤镜"参数栏中单击"添加滤镜"按钮，在弹出的菜单中选择要添加的滤镜命令。

STEP 🔽**3** 在"滤镜"参数栏中设置滤镜参数。

5. 元件应用案例

（1）创建动态按钮

使用"第 3 章素材 \ 按钮 \"下的图片"door-up.gif""door-over.gif""door-down.gif"和声音"ding.wav"创建动态按钮，效果参照"第 3 章素材 \ 请进 .swf"。

STEP 1 新建空白文档（舞台大小为 400 像素 ×400 像素，平台类型为 ActionScript 3.0，其他设置保持默认）。将素材导入"库"面板。

STEP 2 选择菜单命令"插入 | 新建元件"，打开"创建新元件"对话框。选择"按钮"元件类型，输入元件的名称"进入"。单击"确定"按钮，进入按钮元件的编辑窗口。其中的 4 个关键帧的作用如下。

- 弹起（Up）：用于编辑鼠标指针不在按钮上时的效果。
- 指针经过（Over）：用于编辑鼠标指针移到按钮上时的效果。
- 按下（Down）：用于编辑将鼠标指针移动到按钮上，并按下鼠标左键时的效果。
- 点击（Hit）：用于定义按钮对鼠标事件做出反应的范围，即响应区域。

STEP 3 选择"弹起"关键帧，将"door-up.gif"从"库"面板中拖动到元件编辑区。利用"对齐"面板（选中"与舞台对齐"复选框）将其与舞台在水平与竖直方向上居中对齐，如图 1-3-111 所示。

STEP 4 在"指针经过"帧插入空白关键帧，将"door-over.gif"从"库"面板中拖动到元件编辑区。利用"对齐"面板将其与舞台在水平与竖直方向上居中对齐，如图 1-3-112 所示。

STEP 5 同样，在"按下"帧插入空白关键帧，将"door-down.gif"从"库"面板中拖动到元件编辑区。利用"对齐"面板将其与舞台在水平与竖直方向上居中对齐。

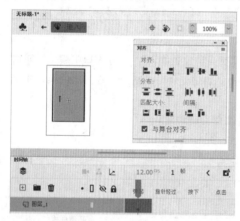

图 1-3-111 编辑"弹起"帧

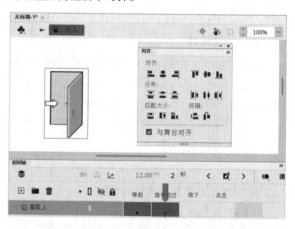

图 1-3-112 编辑"指针经过"帧

STEP 6 在"点击"帧上插入空白关键帧。选择"时间轴"面板上的"绘图纸外观"按钮，并右击该按钮，从弹出的菜单中选择"所有帧"命令，如图 1-3-113 所示。这样在编辑当前帧时能够浏览其他帧的画面。

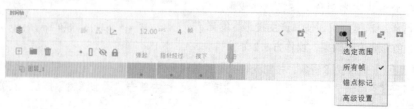

图 1-3-113 选择"所有帧"命令

STEP 7 根据前面关键帧的图形形状，使用线条工具（或钢笔工具）、颜料桶工具等绘制合适的响应区域（见图 1-3-114 中的黑色区域）。"点击"帧的图形在动画播放时不显示。

STEP 8 锁定"图层 _1"。新建"图层 _2"，并在"图层 _2"的"按下"帧插入关键帧。

STEP 9 在"属性"面板的"名称"下拉列表中选择"ding.wav"选项，在"同步"下拉列表中选择"开始"选项（重复 1 次），如图 1-3-115 所示。

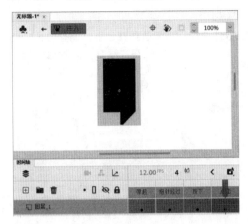

图 1-3-114　绘制响应区域

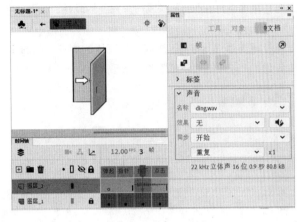

图 1-3-115　添加音效

STEP 10 单击元件编辑窗口左上角的"返回场景"按钮←，返回场景。将按钮元件"进入"从"库"面板中拖动到场景的舞台上，得到该元件的一个实例。

STEP 11 测试影片。将鼠标指针移到按钮上并单击，注意按钮的反应。

STEP 12 将动画源文件以"请进 .fla"为名保存。

（2）蝴蝶飞舞动画

使用元件和引导层技术及"第 3 章素材 \ 蝴蝶 \"下的图片"蝴蝶组件 1.png""蝴蝶组件 2.png""蝴蝶组件 3.png""背景 .jpg"创建蝴蝶沿任意路径飞舞的动画，效果参照"第 3 章素材 \ 飞舞的蝴蝶 .swf"。

飞舞的蝴蝶

STEP 1 新建空白文档（舞台大小为 600 像素 ×600 像素，帧速率为 12 帧 / 秒，平台类型为 ActionScript 3.0，其他设置保持默认）。

STEP 2 将相关素材导入"库"面板。

STEP 3 选择菜单命令"插入|新建元件"，打开"创建新元件"对话框。输入元件名称"蝴蝶"，元件类型为"影片剪辑"。单击"确定"按钮，进入影片剪辑元件的编辑窗口。

STEP 4 将"库"面板中的"蝴蝶组件 3.png"拖动到元件编辑区。利用"对齐"面板（选中"与舞台对齐"复选框）将其与舞台在水平与竖直方向上居中对齐，如图 1-3-116 所示。

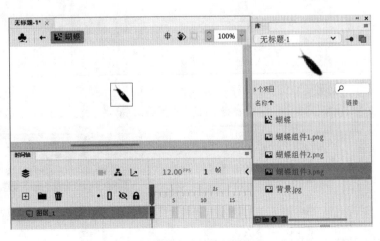

图 1-3-116　对齐"蝴蝶组件 3"

STEP 5 在确保选中"蝴蝶组件3.png"的情况下，选择菜单命令"修改|排列|锁定"，将所选对象锁定。

STEP 6 在"图层_1"的第3帧插入关键帧，在第4帧插入帧（可以在对应帧的右键快捷菜单中选择相关命令）。

STEP 7 选择第1帧，将"库"面板中的"蝴蝶组件1.png"拖动到舞台上，调整位置，使其与"蝴蝶组件3.png"拼成一只完整的蝴蝶，如图1-3-117所示。

STEP 8 选择第3帧，将"库"面板中的"蝴蝶组件2.png"拖动到舞台上，调整位置，使其与"蝴蝶组件3.png"拼成一只完整的蝴蝶，如图1-3-118所示。这样就在"蝴蝶"影片剪辑元件中创建了一段蝴蝶扇动翅膀的逐帧动画。

图1-3-117 编辑蝴蝶的第1个姿态

图1-3-118 编辑蝴蝶的第2个姿态

 提示

可以在选择选择工具的情况下使用键盘方向键对蝴蝶翅膀的位置进行微调。

STEP 9 通过连续地按Enter键，测试"蝴蝶"影片剪辑元件的动画效果。

STEP 10 返回场景1。将"蝴蝶"影片剪辑元件从"库"面板中拖动到舞台的右下角，得到该元件的一个实例，如图1-3-119所示。

STEP 11 在第40帧插入关键帧。将该帧的蝴蝶移到舞台的左上角（见图1-3-120）。

图1-3-119 创建"蝴蝶"影片剪辑元件的实例

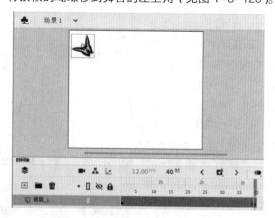

图1-3-120 编辑动画的第2个关键帧

STEP 在第 1 帧插入传统补间动画，并锁定"图层 _1"。选择菜单命令"控制 | 测试"，可以看到蝴蝶沿直线飞舞的动画。关闭测试窗口。

STEP 在"图层 _1"的名称上右击，从弹出的菜单中选择"添加传统运动引导层"命令，为"图层 _1"创建引导层。此时，图层 _1 自动转换为被引导层，如图 1-3-121 所示。

STEP 在工具箱中选择铅笔工具（在工具箱底部选择"平滑"模式，不选择"对象绘制"按钮，如图 1-3-122 所示）。选择引导层的第 1 帧，在舞台上绘制图 1-3-123 所示的引导路径（路径要平滑，尽量不要出现交叉或重叠的部分；首尾靠近，但不要封闭）。

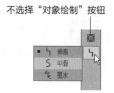

图 1-3-121　添加传统运动引导层　　　　　　　图 1-3-122　设置铅笔绘图模式

STEP 选择菜单命令"视图 | 贴紧 | 贴紧至对象"（其他"贴紧"命令不要选）。

STEP 锁定引导层。解除"图层 _1"的锁定状态，并选择其第 1 帧。在工具箱中选中选择工具。将鼠标指针定位于蝴蝶的中心小圆圈上，拖动鼠标，捕捉到引导路径的上面那个端点（见图 1-3-124），松开鼠标。

STEP 使用任意变形工具将蝴蝶旋转到图 1-3-125 所示的角度（注意不要改变蝴蝶的位置）。

STEP 选择"图层 _1"的第 40 帧。仿照步骤 16，使用选择工具拖动蝴蝶中心的小圆圈使其捕捉到引导路径的下面那个端点（见图 1-3-126）。使用任意变形工具调整蝴蝶的角度（见图 1-3-127）。

图 1-3-123　绘制引导路径　　图 1-3-124　捕捉引导　　图 1-3-125　调整运动　　图 1-3-126　在第 40 帧捕捉
　　　　　　　　　　　　　　　路径的一个端点　　　　对象的角度　　　　　引导路径的另一个端点

STEP 锁定"图层 _1"。选择菜单命令"控制 | 测试"，可以看到蝴蝶沿曲线路径飞舞的动画，但飞舞时还不能随曲线的变化调整方向。关闭测试窗口。

STEP 选择"图层 _1"的第 1 帧。在"属性"面板的"补间"参数区中选中"调整到路径"复选框。再次测试影片，蝴蝶飞舞的动作就比较自然了。关闭测试窗口。

STEP 选择引导层。新建"图层 _3"，将其拖动到所有层的底部。选择菜单命令"修改 | 时间轴 | 图层属性"。在打开的"图层属性"对话框中选择"一般"单选项，单击"确定"按钮。此时"图层 _3"由被引导层转换为普通层。

STEP 选择"图层 _3"的第 1 帧，将"库"面板中的"背景 .jpg"拖动到舞台上，并利用"对齐"面板将图片与舞台在水平和竖直方向上居中对齐。锁定"图层 _3"，如图 1-3-128 所示。

STEP 测试动画效果。保存 .fla 源文件，并导出 SWF 影片文件。

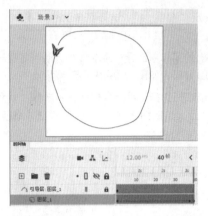

图 1-3-127　在第 40 帧调整运动对象的角度

图 1-3-128　添加动画背景

影片剪辑元件的实例如果只是放在主时间轴的一个关键帧中，则在动画播放时，只要播放指针在该帧的停留时间（可用动作脚本控制）足够长，该剪辑中的动画就能够在规定时间内正常播放。而图形元件中的动画不同，要想使其动画正常播放，必须在主时间轴上为其实例分配足够的帧数。

（3）水波效果动画

使用元件和遮罩层技术及图片"第 3 章素材 \ 水波 \ 海边小镇 .jpg"创建水波效果，动画效果参照"第 3 章素材 \ 水波 \ 水面波动 .swf"。

水波效果

STEP 1 新建空白文档（舞台大小为 600 像素 ×400 像素，帧速率为 12 帧 / 秒，平台类型为 ActionScript 3.0，其他设置保持默认）。

STEP 2 将素材图片"海边小镇 .jpg"导入舞台，并使其与舞台在水平与竖直方向上居中对齐。

STEP 3 选择菜单命令"修改 I 分离"（或按组合键 Ctrl+B），将素材图片分离。使用选择工具在舞台外的工作区空白处单击，取消分离图片的选择状态。

STEP 4 使用套索工具 ⚲ （默认设置下与 Photoshop 的套索工具用法类似）圈选图片中的水面（图 1-3-129 中用白色线条标出的部分，选择时不用太精确）。选择菜单命令"编辑 I 复制"，复制选中的水面。

STEP 5 新建"图层 _2"。选择菜单命令"编辑 I 粘贴到当前位置"，将水面粘贴到"图层 2"第 1 帧的同一位置。选择选择工具，使用向下方向键将"图层 _2"的水面向下移动 3 像素。

STEP 6 新建图形元件，将其命名为"水平波纹"。在"水平波纹"元件的编辑窗口，绘制大小为 600 像素 ×2 像素、无边框、填充任意色的矩形（注意该矩形宽度应大于水面的宽度）。利用"对齐"面板将该矩形在水平与竖直方向上分别与舞台居中对齐，如图 1-3-130 所示。

图 1-3-129　分离图片后选择水面

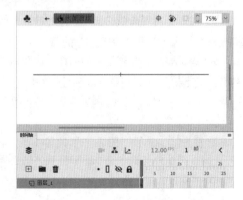

图 1-3-130　编辑图形元件"水平波纹"

STEP 7 再次创建图形元件，将其命名为"遮罩"。将"水平波纹"元件从"库"面板中拖动到"遮罩"元件的编辑窗口。选择菜单命令"编辑 | 复制"，选择菜单命令"编辑 | 粘贴到当前位置"（或按组合键 Ctrl+Shift+V）49 次。这样在相同的位置共重叠有 50 条水平"线"。

STEP 8 将舞台显示比例设置为 100%。按住 Shift 键不放，按向下方向键 20 次，将其中一条水平"线"向下移动 200 像素（注意该距离要大于水面的高度）。单击"图层 _1"的第 1 帧，选择所有水平"线"。

STEP 9 显示"对齐"面板（不要选中"与舞台对齐"复选框），单击"分布"栏中的"垂直居中分布"按钮（也可单击"顶部分布"或"底部分布"按钮），结果如图 1-3-131 所示。

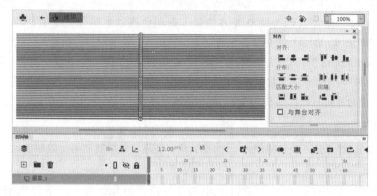

图 1-3-131　编辑图形元件"遮罩"

STEP 10 新建影片剪辑元件，将其命名为"动态遮罩"。将图片"海边小镇 .jpg"从"库"面板中拖动到该元件的编辑窗口。利用"对齐"面板（选中"与舞台对齐"复选框）将图片在水平方向上与舞台左对齐，在竖直方向上与舞台底对齐。锁定"图层 _1"，并在"图层 _1"的第 25 帧插入帧。

STEP 11 新建"图层 _2"。选择"图层 _2"的第 1 帧，将"遮罩"元件从"库"面板中拖动到编辑窗口，利用"对齐"面板将"遮罩"元件实例在水平方向上与舞台左对齐，在竖直方向上与舞台底对齐。

STEP 12 在"图层 _2"的第 25 帧插入关键帧，竖直向下移动"遮罩"元件的实例至图 1-3-132 所示的位置（使"遮罩"元件实例的底部第 4 条水平"线"与"海边小镇"图片的底边对齐）。

STEP 13 在"图层 _2"的第 1 帧插入传统补间动画。锁定"图层 _2"，删除"图层 _1"。

STEP 14 返回场景 1。在"图层 _2"上面新建"图层 _3"。将"动态遮罩"元件从"库"面板中拖动到"图层 _3"的第 1 帧。利用"对齐"面板将该元件的实例在左侧与底部分别与舞台对齐。将"图层 _3"转换为遮罩层（同时"图层 _2"自动转换为被遮罩层），如图 1-3-133 所示。

STEP 15 测试动画效果。保存 .fla 源文件，并导出 SWF 影片文件。

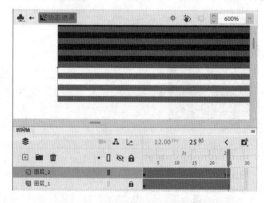

图 1-3-132　在第 25 帧向下移动"遮罩"实例

图 1-3-133　将"图层 _3"转换为遮罩层

3.3.5　交互式动画

所谓 Animate 交互式动画就是借助 ActionScript3.0 代码实现的动画。在这类动画中，用户通过鼠标、键盘等输入设备可以实现对动画的控制。交互式动画体现了 Animate 的强大功能。

ActionScript3.0 与 JavaScript 类似，是一种面向对象的脚本编程语言。Animate 是 ActionScript3.0 程序开发工具之一。通过"动作"面板，Animate 可以在关键帧上添加 ActionScript3.0 的代码，使得按钮实例和影片剪辑实例等对象能感应用户的动作或受用户的控制而实现各种动作。为关键帧添加的动作脚本会在播放指针到达该帧时运行，针对按钮和影片剪辑实例添加的动作脚本则在相关事件（如单击、在键盘上按下某键、影片剪辑实例播放到某帧等）发生时运行。

学习制作 Animate 交互式动画的有效方法是，先学会在动画中添加 Play、Stop、gotoAndPlay、gotoAndStop 等简单脚本，然后根据需要逐渐接触复杂的脚本，注意积累对自己有用的脚本案例，同时尽可能学习一些 ActionScript3.0 编程的基本理论。这样一边应用，一边学习，逐步提高对 ActionScript 3.0 语言的熟练程度。另外，Animate 还为初学者提供了创建交互式动画的代码片段，即通过选择 ActionScript 语句并根据提示填写参数来编写动作脚本。这样，即使不懂程序设计的用户也能够尝试创建基本交互式动画。

1．简单导航动画

使用"第3章素材\交互\简单导航\"下的有关素材创建简单导航动画，效果参照"第3章素材\简单导航.swf"。

简单导航动画

STEP 1 新建空白文档（舞台大小为 580 像素 ×500 像素，平台类型为 ActionScript 3.0，其他设置保持默认）。将"第3章素材\交互\简单导航"下的所有素材导入"库"面板。

STEP 2 将素材图片"小女孩.jpg"从"库"面板中拖动到舞台上。使用"对齐"面板将素材图片与舞台居中对齐。

STEP 3 选择菜单命令"修改 I 排列 I 锁定"，将"小女孩"图片锁定在舞台上。

STEP 4 在"图层_1"的第2帧插入空白关键帧。将素材图片"小鸭子.jpg"从"库"面板中拖动到舞台，将其对齐到舞台中央，并锁定该图片。

STEP 5 类似地，在第3帧插入空白关键帧，将图片"小猫猫.jpg"从"库"面板中拖动到舞台，将其对齐到舞台中央并锁定；在第4帧插入空白关键帧，将图片"小狗狗.jpg"从"库"面板中拖动到舞台，将其对齐到舞台中央并锁定。此时的动画编辑窗口如图 1-3-134 所示。

STEP 6 选择第1帧。选择"窗口 I 动作"菜单命令，显示"动作"面板。在脚本编辑区中输入函数"stop();"（注意代码中的字母、括号与分号等标点符号都是半角的），使动画运行到首帧时停止播放，如图 1-3-135 所示。

图 1-3-134　将大图片分别放在各关键帧

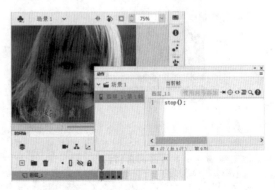

图 1-3-135　为关键帧添加动作脚本

STEP 7 将素材图片"小鸭子_s.png""小猫猫_s.png""小狗狗_s.png"分别从"库"面板中拖动到第 1 帧的舞台上，位置分布如图 1-3-136 所示。

STEP 8 使用选择工具框选舞台上的 3 个小图。在"对齐"面板上取消选中"与舞台对齐"复选框，并在"对齐"参数栏中单击"水平中齐"按钮 ，再在"分布"参数栏中单击"垂直居中分布"按钮 ，使 3 个小图在竖直方向上等间距排列。

STEP 9 使用选择工具在 3 个小图外单击，取消对象的选择状态。再单击舞台上的小图"小鸭子_s.png"，选择菜单命令"修改 | 转换为元件"，将其转换为按钮元件（名称保持默认）。此时小图"小鸭子_s.png"转换为按钮元件的一个实例。

STEP 10 确保选中"小鸭子"按钮实例，在"属性"面板上输入按钮实例的名称（见图 1-3-137）。

STEP 11 确保选中"小鸭子"按

图 1-3-136　将小图拖动到舞台　　　　图 1-3-137　命名按钮实例

钮元件的实例。选择"窗口 | 代码片段"菜单命令，打开"代码片段"窗口，单击 ActionsScript 左边的小三角形，将其展开。用同样的方法再展开"时间轴导航"组（见图 1-3-138），双击其中的"单击以转到帧并停止"选项，自动打开"动作"面板，如图 1-3-139 所示。此时，在"时间轴"面板上会自动产生"Actions"图层，"动作"面板中自动生成的代码就添加在该图层的第 1 个关键帧上。

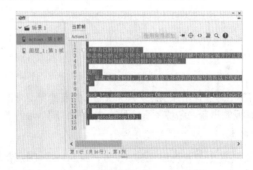

图 1-3-138　"代码片段"窗口　　　　　图 1-3-139　为按钮添加动作

STEP 12 在"动作"面板中自动产生的代码的基础上进行修改，将 gotoAndStop(5) 更改为 gotoAndStop(2)，如图 1-3-140 所示，使动画在执行本段代码之后跳转到第 2 帧。代码中带下划线的部分为可以修改的自定义函数名称，但要保持一致，duck_btn 即步骤 10 中命名的按钮实例名称。

这段代码所在的图层和关键帧号　　　　　/* ……*/ 之间的内容表示注释，帮助阅读代码

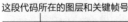
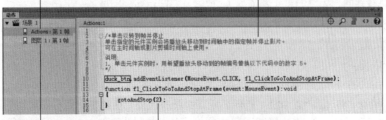

其他有代码的图层和关键帧号　　　将默认的 5 改为实际需要跳转到的帧号

图 1-3-140　修改代码

提示

图 1-3-140 所示的代码实际为按钮事件侦听器代码，其通用形式如下。

Wheretolisten.addEventListener(whatevent,responsetoevent);

其中 *addEventListener()* 是事件侦听函数，*wheretolisten* 是所在事件的对象，此处即按钮 *duck_btn*，*whatevent* 是事件类型（如单击 *MouseEvent.CLICK*），*responsetoevent* 则是事件发生时触发的函数名称。针对某一事件触发的函数，需要通过 *function* 进行定义，其内容为一串动作的组合，如本例中，只执行一个动作：跳转并停止在第 2 帧（*gotoAndStop(2)*）。

STEP 13 类似地，将第 1 帧舞台上的小图"小猫猫 _s.png"转换为按钮元件，将相应的按钮实例命名为 cat_btn，并参照步骤 11 和 12 为该按钮实例添加如下动作代码，使单击该按钮后，画面可以跳转并停止在第 3 帧。

```
cat_btn.addEventListener(MouseEvent.CLICK, fl_ClickToGoToAndStopAtFrame_2);
function fl_ClickToGoToAndStopAtFrame_2(event:MouseEvent):void{
    gotoAndStop(3);
}
```

STEP 14 用同样的方法将第 1 帧舞台上的小图"小狗狗 _s.png"转换为按钮元件，将相应的按钮实例命名为 dog_btn，并为该按钮实例添加如下动作代码，则单击该按钮后，画面可以跳转并停止在第 4 帧（如果"代码片段"窗口是打开的，直接双击其中的"单击以转到帧并停止"选项即可）。

```
dog_btn.addEventListener(MouseEvent.CLICK, fl_ClickToGoToAndStopAtFrame_3);
function fl_ClickToGoToAndStopAtFrame_3(event:MouseEvent):void{
    gotoAndStop(4);
}
```

STEP 15 分别在"Actions"图层的第 2 帧、第 3 帧和第 4 帧插入关键帧，选择第 2 帧，在"属性"面板的声音"名称"下拉列表中选择"鸭 .wav"选项，在"同步"下拉列表中选择"开始"选项，并将"声音循环"设为"重复 1 次"。

STEP 16 仿照步骤 15 为"Actions"图层的第 3 帧分配声音"猫 .mp3"，为 Actions 图层的第 4 帧分配声音"狗 .wav"，声音属性与第 2 帧相同。

STEP 17 锁定 Actions 图层和"图层 _1"。创建新图层，命名为"返回按钮"。在新图层的第 2 帧插入关键帧，并在该帧舞台的右下角创建文本"返回"（幼圆、44pt、黄色 #FFFF00）。将该文本转换为按钮元件，将元件实例命名为 back_btn，并通过"代码片段"窗口（双击其中的"单击以转到帧并播放"选项）在 Actions 图层的第 2 帧添加如下动作代码（这样在播放动画时，单击"返回"按钮，动画从当前帧跳转到同一场景的第 1 帧播放）。锁定"返回按钮"图层。

```
back_btn.addEventListener(MouseEvent.CLICK, fl_ClickToGoToAndPlayFromFrame);
function fl_ClickToGoToAndPlayFromFrame(event:MouseEvent):void{
    gotoAndPlay(1);
}
```

STEP 18 将步骤 17 中第 1 行代码后面的所有代码（函数定义部分）剪切到 Actions 图层的第 1 个关键帧的代码最后，将步骤 17 中的第 1 行代码分别复制粘贴到 Actions 图层的第 3 和第 4 个关键帧上。

提示

> 这样做是为了 fl_ClickToGoToAndPlayFromFrame() 函数在动画的第 1 帧即被定义，而第 2、3、4 帧的 "返回" 按钮都能侦听到鼠标单击事件，进而运行 fl_ClickToGoToAndPlayFromFrame() 函数。

STEP 19 测试动画效果。保存 .fla 源文件，并导出 SWT 影片文件。本例最终的 "时间轴" 面板如图 1-3-141 所示，本例动画源文件可参考 "第 3 章素材 / 简单导航 .fla"，动画效果可参考 "第 3 章素材 / 简单导航 .swf"。

2. 下雪动画

使用图片 "第 3 章素材 \ 交互 \ 雨雪 \ 雪 .jpg" 创建下雪动画，效果参照 "第 3 章素材 \ 交互 \ 雨雪 \ 下雪 .swf"。

下雪动画

STEP 1 新建空白文档（舞台大小为 550 像素 ×400 像素，帧速率为 12 帧 / 秒，平台类型为 ActionScript 3.0，其他设置保持默认）。选择菜单命令 "修改 I 文档"，利用 "文档设置" 对话框将舞台颜色设为黑色。

图 1-3-141　本例最终的 "时间轴" 面板

STEP 2 将素材 "雪 .jpg" 导入舞台，并与舞台对齐。

STEP 3 将 "图层 _1" 改名为 "背景"，并在第 3 帧插入帧。锁定 "背景" 图层。

STEP 4 选择菜单命令 "视图 I 缩放比率 I 显示帧"，将舞台全部显示出来。

STEP 5 选择椭圆工具。打开 "颜色" 面板，将笔触颜色设置为无 ，将填充颜色设置为从黑色到白色的径向渐变 ，并将渐变中的黑色修改为白色，将其不透明度参数 A 的值设为 0%，再将该 "透明白色" 色标适当向左拖动，如图 1-3-142 所示。

STEP 6 创建图形元件，将其命名为 "雪花"，使用椭圆工具并配合 Shift 键在其编辑窗口中绘制一个小圆（宽度与高度约为 16 像素），利用 "对齐" 面板将小圆对齐到舞台中心，如图 1-3-143 所示。

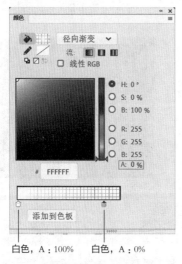

图 1-3-142　编辑径向渐变色

图 1-3-143　绘制 "雪花"

STEP 7 创建影片剪辑元件，将其命名为 "雪花飘落"，在其编辑窗口中进行如下操作。

① 选择菜单命令 "视图 I 标尺"，将标尺显示出来（标尺单位为像素）。将图形元件 "雪花" 从 "库"

面板中拖动到第1帧的舞台上，置于工作区的顶部，如图1-3-144所示。

② 在"图层_1"的第75帧上右击，从弹出的菜单中选择"插入帧"命令。再在第1帧（关键帧）上右击，从弹出的菜单中选择"创建补间动画"命令。

③ 依次将"图层_1"时间轴上的播放指针拖动到第25帧、50帧和75帧，每定位一次播放指针，将"雪花"向下倾斜拖动一段距离，最终形成类似图1-3-145所示的折线路径。此时在时间轴上，可以看到位置变化所形成的关键点。

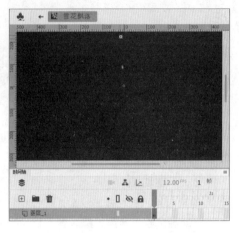

图 1-3-144 将"雪花"放置在顶部

 提示

每次定位到某一帧拖动"雪花"时，鼠标指针定位在"雪花"旁，当鼠标指针显示为 形状时再开始拖动。最终的折线路径与竖直标尺比照，高度尽量超过400像素（场景舞台高度）。

④ 在工具箱中选中选择工具 ，将鼠标指针放置在折线上，当鼠标指针旁出现一条弧线 时，按住鼠标左键并拖动鼠标，将折线路径转换成平滑的曲线路径，如图1-3-146所示（箭头指示大致的拖移方向）。

按 Enter 键测试效果，可以看到"雪花"沿曲线路径下落的动画。至此，"雪花飘落"元件编辑完成。

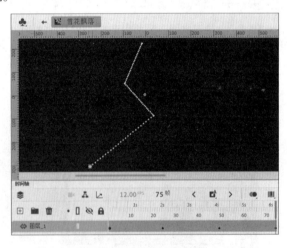

图 1-3-145 创建补间动画

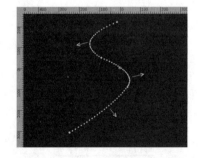

图 1-3-146 将折线转换为平滑曲线

STEP 8 在"库"面板中右击"雪花飘落"影片剪辑元件，从弹出的菜单中选择"属性"命令，打开"元件属性"对话框，展开"高级"选项栏，如图1-3-147所示，选中"为 ActionScript 导出"及"在第1帧中导出"复选框，并将"类"设置为 snowDrop，单击其右侧对应的编辑按钮 ，打开图1-3-148所示的代码窗口。选择菜单命令"文件 | 另存为"，将其以"snowDrop.as"为名保存，并关闭该代码窗口，单击"确定"按钮并关闭"元件属性"对话框。

图 1-3-147 "元件属性"对话框(局部)

图 1-3-148 对类 snowDrop 进行定义

STEP 9 回到场景 1。新建"图层 _2",将其重命名为"代码"。在"代码"图层的第 2 帧和第 3 帧分别插入关键帧,然后在第 1 个关键帧上右击,从弹出的菜单中选择"动作"命令,打开"动作"面板,在面板中输入如下代码。

```
var mc:snowDrop;
var mcNum:uint=0;
```

不要关闭"动作"面板。选择"代码"图层的第 2 个关键帧,在"动作"面板中输入如下代码。

```
mc=new snowDrop();   // 创建新对象的过程,类似于复制功能
mc.x=Math.random()*550;   // 设置新实例的 x 坐标(本例舞台宽度为 550 像素)
mc.y=Math.random()*400;   // 设置新实例的 y 坐标(本例舞台高度为 400 像素)
mc.rotation = Math.random()*100-50;   // 设置新实例的旋转角度
mc.alpha = Math.random()*0.6+0.4;   // 设置新实例的不透明度
mc.scaleX=Math.random()*0.8+0.2; // 设置新实例在 x 方向的大小
mc.scaleY=mc.scaleX;   // 设置新实例在 y 方向的大小与 x 方向一致,即等比例缩放
addChild(mc);// 将 mc 添加到显示列表
```

提示

ActionScript3.0 规定了一张表格,叫作显示列表,就是各种显示对象的清单。只有该列表中的对象才能在舞台上显示。

选择"代码"图层的第 3 个关键帧,在"动作"面板中输入如下代码。

```
mcNum++;
if(mcNum<240){
    gotoAndPlay(2);
}
else{
    stop();
}
```

STEP 10 关闭"动作"面板,测试动画效果。保存 .fla 源文件,并导出 SWF 影片文件。
在本例中,如果将"雪花"图形元件中的"雪花"替换为"花瓣"(使用绘图工具绘制或导入外部

资源），就可以创建花瓣纷纷飘落的动画。当然要将主场景中的背景替换为合适的图片。动画效果参照
"第 3 章素材 \ 交互 \ 雨雪 \ 落花 .swf"。

3. ActionScript 3.0 编程基础

参考 "第 3 章素材 \AS3.0 编程基础 .pdf"。

3.4 3ds Max 动画基础

3.4.1 3ds Max 简介

3ds Max 是由 Autodesk 公司开发的三维动画设计软件，主要用于模拟自然界、产品设计、建筑设计、影视动画创作、游戏开发、虚拟现实等领域。在同类的三维动画设计软件中，3ds Max 由于开放程度高，学习难度相对较小，功能强大，所以成为用户群比较庞大的一款重量级软件。

3.4.2 工作界面

启动 3ds Max 2020，其工作界面如图 1–3–149 所示，包括菜单栏、主工具栏、命令面板、视图区、视图控制区、轨迹栏、动画控制区和状态栏等部分。

3ds Max 将各种常用的命令进行分类，形成多种不同的工具栏，其中主工具栏中汇集了使用频率较高的一些重要工具或命令。

命令面板位于工作界面的右侧，由创建、修改、层次、运动、显示和实用程序 6 个子面板组成。

视图区是用户操作的主要区域。默认的视图区由顶（Top）、前（Front）、左（Left）和透视（Perspective）4 个视口组成，使用户可以从不同的角度观察和编辑场景中的对象。

视图控制区由多个视图控制按钮组成，主要用于控制视口中对象的显示大小和显示视角。

轨迹栏提供了显示动画帧数的时间线和用于确定当前帧的时间滑块。轨迹栏与动画控制区配合为用户提供了一种便捷的三维基础动画的创作方式。

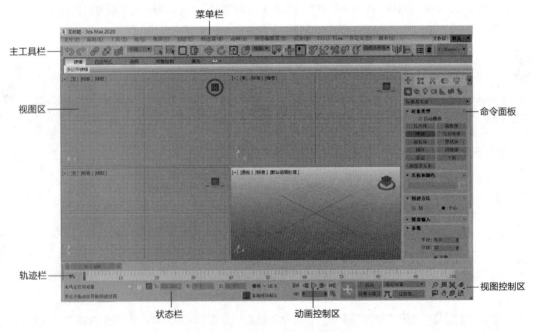

图 1–3–149　3ds Max 2020 工作界面

3.4.3　基本操作

1. 文件的基本操作

利用 3ds Max 2020 的"文件"菜单，可进行新建文件、打开文件、保存文件、重置场景、导入文件和导出文件等操作。

3ds Max 场景的原始文件格式为 .max，利用"导入"与"导出"命令还可以输入或输出其他类型的图形文件，如 3D Studio（.3ds）、Illustrator（.ai）、AutoCAD（.dwg）等类型。这是 3ds Max 与其他相关软件之间交换数据的重要接口。

如果要输出视频动画，可在主工具栏右侧单击"渲染设置"按钮 ，打开"渲染设置"对话框，选择"公用"选项卡。在"公用参数"卷展栏的"时间输出"参数区中选择"活动时间段"单选项；在"输出大小"参数区中设置帧图像的宽度、高度和像素纵横比；在"渲染输出"参数区中单击"文件"按钮，打开"渲染输出文件"对话框。

通过"渲染输出文件"对话框可以设置动画文件的存储位置、存储格式（.avi 或 .mov）、存储名称及视频的质量等参数。最后在"渲染设置"对话框右上角单击"渲染"按钮，输出动画文件。

2. 对象编辑

对象编辑包括对象的选择、组合、变换和复制等操作。

- 选择对象。要编辑对象，首先必须选择对象。在 3ds Max 2020 的主工具栏中选择选择对象工具 （或选择并移动工具 、选择并缩放工具 、选择并旋转工具 ）后，可在视图中通过单击或区域框选的方式选择场景中的对象。按住 Ctrl 键单击可加选对象。也可以在主工具栏中选择按名称选择工具 ，打开相应的对话框，根据对象的名称进行选择。在场景中所选对象的外部单击可取消对象的选择状态。

- 组合对象。选择多个对象后，使用菜单命令"组 | 组"将它们组合起来，然后可以以组合为单位进行移动、旋转、缩放、对齐、镜像和阵列等操作。使用"组 | 解组"和"组 | 炸开"菜单命令可以将组中的对象分离开。

- 变换对象。对象的变换包括移动、缩放与旋转 3 种操作，分别通过选择并移动工具 、选择并缩放工具 和选择并旋转工具 来完成。在此操作过程中，3ds Max 的坐标系对操作结果起着至关重要的作用。

- 复制对象。复制对象的菜单命令有多种，包括"编辑 | 克隆"命令、"工具 | 镜像"命令、"工具 | 阵列"命令等。

- 对齐对象。对齐操作对于对象间的精确定位起着重要的作用，可使用"工具 | 对齐 | 对齐"菜单命令或主工具栏中的"对齐"工具按钮 来完成。另外，3ds Max 的对齐工具还包括快速对齐、法线对齐、放置高光、对齐摄影机和对齐到视图等多种。

3.4.4　常用建模手段

1. 基本二维图形

在"创建"面板上单击"图形"按钮（见图 1-3-150），从"图形种类"下拉列表中选择"样条线"选项，可以看到多种基本图形的创建按钮。这些基本图形包括线、矩形、圆、椭圆、弧、圆环、多边形、星形、文本、螺旋线、卵形、截面和徒手 13 种。除此之外，也可以利用"创建 | 图形"中的命令创建基本图形。

在这 13 种基本图形中，除了"线"为可编辑样条线（包括顶点、分段和样条线三级子对象）之外，其他基本图形都是不可编辑的样条线，但可以通过添加"编辑样条线"修改器将其转换为可编辑样条线。

2．标准基本体

标准基本体包括长方体、圆锥体、球体、几何球体、圆柱体、管状体、圆环、四棱锥、茶壶、平面和加强型文本 11 种类型。

利用"创建"面板（见图 1-3-151）和"创建 | 标准基本体"中的命令都可以创建标准基本体。

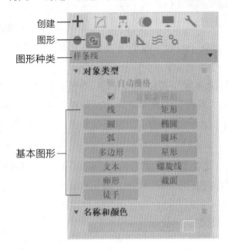

图 1-3-150 "创建 – 图形"面板   图 1-3-151 "创建 – 几何体"面板

3．扩展基本体

扩展基本体有 13 种，分别是异面体（Hedra）、环形结（Torus Knot）、切角长方体（ChamferBox）、切角圆柱体（ChamferCyl）、油罐（OilTank）、胶囊（Capsule）、纺锤（Spindle）、球棱柱（Gengon）、L 形体（L-Ext）、C 形体（C-Ext）、环形波（RingWave）、棱柱（Prism）和软管（Hose）。

在"创建"面板的"几何体种类"下拉列表中选择"扩展基本体"选项，可显示扩展基本体的创建按钮。当然，也可以通过"创建 | 扩展基本体"中的命令来创建扩展基本体。

4．复合对象

所谓复合对象就是把两个或两个以上的对象复合为一个对象，是 3ds Max 的一种非常有效的建模手段。

用户可以通过"复合对象"面板（见图 1-3-152）创建复合对象。当然也可以通过"创建 | 复合"中的命令来创建复合对象。

复合对象包括变形（Morph）、散布（Scatter）、一致（Conform）、连接（Connect）、水滴网格（BlobMesh）、图形合并（Shape Merge）、布尔（Boolean）、地形（Terrain）、放样（Loft）、网格化（Mesher）、ProBoolean、ProCutter 等。在这些复合对象中，使用频率最高的是"放样"和"布尔"。

布尔是通过并集、交集、差集、合并、附加和插入等运算形式，将两个或两个以上的对象（通常指三维实体）复合成一个对象的一种建模手段。例如，创建长方体与球体，二者有部分重叠（见图 1-3-153），进行布尔差集运算，可得到图 1-3-154 所示的结果。

放样是以一条曲线作为路径，以一个或多个二维图形（通常是闭合的）作为垂直于路径的截面来创建三维实体的复合建模手段，应用十分广泛。

例如，编辑图 1-3-155 所示的截面图形，创建图 1-3-156 所示的直线路径，通过放样可得到图 1-3-157 所示的实体。

创建
几何体
复合对象

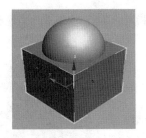 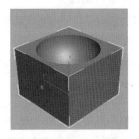

图 1-3-152 "复合对象"面板　　图 1-3-153 重叠的长方体与球体　　图 1-3-154 布尔运算结果

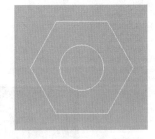  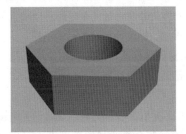

图 1-3-155 截面图形　　图 1-3-156 直线路径　　图 1-3-157 放样结果

3.4.5 使用修改器

1. 标准修改器

3ds Max 的标准修改器包括弯曲（Bend）、拉伸（Stretch）、锥化（Taper）、扭曲（Twist）、涟漪（Ripple）、噪波（Noise）、晶格（Lattice）、FFD、编辑网格（Edit Mesh）、网格平滑（Mesh Smooth）、UVW 贴图（UVW Map）等，主要用于对三维实体进行修改变形。

例如，"弯曲"修改器可用于对物体实施弯曲变形。图 1-3-158 所示的纸张卷起的效果就是使用"弯曲"修改器创建的。

2. 图形修改器

3ds Max 的图形修改器包括编辑样条线、车削、挤出、倒角、倒角剖面等，用于将二维图形转换为三维实体。

例如，"挤出"修改器可以使二维平面图形在垂直于该平面的方向上产生一个高度，形成三维实体，如图 1-3-159 所示。

在图 1-3-160 所示的小房子的建模中，"挤出"修改器起到关键作用。

图 1-3-158 卷纸效果　　图 1-3-159 将文字平面图形挤出为实体　　图 1-3-160 小房子模型

3.4.6 使场景更逼真

1. 材质与贴图

所谓材质就是将一些特定的信息指定给模型，使其表面呈现出色彩、发光、透明、反射、折射等自然中某种物质的外观特征。

贴图是指在赋予模型材质的同时，将图形或图像指定到材质中，使模型表面产生纹理、图案、凹凸等效果。

将材质与贴图指定给模型，也就相当于告诉人们这个模型所对应的物体是由什么材料做成的。材质与贴图不仅能够逼真地模拟自然界中不同物体的外观特征，有时还可以降低建模的复杂程度，提高计算机的运行速度。

编辑材质与贴图，并将其指定给场景中的模型，是通过材质编辑器（见图1-3-161）完成的。

在图1-3-162所示的蝴蝶飞舞动画的设计中，通过设置合适的材质与贴图，可以使场景中的蝴蝶更加逼真。该动画的视频文件见"第3章素材\3ds max\飞舞的蝴蝶.avi"。

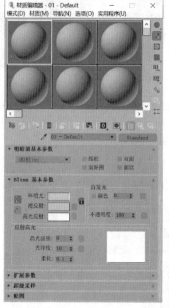

图1-3-161　精简材质编辑器　　　　图1-3-162　蝴蝶飞舞动画

2. 灯光与摄影机

在3ds Max中，灯光对象可以模拟真实世界中各种类型的光源，是照亮场景的重要手段，如图1-3-163所示。另外，恰当的灯光布置可以创建良好的照明环境，增加作品的质感和艺术感，使其更动人、更具生命力。

3ds Max 2020有3种类型的灯光：光度学灯光、标准灯光和Arnold灯光。标准灯光用于模拟传统的灯光类型，如家用或办公室灯光、舞台和放电影时使用的灯光以及太阳光等。光度学灯光特别考虑到人类视觉感官系统对光线照射所产生的心理学效应，因此能够产生逼真的渲染效果。

3ds Max的摄影机与现实生活中的摄影机非常相似。在三维建模和动画设计中，通常要在场景中创建摄影机，通过调整视角在摄影机视图中获得一个观察和表现场景的合适角度，以获得一种身临其境的渲染效果。图1-3-164所示右下角的视图为摄影机视图。

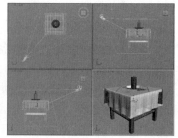

图1-3-163　使用灯光模拟室外日光效果　　　　图1-3-164　摄影机视图

3.4.7 创建动画

1. 基本动画

在3ds Max中，利用轨迹栏、曲线编辑器等工具，通过在不同关键帧变换动画对象、修改动画对象的创建参数、修改器参数、材质贴图参数等，可以方便地创建效果逼真的三维动画。对于有特殊要求的动画（比如路径动画等），可以通过指定动画控制器来完成。

例如，借助轨迹栏与曲线编辑器，通过修改不同关键帧中样条线的弯度就可以创建图1-3-165所示的翻书动画（卷曲的页面是通过在样条曲线上添加"挤出"修改器得到的）。该动画的视频文件见"第 3 章素材 \3ds max\ 翻页的书 .avi"。

图 1-3-165　翻书动画

2. 粒子动画

3ds Max 的粒子系统主要用于创建动画，能够逼真地模拟雨、雪、流水、沙尘、烟花、爆炸、蚁群等常规动画难以实现的壮观景象。不同于基本的关键帧动画，粒子动画主要依靠调整粒子的创建参数和借助空间扭曲的控制来实现。

粒子系统由一系列不可编辑的小型子对象组成，这些子对象称为粒子，它们通过发射器发射出来，形成粒子流。在整个发射过程中，随着时间的变化每个粒子都有一个从产生、壮大到消失的过程。

图 1-3-166 所示的是利用雪粒子系统生成的梦幻的下雪效果。该动画的视频文件见"第 3 章素材 \3ds max\ 下雪 .avi"。

图 1-3-166　下雪动画

除了上述动画技术，在 3ds Max 中还可以利用空间扭曲、正反向运动、环境效果、Video Post 视频合成器等创建动画。

3.4.8　综合案例：设计小房子模型

STEP 1 启动 3ds Max 2020。使用图形"线"在左视图中绘制图 1-3-167 所示的封闭图形（小房子的侧面墙壁）。

STEP 2 继续在左视图中用"线"绘制图 1-3-168 所示的房顶封闭图形，再绘制门（矩形）和窗户图形（由外侧大矩形和内侧 4 个小矩形组成）。

STEP 3 使用菜单命令"编辑 | 克隆"对窗户外侧矩形进行原位复制，并在复制出来的矩形上添加"挤出"修改器（菜单命令"修改 | 网格编辑 | 挤出"），设置挤出数量为 –300。

STEP 4 同样将房顶图形进行挤出，挤出数量为 –200；将墙壁图形进行挤出，挤出数量为 –10。此时透视视图中的效果如图 1-3-169 所示。

图 1-3-167　绘制房子侧面图形　　　图 1-3-168　绘制房顶、窗户和门　　　图 1-3-169　将房顶与墙壁挤出为实体

STEP 5 在挤出的墙壁实体与窗口实体之间进行复合对象的布尔运算（墙壁实体减去窗口实体），以便在墙壁上"凿"出窗洞。然后在透视图将墙壁沿 x 轴正向移动 5 个单位的距离（采用默认的视图坐标系），如图 1-3-170 所示。

STEP 6 将另一个窗户外侧矩形转换为可编辑样条线，并将内侧 4 个小矩形一一附加进来（选中可编辑样条线，在"修改"面板的"几何体"卷展栏中可以找到"附加"按钮）。

STEP 7 将附加后的图形进行挤出，挤出数量为 5，得到窗框实体。在透视视图将窗框实体在 x 轴方向上对齐到墙壁实体的中央位置，如图 1-3-171 所示。

STEP 8 在左视图中创建长宽与窗框外侧矩形相同、高度为 2 的长方体作为玻璃。在透视图将玻璃与窗框在 x 轴方向居中对齐。

STEP 9 复制窗框、玻璃与墙体，并将复制出的对象沿 x 轴正向拖动到房子右侧对称的地方（可在顶视图中操作），如图 1-3-172 所示。

图 1-3-170 "凿"出窗洞

图 1-3-171 创建并对齐窗框

图 1-3-172 复制出右侧窗户与墙壁

STEP 10 使用菜单命令"编辑 | 克隆"对门图形进行原位复制。对复制出的门副本图形进行挤出，挤出数量为 –100；在左墙壁实体与门副本挤出实体之间进行复合对象的布尔运算（用墙壁实体减去门副本挤出实体），以便在左墙壁上"凿"出门洞。

STEP 11 对门图形进行挤出，挤出数量为 5。在透视视图中将由门图形挤出的实体沿 x 轴方向对齐到左墙壁实体的中央位置，如图 1-3-173 所示。

STEP 12 使用长方体创建房子的前后墙壁，并与其他墙壁对齐，如图 1-3-174 所示。

STEP 13 在顶视图中图 1-3-175 (a) 所示的位置创建内外两个同心正方形。将其中一个正方形转换为可编辑样条线，并将另一个正方形附加进来。

STEP 14 将步骤 13 中附加后的图形挤出一定高度作为烟囱，如图 1-3-175 (b) 所示。

STEP 15 对房子的各个部分进行材质贴图设置，得到图 1-3-176 所示的效果。

STEP 16 使用环绕工具将透视视图旋转一定角度，得到图 1-3-177 所示的效果。

STEP 17 保存 3ds Max 源文件，并输出效果图文件。

图 1-3-173 创建门洞与门

图 1-3-174 创建前后墙壁

(a)

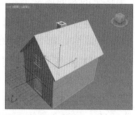
(b)

图 1-3-175 创建烟囱模型

图 1-3-176 设置材质与贴图

图 1-3-177 旋转视图

习题与思考

一、选择题

1. 以下哪一组软件是主要用于动画设计的软件_____。
   A. Animate、Photoshop、3ds Max
   B. Animate、3ds Max、Maya
   C. Maya、AutoCAD、Authorware
   D. Audition、Gif Animator、Director

2. 以下_____不是 Animate 的特色。

    A. 简单易用   B. 基于矢量图形   C. 流式传输   D. 基于位图图像

3. 以下对帧的叙述不正确的是_____。

    A. 计算机动画的基本组成单位   B. 一帧就是一个静态画面

    C. 帧一般表示一个变化的起点或终点，或变化过程中的一个特定的转折点

    D. 使用帧可以控制对象在时间上出现的先后顺序

4. 以下对关键帧的叙述不正确的是_____。

    A. 是一种特殊的、表示对象特定状态（颜色、大小、位置、形状等）的帧

    B. 空白关键帧不是关键帧

    C. 一般表示一个变化的起点或终点，或变化过程中的一个特定的转折点

    D. 关键帧是 Animate 动画的骨架和关键所在

5. 使用 Animate 的任意变形工具不可以对舞台上的组合对象实施_____变形。

    A. 封套   B. 倾斜   C. 缩放   D. 旋转

6. 在 Animate 中，_____不能直接用于创建补间形状动画。

    A. 元件的实例   B. 使用绘图工具绘制的矢量图形

    C. 完全分离的组合   D. 完全分离的文本

7. 在 Animate 中，_____不能直接用于创建传统补间动画。

    A. 图形元件的实例   B. 按钮元件的实例

    C. 完全分离的矢量图形   D. 影片剪辑元件的实例

8. 在 Animate 中，执行_____脚本后，将跳转到指定帧并停止继续播放。

    A. stop   B. gotoAndPlay   C. gotoAndStop   D. gotoAndPause

9. 在 Animate 时间轴上插入关键帧的快捷键是_____。

    A. F5   B. F6   C. F7   D. F8

10. 以下对帧速率的描述，正确的是_____。

    A. 动画每秒播放的帧数   B. 动画每分钟播放的帧数

    C. 动画每小时播放的帧数   D. 以上均不正确

11. 以下关于 Animate 的描述中，不正确的是_____。

    A. Animate 能导入图像、视频、声音等多种媒体

    B. Animate 具有编写大型数据库应用软件的能力

    C. Animate 作品很容易发布到网络上

    D. Animate 集设计和编程于一体，不需借助其他软件，可独立完成作品

12. 以下 Animate 中关于使用元件的优点，正确的描述是_____。

    A. 可以简化动画的编辑   B. 可以更流畅地播放动画

    C. 可以显著减小发布文件的大小   D. 以上均正确

13. Animate 中的_____面板可用于设置舞台背景。

    A. 动作   B. 对齐   C. 属性   D. 颜色

14. 在 Animate 中要创建文本对象的补间形状动画，需将文本对象分离_____次。

    A. 1   B. 2   C. 3   D. 不确定

15. 在 Animate 中，若舞台上有同一个元件的两个实例，将其中一个实例的颜色改为 #FFFFFF，大小改为原来的 50%，则关于另外一个实例如何变化的说法正确的是_____。

    A. 颜色也变为 #FFFFFF，但大小不变

    B. 没有变化

    C. 颜色变为 #FFFFFF，大小变为原来的 50%

    D. 大小变为原来的 50%，但颜色不变

16. 以下关于 Animate 元件的描述，正确的是_____。
    A. 元件的实例不能再次转换成元件　　　B. 元件中可以包含自己的实例
    C. 只有图形、图像或声音可以转换为元件　D. 以上均不正确

17. 以下关于 Animate 影片剪辑元件的描述中，不正确的是_____。
    A. 可以包含交互式控制和声音
    B. 不可以嵌套其他的影片剪辑实例
    C. 拥有自己独立的时间轴
    D. 在按钮元件中可放置影片剪辑元件的实例以创建动画按钮

18. Animate 中不提供_____元件的创建和编辑功能。
    A. 按钮　　　　　B. 音频　　　　　C. 图形　　　　　D. 影片剪辑

19. 以下对 Animate 中"时间轴"面板左侧的图层控制区，不正确的描述是_____。
    A. 单击图层控制区右上角的矩形框按钮，可将所有图层显示为轮廓
    B. 单击图层名称右边的"图层锁定/解锁"按钮，可以锁定或解锁该图层
    C. 双击图层名称，即可重命名图层
    D. 单击图层控制区右上角的眼睛按钮，可以显示或隐藏当前图层

20. Animate 中影片剪辑元件一般是指_____。
    A. 一张图片　　　B. 一个音频文件　　C. 一个按钮　　　D. 一个独立的动画片段

21. Animate 中打开"对齐"面板的菜单命令是_____。
    A. 视图 | 对齐　　B. 窗口 | 对齐　　　C. 修改 | 对齐　　　D. 文本 | 对齐

22. 以下_____操作不能切换到 Animate 元件的编辑模式。
    A. 右击舞台上的元件实例，从弹出的菜单中选择"编辑元件"命令
    B. 双击舞台上的元件实例
    C. 双击"库"面板中的元件图标
    D. 把舞台上的元件实例拖动到"库"面板中

23. Animate 交互式动画就是借助_____代码实现的动画。
    A. JavaScript　　B. AnimateScript　C. VBScript　　　D. ActionScript

24. 以下_____视图不属于 3ds Max 默认的视图。
    A. 透视　　　　　B. 左　　　　　　C. 顶　　　　　　D. 右

25. 3ds Max 是由美国 Autodesk 公司开发的_____系统。
    A. 文字处理　　　B. 图像处理　　　C. 三维造型与动画设计 D. 数据处理

26. 3ds Max 源文件的扩展名是_____。
    A. max　　　　　B. dxf　　　　　C. dwg　　　　　D. 3ds

27. 在 3ds Max 中，使用"文件 | _____"菜单命令可将 .3ds 文件输入当前场景中。
    A. 打开　　　　　B. 合并　　　　　C. 导入　　　　　D. 替换

28. 在 3ds Max 中创建三维动画的一般步骤为_____。
    A. 建模　　　　　B. 建模、渲染　　C. 建模、设置动画　D. 建模、设置动画、渲染

29. 以下_____是 3ds Max 系统默认的视图组合。
    A. 顶、底、左、前　B. 顶、前、右、底　C. 顶、前、底、透视　D. 顶、前、左、透视

二、填空题

1. 动画是由一系列静态画面按照一定的顺序组成的，这些静态的画面称为动画的_____。通常情况下，相邻的帧的差别不大，其内容的变化存在一定的规律。当这些帧按顺序以一定的速度播放时，由于人眼存在_____特性，便形成了连贯的动画效果。

2．计算机动画按帧的产生方式分为_____动画与_____动画两种。

3．_____的作用是组织和控制动画中的各个元素。其中的每一个小方格代表一帧。动画在播放时，一般是从左向右，依次播放每个帧中的画面。

4．_____是设计和观看 Animate 动画的矩形区域。每一帧画面中的对象只有放置在该区域内，动画播放时才能正常显示出来。

5．使用"_____"对话框可以设置 Animate 文档的标尺单位、舞台大小、舞台颜色和帧频等属性。

6．Animate 源文件的扩展名为_____。

7．在创建 Animate 传统补间动画时，可以将对象转换为_____，存放于"库"面板中，并且可以重复使用。

8．Animate 时间轴的主要组件是图层、_____、播放指针。

9．Animate 的补间动画分为_____、_____和_____ 3 种。

10．将 Animate 动画发布成为可以在网络中播放的作品，可以使用菜单命令_____，常用的文件发布格式为_____、_____。

11．Animate 中的元件分为_____、_____和_____ 3 种类型。

12．Animate 按钮元件用于创建动画中响应标准鼠标事件的交互式按钮。按钮元件时间轴上的 4 个状态帧分别为：_____、_____、_____、_____。

13．Animate 控制动画的播放速度时，可以不修改时间轴而是通过调整_____来实现。

14．Animate 中，选择椭圆工具，同时按住_____键，拖动鼠标可以绘制圆形。

15．在 Animate 中，元件以及导入的外部资源都存放在_____面板中。

16．在 Animate 中，_____面板可以设置文本的大小、颜色等属性。

17．在 Animate 中，_____元件的适用对象是独立于时间轴播放的动画片段，可包含交互式控制和声音。

18．在 Animate 中，可应用_____动画生成正方形逐渐变为圆形的动画。

19．在 Animate 中，利用文本对象创建补间形状动画，首先要对其进行_____操作。

20．在 Animate 中，新建元件的快捷键是_____，将对象转换为元件的快捷键是_____。

21．在 Animate 中，插入普通帧的快捷键是_____，插入关键帧的快捷键是_____，插入空白关键帧的快捷键是_____。

22．在 Animate 中，测试影片可以通过_____快捷键来实现。

23．Animate 中可以将普通帧转换为_____帧或_____帧。

24．在 Animate 中，每一帧都由动画创作者手动完成，而不是由 Animate 通过计算得到，然后依次连续播放各帧的动画称为_____动画。

25．在 Animate 动画设计中可以通过添加_____层使对象沿任意路径运动。

26．3ds Max 是由美国 Autodesk 公司开发的三维_____设计软件，主要用于模拟自然界、产品设计、建筑设计、影视动画创作、游戏开发、虚拟现实技术等领域。

27．3ds Max 默认的视图区由_____、_____、_____和_____ 4 个视口组成，使用户可以从不同的角度观察和编辑场景中的对象。

28．3ds Max 视图控制区由多个视图控制按钮组成，主要用于控制视口中对象的显示_____和显示_____。

29．3ds Max 的_____栏提供了显示动画帧数的时间线和用于确定当前帧的时间滑块，其与动画控制区配合为用户提供了一种便捷的三维基础动画的创作方式。

30．3ds Max 场景的原始文件格式为_____。

31．3ds Max 中的_____运算是通过并集、交集、差集、合并、附加和插入等运算形式，将两个或两个以上的对象（通常指三维实体）复合成一个对象的一种建模手段。

三、操作题

1. 打开文件"练习 \ 第 3 章 \ 月亮升起 \Animate.fla"，利用"库"面板中的资源和素材"海边 .png""tears.mp3"创建月亮升起的动画，效果可参照"练习 \ 动画 \ 月亮升起 .swf"。

操作题 1 月亮升起动画

操作提示如下。

（1）打开"Animate.fla。"设置舞台大小为 500 像素 ×500 像素，舞台颜色为 #00293D。

（2）将素材"海边 .png"和"tears.mp3"导入"库"面板。将"图层 _1"改名为"山水"。

（3）将"海边 .png"从"库"面板中拖动到舞台，并对齐到舞台底部（水平居中）。

（4）新建"图层 _2"，改名为"月亮"。将"月亮"图层拖动到"山水"图层的下面。

（5）在"月亮"图层的第 1 ～ 40 帧创建月亮升起的补间形状动画。在升起的过程中，月亮的颜色由 #FF9900 逐渐变成 #FFFFCC。在"月亮"图层的第 80 帧插入帧。

（6）在"山水"图层的第 80 帧插入帧。

（7）在所有层的上面新建"图层 _3"，改名为"小鸟"。将影片剪辑元件"鸟"从"库"面板中拖动到舞台。在"小鸟"图层的第 1 ～ 60 帧创建小鸟从舞台右下角飞到左上角月亮处的传统补间动画。

（8）新建"图层 _4"，改名为"文字"。在该图层的第 69 ～ 80 帧创建逐帧动画"海上生明月，天涯共此时。"（文字一个一个出现，可参考动画"第 3 章素材 \ 下载 .swf"的创建方法）。

（9）新建"图层 _5"，改名为"背景音乐"。选择该图层的第 1 帧。在"属性"面板的声音"名称"下拉列表中选择"tears.mp3"选项，将"同步"设为"开始"，重复 1 次。

（10）新建"图层 _6"，改名为"动作"。在该图层的第 80 帧插入关键帧，并为该帧添加动作脚本"stop();"。动画最终编辑窗口如图 1-3-178 所示。

图 1-3-178　动画最终编辑窗口

2. 仿照"水波效果动画"案例，利用图片素材"练习 \ 第 3 章 \Summer Time.jpg"创建水面波动的动画，效果可参照"练习 \ 第 3 章 \Summer Time（水波效果）.swf"。

操作题 2 水面波动动画

3. 利用 Animate 的遮罩层、传统补间动画等技术，以及图片素材"练习 \ 第 3 章 \ 座钟素材 01.jpg"与"座钟素材 02.png"创建座钟钟摆动画，效果可参照"练习 \ 第 3 章 \ 座钟动画 .swf"。

要求：舞台大小为 400 像素 ×490 像素，帧速率为 24 帧 / 秒。

操作题 3 座钟动画

4. 利用 Animate 的遮罩层、元件、传统补间动画等技术，以及图片素材"练习 \ 第 3 章 \ 荷花 .jpg"与"湿地 .jpg"创建水平百叶窗过渡动画，效果可参照"练习 \ 第 3 章 \ 水平百叶窗效果 .swf"。

操作题 4 水平百叶窗效果

5. 利用 Animate 的遮罩层、元件、传统补间动画等技术，以及图片素材"练习 \ 第 3 章 \ 荷花 .jpg"与"湿地 .jpg"创建多重形状过渡动画，效果可参照"练习 \ 第 3 章 \ 形状过渡效果 .swf"。

操作题 5 多重形状切换动画

第 4 章　音频编辑

4.1 数字音频概述

4.1.1 数字音频的产生

声源振动造成空气压力的变化，从而产生声音，这是模拟信号的音频，以空气为媒介进行传播。通常连续的波形表示声音，波形上升表示空气压力增大，波形下降表示空气压力减弱。振幅、频率和相位是度量声波属性的重要参数。振幅指声波中波峰与波谷的垂直距离；频率指单位时间内声源振动的次数，即声波周期的倒数。人耳能感应到的声音的频率范围是 20 Hz ~ 20000 Hz。相位表示声波在周期内的具体位置（假如声波为正弦线 $y=\sin x$，则声波在 90° 时处于波峰位置，180° 时回到 x 轴，270° 时到达波谷）。

音频的数字化是指通过采样，将连续的模拟声音信号先转换为电平信号，再通过量化和编码将电平信号转换为二进制的数字信号，保存在计算机的存储器中（A/D 转换）。利用多媒体计算机系统播放声音的过程与音频的数字化过程恰好相反：先将二进制的数字信号转换为模拟的电平信号，再由扬声器播出（D/A 转换）。音频的 A/D 和 D/A 转换都是由音频卡完成的。

影响数字音频质量的因素主要有 3 个：采样频率、量化精度和声道数。

1. 采样

所谓采样，就是在连续的声波上每隔一定的时间（通常很短）采集一次幅度值，如图 1-4-1 所示。单位时间内的采样次数就是采样频率，单位为赫兹（Hz）。实际上，只要在一定长度的声波上等间隔地采集足够多的样本数，就能够逼真地模拟出原始的声音。一般来说，采样频率越高，采集的样本数越多，数字音频的质量越好，但占据的磁盘存储空间也会越大。在实际应用中采样频率一般为 11.025 kHz、22.05 kHz、44.1 kHz 等。

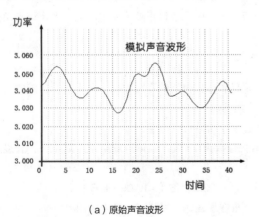

（a）原始声音波形

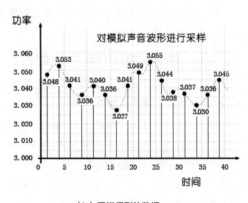

（b）采样得到的数据

图 1-4-1　采样

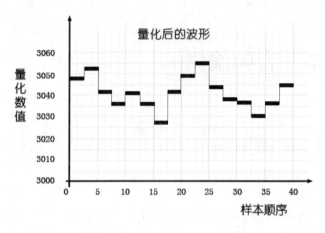

图 1-4-2　量化

2.　量化

量化就是将采样得到的数据表示成有限个数值（每个数值的位数也是有限的），以便在计算机中进行存储。而量化位数（或称量化精度、量化等级）指的是用多少个二进制位（bit）来表示采样得到的数据（见图 1-4-2）。

对于同一声音波形（最大振幅一定），用 8 位可将振幅均分为 256（$=2^8$）个等级，而使用 16 位则可以将振幅均分为 65536（$=2^{16}$）个等级。可见，量化位数越大，数字音频的分辨率越高，还原后的音质越好，但占据的磁盘存储空间也越大。这就如同在度量同一个长度时以毫米为单位比以厘米为单位要精确一样。在实际应用中量化位数一般采用 8 位、16 位和 32 位不等。

3.　声道

同一声源产生的声波，分别传送到人的左右耳朵时，会有细微的差别，通过这个差别，人们可以判断音源的位置。另一方面，不同声源产生的声波从各个不同的方向到达人的耳朵时，其强度与成分一般是不同的。这种方向的差异性，使人们很容易就可以分辨出来自不同方向的声音。

声道指的是在录制或播放声音时，在不同的空间位置采集到的或回放输出的相互独立的音频信号。声道数即声音录制时采用的音源数量，或回放时相应的扬声器数量。

单声道是一种比较原始的声音信号的传输方式，缺乏对声音的定位，声音的清晰度往往不太好。

立体声彻底解决了声音的定位问题。在录制立体声时，音频信号被分配到两个彼此独立的声道，从而获得很好的声音定位效果。在音乐欣赏中，立体声可以使听众清晰地分辨出各种乐器声音来自的方向，使音乐更具有立体感。总之，立体声在层次感和音色丰富程度等方面都明显高于单声道。

目前，音效更好的 5.1 声道已得到广泛应用。5.1 声道共有 6 个声道，其中的 ".1" 声道是一个经过专门设计的超低音声道，用于传送低于 80 Hz 的音频信号，使影视节目中的人的声音得到加强，增强了整体效果。5.1 声道使听众获得来自多个不同方向的声音环绕效果，营造出一个具有立体感的声音氛围。

目前，我国的电影业已广泛采用环绕立体声的声音格式，电视节目正处于由单声道向多声道转换的过渡阶段，广播大多采用的还是单声道。

4.1.2　数字音频的编码与压缩存储

所谓编码，就是用一定位数的二进制数来表示由采样和量化得到的音频数据。在不进行压缩的情况下，音频数据编码存储所需磁盘空间的大小的计算公式如下。

存储容量（字节）= 采样频率 × 量化位数 × 声道数 × 时间 / 8（字节）

例如，标准 CD 音乐的采样频率为 44.1 kHz，量化位数为 16 位，立体声双声道。则 1 分钟长度的标准 CD 音乐所占用的磁盘存储容量如下。

$44.1 \times 1000 \times 16 \times 2 \times 60 / 8 = 10584000$（byte）$\approx 10336$（KB）$\approx 10.09$（MB）

这样得到的数据量非常大，如不进行压缩编码，很难在多媒体计算机和网络中应用。

对音频数据的压缩大多从去除重复代码和去除无声信号两个方面进行考虑。由于数字音频的压缩往往会造成音频质量的下降和计算机运算量的增加，所以在压缩时要综合考虑音频质量、数据压缩率和计算量 3 个方面的因素。

常用的有损压缩方法有脉冲编码调制（Pulse Code Modulation，PCM）法和 MPEG（Moving Picture Experts Group）音频压缩法等。其中 PCM 法的一个典型应用就是 Windows 中的 WAVE 文件，这类编码方法的音质特别好，但数据量很大。而 MPEG 音频压缩法的典型应用当属 MP3 音乐的制作，其音质接近 CD，但文件大小仅为 CD 的十二分之一。

数字音频的诞生给音频传输带来了革命性的变化。因为模拟信号在复制和传输过程中会逐渐衰减，并且混入噪声，信号的失真比较明显。而数字信号在复制与传输过程中具有很高的保真度。

4.1.3 数字音频的分类

根据多媒体计算机产生数字音频方式的不同，可将数字音频划分为 3 类：波形音频、MIDI 音频和 CD 音频。

1. 波形音频

波形音频是通过录制外部音源，由音频卡采样、量化后存盘而得到的数字音频（常见的如 WAV 格式的文件）。这是多媒体计算机获取声音的最直接、最简便的方式。波形音频重放时，由音频卡将数字音频信号还原成模拟音频信号，经混音器混合后由扬声器输出。图 1-4-3 所示的是波形音频输入与输出的简化过程。

话筒等（模拟声音源） $\xrightarrow[\text{采样、量化、编码}]{\text{声卡（A/D 转换）}}$ 磁盘上的数字音频 $\xrightarrow[\text{解码}]{\text{声卡（D/A 转换）}}$ 扬声器

图 1-4-3　波形音频的输入与输出过程

2. MIDI 音频

● MIDI 是 Musical Instrument Digital Interface（乐器数字接口）的缩写。MIDI 是数字音乐的国际标准，它规定了设备（如计算机、电子乐器等）间相互连接的硬件标准和通信协议。

MIDI 音频与波形音频的产生方式完全不同，它是将电子乐器键盘的弹奏信息（键名、力度、时间值长短等）记录下来，以 MID 文件格式存储在计算机硬盘上。这些信息称为 MIDI 消息，是乐谱的一种数字描述。MIDI 音频播放时，多媒体计算机通过音频卡上的合成器，从相应的 MIDI 文件中读出 MIDI 消息，生成所需的乐器声音波形，经放大后由扬声器输出。

MIDI 音频文件中记录的是一系列指令，而不是波形信息，它对存储空间的需求要比波形音频小得多。

数字式电子乐器的出现与不断改进，为计算机作曲创造了极为有利的条件。图 1-4-4 所示的是一个 MIDI 音乐创作系统的示意图。

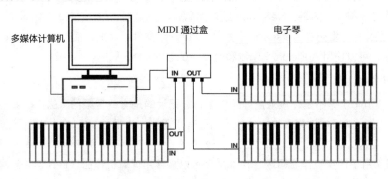

图 1-4-4　MIDI 音乐创作系统示意图

3. CD 音频

CD 音频是以 44.1 kHz 的采样频率、16 位的量化位数将模拟音乐信号数字化得到的立体声音频，以音轨的形式存储在 CD 上，文件格式为 .cda。CD 音频记录的是波形流，是一种近似无损的音频格式，它的声音基本上是忠于原声的。

4.1.4　常用的音频文件格式

数字音频是用来表示声音强弱的二进制数据系列，其压缩编码方式决定了数字音频的格式。一般来说，不同的数字音频设备对应着不同的音频文件格式，这些文件格式又分为有损压缩格式（MP3、RA等）和无损压缩格式（MIDI、WAV 等）。

1. WAV 格式

WAV 格式是微软公司开发的一种无损压缩的音频文件格式，被 Windows 平台及其应用程序广泛支持。WAV 格式支持多种压缩算法，支持多种采样频率、量化位数和声道数。几乎所有的音频编辑软件都"认识"WAV 格式，多数音频卡都能以 16 位的量化精度、44.1 kHz 的采样频率录制和播放 WAV 格式的音频文件。其优点是音质好，与 CD 相差无几，能够重现各种声音；缺点是文件数据量太大，不适合长时间记录。

2. MP3 格式

MP3 格式诞生于 20 世纪 80 年代的德国，采用 MPEG 有损压缩技术，是目前广泛使用的数字音频格式。其音质接近 CD，但文件大小仅为 CD 音频的十二分之一。现在多数多媒体信息创作软件都支持MP3 格式，因特网也使用 MP3 格式进行音频信号的传输。

MP3 格式能够保持声音的低频部分基本不失真，同时牺牲声音中 12 kHz ~ 16 kHz 的高频部分以换取较小的文件存储量。其缺点是没有版权保护技术（也就是说谁都可以用）。

3. WMA 格式

WMA（Windows Media Audio）格式由微软公司开发，其音质强于 MP3 格式（音质好的可与 CD 音频相媲美），但数据压缩率更高，可达到 1 ：18。WMA 格式不仅可以内置版权保护技术（MP3 格式做不到），还支持音频流技术，因此比较适合在网络上使用。使用 Windows Media Player 就可以播放WMA 格式的音乐，而 7.0 以上版本的 Windows Media Player 具有把 CD 音频转换为 WMA 文件的功能。

4. AU 格式

AU 格式（.au）是 UNIX 操作系统下的音频文件格式，是网络上广泛应用的数字音频格式。AU 音频不仅压缩率高，而且音质好（音质可与 WAV 格式相媲美，但文件数据量要小得多），因此非常适合在网络上使用。尤其值得注意的是，Netscape 或其他 WWW 浏览器（Browser）都内置了 .au 播放器，却不支持 .wav 音频文件（要想在 Netscape 里播放 .wav 音频文件，需下载插件）。支持 .au 音频文件的音频处理软件不多，可以使用 Audition 来录制和处理 .au 音频文件。

5. MIDI 格式

MIDI 文件（.mid）并不是一段录制好的声音，它记录的是有关音频信息的指令而不是波形，因此文件数据量非常小；其播放效果因软硬件的不同而有所差异。当播放 .mid 文件时，计算机将其中记录音频信息的指令发送给音频卡，音频卡中的合成器按照指令将乐器声音波形合成出来。

MIDI 音频常用于计算机作曲领域。.mid 文件可以直接用计算机作曲软件创建并编辑，或通过声卡的 MIDI 接口将外接电子乐器演奏的乐曲指令记录在计算机中，再将其存储为 .mid 文件。MIDI 音频是作曲家的最爱。

6. CD 格式

这是大家都很熟悉的音频格式，其文件扩展名为 cda，是目前音质最好的数字音频格式之一。.cda 文件中记录的只是声音的索引信息，其大小只有 1KB。因此，不能将 CD 光盘上的 .cda 文件直接复制到计算机硬盘上播放。可使用一些软件（如超级解霸、Windows 的媒体播放机等）将 .cda 文件转换成 .wav 和 .wma 等格式的文件再进行播放。CD 光盘可以在 CD 机中播放，也可以借助 Windows 的媒体播放机等进行播放。

标准 CD 音频的采样频率为 44.1 kHz，传输速率 88 Kbit/s，量化位数 16。CD 音频近似无损，音效基本忠于原声。

7. RealAudio 格式

RealAudio 是一种流媒体音频格式，主要用于网络在线音乐欣赏和网络广播，可通过 RealPlayer 等进行播放。目前主要有 .rm、.ra 等文件格式。RealAudio 格式可以根据网络用户的不同带宽提供不同的音频播放质量，在保证低带宽用户享有较好的播放质量的前提下，使高带宽用户获得更好的音质。同时，RealAudio 格式还可以根据网络传输状况的变化随时调整数据的传输速率，以保证不同用户媒体播放的平滑性。

RealAudio 音频的生成软件在对声音源文件进行压缩编码时，丢弃了人耳不敏感的频率极高与极低的声音信号，从而获得理想的压缩率；同时根据不同的音质要求，其保留了较为完整的典型音频范围，且能够提供纯语音、带有背景音乐的语音、单声道音乐和立体声音乐等多种不同的声音质量。

4.1.5　常用的音频编辑软件

数字音频的编辑处理主要包括录音、存储、剪辑、去除杂音、添加特效、混音与合成、格式转换等操作。常用的音频处理软件有 Ulead Audio Editor、Audition、Cakewalk、Samplitude 2496 等。

1. Ulead Audio Editor

Ulead Audio Editor 是一款准专业的单轨音频编辑软件，是友立（Ulead）公司开发的数码影音套装软件包 Media Studio Pro 中的软件之一，不仅可以录音，还拥有丰富多彩的音频编辑功能和多种音频特效。Audio Editor 学习起来非常便捷。除了 Audio Editor 之外，Media Studio Pro 软件包还包括 Video Editor（视频编辑）、Video Capture（视频捕获）等软件。

2. Audition

Audition 可提供专业的音频编辑环境，主要使用人群为音频和视频从业人员，其前身是美国 Syntrillium 软件公司开发的 Cool Edit Pro（被 Adobe 收购后，改名为 Adobe Audition）。Audition 使用简便，功能强大，具有灵活的工作流程，能够高质量地完成录音、编辑、添加特效、合成等多种任务。

3. Cakewalk

Cakewalk 是由美国 Cakewalk 公司开发的一款专业的计算机作曲软件，功能强大，学习方便，主要用于编辑、创作、调试 MIDI 格式的音乐，在全世界拥有众多的用户。

2000 年之后，Cakewalk 向着更加强大的音乐制作工作站的方向发展，并更名为 Sonar。Sonar 能够更好地编辑和处理 MIDI 文件，并在录音、编辑、缩混方面得到了长足的发展。2007 年发布的 Sonar 7.0 已经可以完成音乐制作中从前期 MIDI 制作到后期音频处理、CD 刻录的全部任务，同时还可以处理视频文件。

Cakewalk Sonar 目前已经成为世界上最著名的音乐制作工作站软件之一。

4. Samplitude 2496

Samplitude 2496 是一款由德国 SEKD 公司出品的非常专业的数字音频工作站型软件，其功能几乎覆盖音频制作与合成的各个领域，被誉为"音频合成软件之王"。

Samplitude 2496不仅是世界上第一个支持24 bit的量化精度、96 kHz的高采样频率和无限轨超级缩混的音频编辑软件，更重要的是它采用了独特、精确的内部算法，因此在音质和功能上遥遥领先于其他同类PC软件，被国内外的专业录音人士广泛使用，成为PC上多轨音频编辑软件的绝对权威。

Samplitude 2496的主要功能包括多轨录音、波形编辑、母盘制作和CD刻录等。拥有专业调音台和信号处理器工具，一台安装有Samplitude 2496的计算机，加上数字音频卡、监听设备、CD刻录机以及话筒、（硬件）调音台等前端设备，就构成了一个完整的音乐工作室。

4.2 Audition 音频编辑技术

Audition是美国Adobe公司旗下的一款专业的音频处理软件，其主要功能包括录音、混音、音频编辑、效果处理、消除噪声、音频压缩与CD刻录等。

4.2.1 工作界面的基本设置

Adobe Audition提供了3种专业的视图，即波形视图、多轨视图与CD视图，分别针对音频的单轨编辑、多轨合成与CD音频制作。

启动Audition 2020，其工作界面如图1-4-5所示。

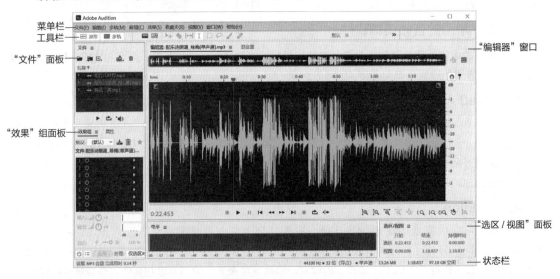

图1-4-5 波形视图下的Audition 2020工作界面

1. 视图切换

选择"视图"菜单顶部的"多轨编辑器""波形编辑器""CD编辑器"命令，可以方便地在多轨视图、波形视图和CD视图之间切换。

2. 界面元素的显示与隐藏

（1）工具栏

工具栏提供了用于音频编辑的多种基本工具、"波形"与"多轨"视图切换按钮、"工作区"切换选项等。默认设置下，工具栏紧靠在菜单栏的下面。使用菜单命令"窗口丨工具"可以显示或隐藏工具栏。

通过"窗口"菜单，还可以控制其他各类面板的显示和隐藏。

（2）状态栏

状态栏位于 Audition 工作界面的底部，显示了当前工作环境下的各类信息。使用菜单命令"视图 I 状态栏 I 显示"，可以显示或隐藏状态栏。使用"视图 I 状态栏"下的其他命令，或状态栏的右键菜单命令，可以设置状态栏上显示的信息类型。

3. 视图缩放

放大视图可以查看音频波形的细节，缩小视图可以预览音频波形的全貌。单击"编辑器"窗口右下角的各缩放按钮可以对音频波形进行多种形式的缩放。

这些缩放按钮的作用如下。

- "放大（振幅）"按钮 🔍：在垂直方向上放大音频波形。
- "缩小（振幅）"按钮 🔍：在垂直方向上缩小音频波形。
- "放大（时间）"按钮 🔍：在水平方向上放大音频波形。
- "缩小（时间）"按钮 🔍：在水平方向上缩小音频波形。
- "全部缩小"按钮 🔍：在编辑视图下最大化显示全部音频波形，或在多轨视图下最大化显示整个会话。
- "放大入点"按钮 🔍：以选区左边缘（入点）为基准水平放大音频波形（不管放大多少倍，选区左边缘始终显示在"编辑器"窗口中）。
- "放大出点"按钮 🔍：以选区右边缘（出点）为基准水平放大音频波形（不管放大多少倍，选区右边缘始终显示在"编辑器"窗口中）。
- "缩放至选区"按钮 🔍：缩放选区，使其恰好充满整个"编辑器"窗口。
- "缩放至时间"按钮 🔍：在水平方向上将规定时间内的音频波形放大到充满"编辑器"窗口。
- "缩放所选音轨"按钮 🔍：多轨视图下，在垂直方向上放大所选音轨，使其充满"编辑器"窗口。再次单击该按钮可恢复到初始状态。

选择菜单命令"窗口 I 缩放"，利用打开的"缩放"面板同样可以对音频波形进行上述缩放操作。

4. 滚动视图

当视图放大到一定倍数或多轨会话中轨道过多，以至于"编辑器"窗口中无法显示全部音频波形或会话内容时（见图 1-4-6），可通过拖动滚动条，查看波形或会话的隐藏部分。

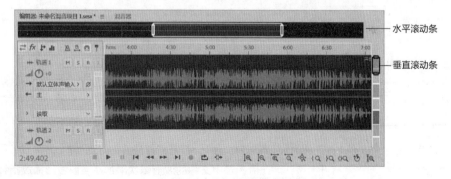

图 1-4-6 滚动视图

5. 调整窗口的亮度

选择菜单命令"编辑 I 首选项（Preferences）I 外观"，打开"首选项"对话框。用户可以根据个人喜好，利用"常规"选项卡中的相关选项，调节工作界面的明暗度。另外，利用"编辑器面板"选项卡，可以自定义"编辑器"的颜色。

6. 自定义工作空间

在 Audition 中，拖动各面板的标签，可以将不同面板进行重新组合。拖动面板间的分隔线，可以调整面板所占用的空间大小。通过"窗口"菜单中的相关命令，可以根据需要打开或关闭一些面板。也可以利用"视图"菜单，改变时间、视频及状态栏等的显示方式。通过上述操作，能够形成个性化的工作空间。

使用菜单命令"窗口|工作区|另存为新工作区"可以将自定义的工作空间保存起来，使自定义工作空间的名称出现在"窗口|工作区"菜单下，以便随时调用。

使用菜单命令"窗口|工作区|重置为已保存的布局"，可恢复当前工作区的初始布局。

4.2.2 文件的基本操作

1. 音频文件基本操作

（1）新建空白音频文件

选择菜单命令"文件|新建|音频文件"，打开"新建音频文件"对话框（见图 1-4-7）。设置"采样率""声道""位深度"等参数，单击"确定"按钮。此时"编辑器"窗口中显示出新建文件的空白波形，同时新建文件出现在"文件"面板中。

（2）打开音频文件

使用菜单命令"文件|打开"可打开 .wav、.mp3、.wma 等多种类型的音频文件。

（3）附加音频

所谓附加音频，就是将一个或多个音频按顺序附加在当前打开的音频波形的后面，或新建音频文件中。附加音频是在波形视图中进行的，操作方法如下。

● 选择菜单命令"文件|打开并附加|到新建文件"，打开"打开并附加到新建文件"对话框（见图 1-4-8）。选择一个或多个音频文件，单击"打开"按钮。此时，打开的一个或多个音频依次附加在新建的音频文件中。

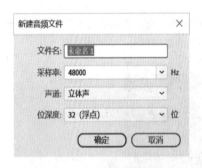

图 1-4-7　设置新建音频文件的属性

图 1-4-8　"打开并附加到新建文件"对话框

● 选择菜单命令"文件|打开并附加|到当前文件"，打开"打开并附加到当前文件"对话框，选择一个或多个音频文件，单击"打开"按钮。此时，选中文件的波形依次附加在当前波形播放指针的后面。

（4）保存音频文件

在波形视图下，可使用"文件|保存"和"文件|另存为"等命令保存当前音频文件。Audition 能够保存的音频文件类型包括 .wav、.mp3、.wma 和 .aif 等。

2. 会话文件基本操作

（1）新建会话文件

选择菜单命令"文件|新建|多轨会话"，打开"新建多轨会话"对话框（见图 1-4-9）。输入会话

名称，选择文件保存位置，选择一种文件模板，或自定义文件的采样率、位深度和主控音轨类型。单击"确定"按钮即可创建一个新的会话文件。

（2）在会话中插入音频素材

选择会话文件的一个轨道，并将播放指针定位于要插入音频素材的位置（见图 1-4-10）。采用下列方法之一，将音频素材插入会话文件的指定轨道中播放指针的后面。

图 1-4-9　"新建多轨会话"对话框

图 1-4-10　定位播放指针

● 使用菜单命令"多轨 | 插入文件"将音频插入所选轨道的指定位置（插入的音频同时出现在"文件"面板中）。

● 首先选择菜单命令"文件 | 导入 | 文件"（或单击"文件"面板上的"导入文件"按钮 ）将音频文件导入"文件"面板，再单击"文件"面板上的"插入到多轨混音中"按钮 ，将音频文件插入所选轨道的指定位置。

当插入会话轨道的音频文件与会话文件的采样率不同时，Audition 会提示进行重新采样，并生成音频文件的副本。

（3）保存会话文件

在多轨视图下，使用菜单命令"文件 | 保存"或"另存为"可以将会话文件保存起来（文件格式为 .sesx）。

会话文件仅保存了轨道上素材的插入位置、在素材上添加的效果、包络编辑及素材文件的路径等数据，本身并不包含音频素材的原始数据，只是一个混音与合成的框架，所以会话文件所需的存储空间比较小。

（4）导出音频文件

在多轨视图下，使用菜单命令"文件 | 导出 | 多轨混音 | 整个会话"，可将整个会话文件混缩输出到 .wav、.mp3、.wma 等格式的音频文件中。

4.2.3　录音

首先根据当前计算机的配置，从声音 CD、麦克风、立体声混音、MIDI 合成器等设备中选择一种录音设备。这里以麦克风为例介绍声音录制的全过程。

1. 准备工作

STEP 1 将麦克风与计算机声卡的 Microphone 输入接口正确连接。

STEP 2 在"声音"对话框的"录制"选项卡中将所用麦克风设置为默认设备（见图 1-4-11）。

STEP 3 在设置为默认录音设备的"麦克风"选项上右击，从弹出的菜单中选择"属性"命令，打开"麦克风 属性"对话框，在"级别"选项卡（见图 1-4-12）中将音量调整到合适大小。依次单击"确定"按钮，关闭"麦克风 属性"对话框和"声音"对话框。

图 1-4-11 "声音"对话框

图 1-4-12 "麦克风 属性"对话框

STEP 启动 Audition 2020，选择"编辑 | 首选项 | 音频硬件"菜单命令，打开"首选项"对话框（见图 1-4-13），将默认输入设备设置为麦克风，将默认输出设备设置为扬声器。

2．在波形视图下录音

STEP 在 Audition 2020 中新建音频文件（采用默认设置）。

STEP 单击"编辑器"窗口底部的"录制"按钮●，开始录音。录音完毕后，单击"停止"按钮■即可。此时在"编辑器"窗口中可以看到录制的音频波形。

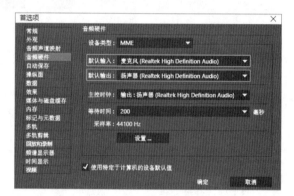

图 1-4-13 "首选项"对话框

提示

使用鼠标右键单击"编辑器"窗口底部的以下按钮，可打开对应的菜单，以设置按钮选项。

- 右击"快进"按钮和"快退"按钮，可以设置快进和快退的速度。
- 右击"录制"按钮，可以选择"定时录制模式"。在该模式下单击"录制"按钮可打开"定时录制"对话框，以便预先设置录音的时间长度和开始录音的时间（见图 1-4-14）。

3．在多轨视图下录音

在多轨视图下录音时，可以听到其他轨道上音频的声音。

STEP 在 Audition 2020 中新建会话文件（采用默认设置）。

STEP 在"编辑器"窗口中要进行录音的轨道上选择"录音准备"按钮Ｒ（单击后变为红色），开启轨道录音功能。

图 1-4-14 "定时录制"对话框

STEP 单击"编辑器"窗口底部的"录制"按钮●，开始录音。录音完毕后，单击"停止"按钮■即可。此时在录音轨道上可以看到录制好的音频波形。

4.2.4 波形视图下音频的编辑

波形视图又称单轨视图，用于编辑与修改单个音频文件。操作过程一般为：打开音频 → 修改音频 → 添加效果 → 存储音频文件。音频编辑主要包括波形的选择、复制、剪切、粘贴和删除，改变音量大小，淡入、淡出处理，静音处理，音频翻转等操作。

1. 选择音频波形

要编辑音频波形，必须先选择音频波形，操作要点如下。

● 在音频波形上双击可选择波形的可视区域。

● 在音频波形上三击或选择菜单命令"编辑 I 选择 I 全选"（组合键 Ctrl+A），可选择整个波形。

● 将鼠标指针置于音频波形上，按住鼠标左键并左右拖动鼠标，可选择鼠标指针经过的所有波形。

● 使用"选区 / 视图"面板可精确选择音频波形，如图 1-4-15 所示。

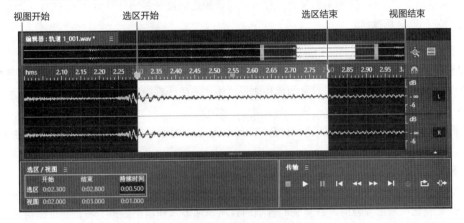

图 1-4-15　精确选择音频波形

● 将鼠标指针定位于选中波形的左 / 右边缘上（鼠标指针变成 ↔ 形状），按住鼠标左键并左右拖动鼠标可增减选择范围。

● 在音频波形的任意位置单击可取消波形选区。

2. 选择声道

默认设置下，音频的编辑操作同时作用于立体声音频的左右两个声道。有时需要启用其中一个声道，并对其中的波形进行编辑（见图 1-4-16）。启用单个声道的方法如下。

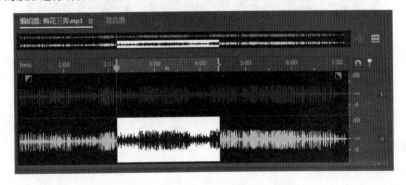

图 1-4-16　选择右声道部分波形进行编辑

● 使用菜单"编辑 I 启用声道"下的"L: 左侧""R: 右侧""所有声道"。菜单中勾选的命令所对应的声道就是启用的声道。

- 默认设置下，立体声音频的左右两个声道都是启用的。在"编辑器"窗口中，对应左右声道波形的右侧有两个按钮：左声道启用开关按钮 **L** 与右声道启用开关按钮 **R**。在不需要启用的声道开关按钮上单击即可。

3. 复制、剪切与粘贴音频

复制、剪切与粘贴音频是音频编辑中经常使用的一组操作，操作要点如下。

- 选择要复制或剪切的音频。
- 选择菜单命令"编辑|复制"或按组合键 Ctrl+C 可复制音频（若复制的是整个音频，也可以不选择）。选择菜单命令"编辑|剪切"或按 Ctrl+X 组合键可剪切音频。
- 选择菜单命令"编辑|粘贴"或按组合键 Ctrl+V 粘贴音频，则复制或剪切的音频插入播放指针的右侧。粘贴前若选择了目标音频的一部分，则复制或剪切的音频将替换选中的音频。

选择菜单命令"编辑|复制到新文件"可直接将音频选区复制并粘贴到新建文件中，而无须对选中的音频进行复制或剪切操作。

4. 混合粘贴

"混合粘贴"命令可将剪贴板中的波形或其他音频文件的波形（源波形）与当前波形（目标波形）以指定的方式进行混合。如果进行混合的两种波形的格式不同，则在混合粘贴时源波形将自动转换成与目标波形一致的格式。

选择菜单命令"编辑|混合粘贴"，打开"混合式粘贴"对话框（见图1-4-17）。其中主要选项作用如下。

- 音量：设置混合时复制的音频与现有音频的音量大小。
- 粘贴类型：选择波形的混合方式。
- 交叉淡化：波形混合时，在复制的音频的首尾添加淡入和淡出效果。右侧数值框用来设置淡入和淡出效果的时间长短。
- 音频源：选择复制的音频的来源。
- 循环粘贴：指定粘贴的次数。

图1-4-17 "混合式粘贴"对话框

5. 删除音频

删除音频的操作要点如下。

- 选择要删除的音频。
- 选择菜单命令"编辑|删除"或按 Delete 键可删除选中的音频。若删除的是音频中间的一部分，剩余的音频将自动首尾连接起来。

- 若选择菜单命令"编辑 | 裁剪",则保留选中的音频,删除未选的音频。

6. 可视化淡入与淡出

与使用"效果"菜单中的命令进行淡化处理相比,Audition 的可视化淡入与淡出功能的控制效果更为直观且高效,操作要点如下。

- 沿水平方向向内侧拖动淡化控制图标,可进行线性淡化,如图 1-4-18(b)所示。
- 向右下 / 右上拖动淡入控制图标,或者向左下 / 左上拖动淡出控制图标,可进行指数或对数淡化,如图 1-4-18(c)和图 1-4-18(d)所示。
- 按住 Ctrl 键不放,同时向内侧拖动淡化控制图标,可进行余弦淡化,如图 1-4-18(e)所示。

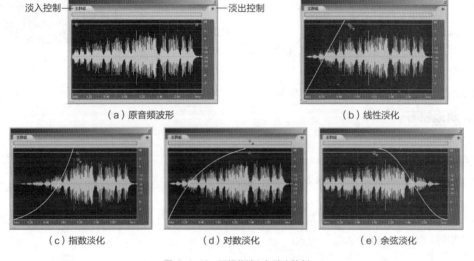

（a）原音频波形　　　　　　　　　　　（b）线性淡化

（c）指数淡化　　　　　　（d）对数淡化　　　　　　（e）余弦淡化

图 1-4-18　可视化淡入与淡出控制

7. 可视化调整振幅

与可视化淡入与淡出功能类似,Audition 对音频波形的振幅也可以进行可视化控制,同样比使用"效果"菜单中的命令进行振幅控制更加直观、方便。操作要点如下。

- 选择菜单命令"视图 | 显示 HUD",在波形上方显示出振幅控制图标（见图 1-4-19）。
- 将鼠标指针放置在振幅控制图标上,按住鼠标左键向上或向右拖动鼠标,振幅增大;向下或向左拖动鼠标,振幅减小。

图 1-4-19　振幅的可视化控制

- 在存在选区的情况下,振幅控制仅对所选波形有效,否则对整个波形都有效。

8. 静音处理

所谓静音就是听不到任何声音（即振幅为 0）。有关静音的操作如下。

（1）插入静音

将播放指针定位于波形上要插入静音的位置。选择菜单命令"编辑 | 插入 | 静音",打开"插入静音"对话框,输入静音的持续时间,单击"确定"按钮。

（2）将音频转换为静音

选择要转换为静音的音频波形,选择菜单命令"效果 | 静音",或右击所选音频,在弹出的菜单中

选择"静音"命令，可将选区内的音频转换为静音。

在音频的处理中，可采用这种方式去除音频中的杂音。

9. 音频格式转换

使用"编辑 | 变换采样类型"菜单命令可以转换音频的采样率、量化位数（即位深度）和声道等属性。在进行声道转换时，对于立体声和 5.1 声道，还可以设置左右声道混入音量的大小。"变换采样类型"对话框如图 1-4-20 所示。

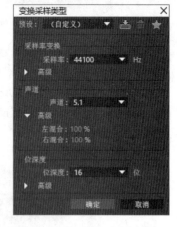

图 1-4-20 "变换采样类型"对话框

4.2.5 多轨视图下的混音与合成

在多轨视图下，可以将多个音频文件分别放在不同的轨道上，按需进行编排，添加效果，最终混缩输出。操作过程一般为：新建会话 → 导入或录制音频素材 → 编排素材 → 添加效果 → 存储会话源件 → 输出混缩音频。

下面介绍多轨视图下音频编辑的基本操作，包括轨道控制、素材管理和编辑等。

1. 轨道控制

（1）添加与删除轨道

多轨视图下的轨道包括音频轨道、视频轨道、总音轨、主控音轨等。添加与删除轨道的操作方法如下。

- 使用"多轨 | 轨道"下的相关命令添加不同类型的轨道。
- 右击轨道，通过弹出的菜单添加不同类型的轨道，如图 1-4-21 所示。
- 选择要删除的轨道，选择菜单命令"多轨 | 轨道 | 删除所选轨道"，或右击轨道，在弹出的菜单中选择"轨道 | 删除已选择的轨道"命令。

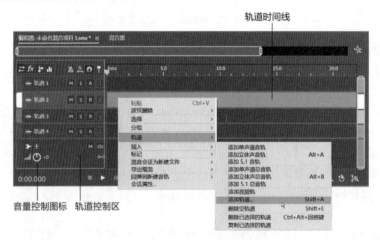

图 1-4-21 多轨视图下的"编辑器"窗口

（2）控制轨道输出音量

在"编辑器"窗口的轨道控制区（见图 1-4-21）中，拖动音量控制图标 可调节音量。也可在音量控制图标的数字标记 +0 上单击，直接输入音量的数值。

（3）设置轨道静音与独奏

在"编辑器"窗口的轨道控制区，选择"静音"按钮 M，可将对应的轨道设置为静音；选择"独奏"按钮 S，可将其他轨道静音，只播放该轨道的音频。

要取消轨道的静音或独奏状态，可再次单击"静音"按钮或"独奏"按钮。

2. 素材编辑与管理

在多轨视图的轨道上插入音频素材后，会形成一个个素材片段，对这些素材的管理主要包括选择、移动、复制、删除、裁切、变速、组合、锁定、分割与合并、重叠等操作。

（1）选择与移动素材

● 在工具栏中选择移动工具 或时间选择工具 ，在"编辑器"窗口的轨道素材上单击可选择单个素材；按住 Ctrl 键同时在其他素材上单击可加选素材。

● 在"编辑器"窗口中选择时间选择工具 ，将鼠标指针置于轨道素材上（波形的上方或下方靠近波形的地方），按住鼠标左键沿水平方向拖动鼠标，可选择该素材上鼠标指针经过的区域。

● 在"编辑器"窗口中选择一个轨道，选择菜单命令"编辑|选择|所选轨道内的所有剪辑"，可选中所选轨道上的全部素材。

● 在多轨视图中，使用菜单命令"编辑|选择|全选"（或按 Ctrl+A 组合键）可选中所有轨道上的素材。

● 在"编辑器"窗口，使用移动工具 可在同一轨道或不同轨道之间拖移素材。

（2）复制素材

在 Audition 多轨视图中，常用的复制轨道素材的方法有以下几种。

● 在"编辑器"窗口中选择要复制的素材，选择菜单命令"编辑|复制"（或按 Ctrl+C 组合键）；选择目标轨道，选择菜单命令"编辑|粘贴"（或按 Ctrl+V 组合键），可将素材粘贴到所选轨道播放指针的右侧。

● 在"编辑器"窗口中选择移动工具 ，在要复制的素材上按住鼠标右键并将其拖动到目标位置，然后松开鼠标，在弹出的菜单中选择相应的复制命令（见图 1-4-22）。

√ 复制到当前位置：进行关联复制，这种方法可节约磁盘空间，但若修改了源素材文件，则所有的副本都将随之更新。

图 1-4-22 复制素材

√ 唯一复制到当前位置：进行独立复制，这种方法不节省磁盘空间，源素材文件的修改不会影响到其他副本。

（3）删除素材

在 Audition 多轨视图中，选择菜单命令"编辑|删除"或按 Delete 键，可删除所选轨道素材。此时，"文件"面板中仍有被删素材的原始文件。

（4）裁切素材

裁切素材是音频和视频编辑的常用操作。在 Audition 多轨视图中，有以下不同的音频素材的裁切方法。可根据不同的需要，选择不同的方法。

● 鼠标拖动方式。选择待裁切的素材，将鼠标指针放置在素材的左右边缘上，鼠标指针变成 、 和 形状中的一种，按住鼠标左键沿箭头指向水平拖动鼠标，可对素材进行裁切。在拖动鼠标延长素材长度时，素材最终的长度不能超过其原始素材的长度。

● 菜单命令方式。选择时间选择工具 ，将鼠标指针置于轨道素材上，按住鼠标左键并拖动鼠标，选择该素材和鼠标指针经过的区域（见图 1-4-23）；选择菜单命令"剪辑|修剪|修剪到时间选区"，可以裁切掉素材上选区左右两侧的部分（见图 1-4-24），与按 Delete 键的操作结果相反。

（5）音频变速

选择菜单命令"剪辑|伸缩|启用全局剪辑伸缩"，此时轨道上每个素材的左上角和右上角都会出现白色三角形图标（见图 1-4-25），将鼠标指针放置在白色三角形图标上，当鼠标指针变成 形状时，左右拖动鼠标，可对素材进行伸缩变速处理（操作完成后，素材左下角会显示伸缩的百分比，大于

100%表示减速，小于100%表示加速）。

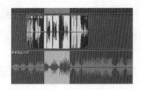

图1-4-23　建立选区

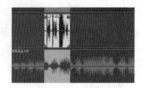

图1-4-24　修剪素材

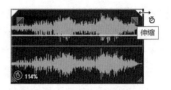

图1-4-25　启用素材伸缩模式

在波形视图中，可以使用菜单命令"效果 | 时间与变调 | 伸缩与变调（处理）"对音频进行变速处理。

（6）组合与取消组合素材

将多个轨道素材组合后，可以对它们进行统一操作与管理。组合与取消组合素材的方法如下。

● 选择要组合的多个素材，选择菜单命令"剪辑 | 分组 | 将剪辑分组"，也可以右击素材，在弹出的菜单中选择同样的命令，或按Ctrl+G组合键。

● 选择组合后的素材，选择菜单命令"剪辑 | 分组 | 取消分组所选剪辑"，或取消选择菜单命令"剪辑 | 分组 | 将剪辑分组"，可以取消组合。

（7）锁定与取消锁定素材

选择菜单命令"剪辑 | 锁定时间"，或者右击素材，在弹出的菜单中选择"锁定时间"命令，可锁定所选素材的水平位置（不可左右移动）。

选择被锁定的素材，取消选择菜单命令"剪辑 | 锁定时间"，可取消素材的锁定。

（8）分割与合并素材

在"编辑器"窗口，使用时间选择工具██在轨道素材上要分割的位置单击，选择该素材并将播放指针定位于此，选择菜单命令"剪辑 | 拆分"，或者右击素材，在弹出的菜单中选择相同的命令，可在播放指针位置将素材分割成前后相互独立的两部分。

此外，选择工具栏中的切断所选剪辑工具██，在轨道素材上单击，可以从单击点分割素材。

将不同的素材首尾相连地排列在一起，并选中这些素材，选择菜单命令"剪辑 | 合并剪辑"，或右击素材，在弹出的菜单中选择相同的命令，可将这些素材合并为一段素材。

（9）重叠素材

在多轨视图的同一轨道上，通过拖动鼠标可以使两段音频部分重叠，默认设置下（选择了"剪辑 | 启用自动交叉淡化"菜单命令），两段音频在重叠部分会出现交叉淡化过渡效果，如图1-4-26所示。

水平拖动素材，可以改变重叠过渡的时间。选中重叠素材之一，选择"剪辑 | 淡入"或"淡出"下的相应命令，可以修改过渡曲线的类型和属性。

图1-4-26　轨道内的素材重叠

4.2.6　添加音频效果

添加效果是音频处理的重要环节。在Audition中，使用"效果"菜单、"效果组"面板等可以为音频添加多种效果。波形视图下的效果添加是针对音频素材的，而多轨视图下的效果添加是针对整个轨道的。

1．在波形视图下添加效果

（1）使用"效果"菜单添加效果。

STEP ██ 在"编辑器"窗口中打开音频波形。建立要添加效果的波形选区（一般情况下，不

选或全选可为整个音频添加效果。个别效果除外，比如"效果|静音"等）。

STEP 2 在"效果"菜单中选择相应的命令为音频添加效果。此时如果弹出效果对话框，则根据需要设置相关参数，再依次单击"应用"和"关闭"按钮。

（2）使用"效果组"面板添加效果。

与使用"效果"菜单不同的是，"效果组"面板中共有 16 个插槽，每个插槽都可以加载一个效果；只要不单击面板左下角的"应用"按钮，添加效果后的波形原始数据就不会变，只在音频输出时才应用效果。每一个插槽左侧都有一个"切换开关状态"按钮 ⏻，单击该按钮，可随时停用或重新启用对应插槽的效果。但"效果组"面板不支持"处理"类效果（后面带有"（处理）"字样的效果命令），如"删除静音（处理）""标准化（处理）"等。

使用"效果组"面板添加效果的方法如下。

STEP 1 选择菜单命令"窗口|效果组"，打开"效果组"面板。如图 1-4-27 所示。

STEP 2 单击插槽右侧的三角形按钮 ▸，打开"效果"菜单，选择所需效果命令（见图 1-4-27），打开效果对话框，设置参数（见图 1-4-28，这里以"增幅"效果为例）。默认设置下对话框左下角的"切换开关状态"按钮 ⏻ 是打开的，在 Audition 的"编辑器"窗口可以试听当前参数设置的音频效果，满意之后关闭效果对话框。

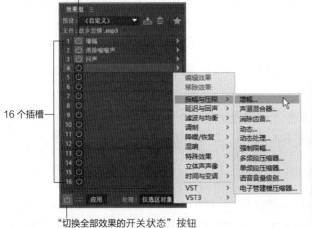

"切换开关状态"按钮

16 个插槽

"切换全部效果的开关状态"按钮

图 1-4-27　"效果组"面板

图 1-4-28　效果对话框

STEP 3 默认设置下，"效果组"面板左下角的"切换全部效果的开关状态"按钮是打开的。在 Audition 的"编辑器"窗口，可以试听加载了效果（"切换开关状态"按钮是打开的）的所有插槽的组合音频效果。

STEP 4 单击"效果组"面板左下角的"应用"按钮，可将效果应用到音频上，同时应用了效果的各插槽恢复到初始状态，以便重新加载效果。

2. 在多轨视图下添加效果

在多轨视图下，无论使用"效果"菜单，还是"效果组"面板为当前音频轨道添加效果，效果都会同时出现在（"编辑器"窗口）轨道控制区的效果插槽中。

单击"编辑器"窗口左上角的"效果"按钮 *fx*，切换到效果控制状态。在轨道控制区向下拖动当前轨道的下边缘，显示轨道效果槽（见图 1-4-29）。

图 1-4-29　在多轨视图下为轨道添加效果

与波形视图不同的是，在多轨视图下，"效果组"面板左下角无"应用"按钮，使用"效果"菜单打开的效果对话框中也没有"应用"与"关闭"按钮。

在多轨视图下，若要为轨道上的单个音频剪辑添加效果，可双击该音频剪辑，切换到波形视图，为其添加效果后再返回多轨视图。

4.2.7　视频配音

Audition 是一款专业的音频制作与配音软件，提供了比 Premiere 更为完善的视频配音环境。

1.　导入视频

选择菜单命令"文件 | 导入 | 文件"，或单击"文件"面板上的"导入文件"按钮🔲，可以将 AVI、MPEG、WMV、MP4、MOV 等类型的视频文件导入"文件"面板。视频导入后，会生成与源文件同名的视频和音频内容，如图 1-4-30 所示。

2.　将视频插入轨道

在多轨视图下，从"文件"面板中选择导入的视频文件，单击"文件"面板上的"插入到多轨混音中"按钮🔲，弹出图 1-4-31 所示的菜单。若选择"新建多轨会话"命令，则可将文件的视频部分插入新建会话的视频轨道，将音频部分插入新建会话的音频轨道（见图 1-4-32）；若选择其他命令，则可将视频文件插入已打开会话的视频和音频轨道。

图 1-4-30　导入视频

图 1-4-31　选择会话

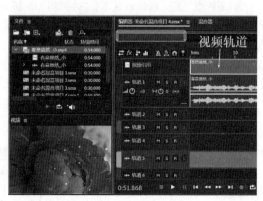

图 1-4-32　将视频插入轨道

单击"编辑器"窗口底部的"播放"按钮▶或按 Space 键，可在"视频"面板中浏览视频效果。如果不小心关闭了"视频"面板，可选择菜单命令"窗口 | 视频"将其打开。

3. 为视频配音

在多轨视图下，将要配音的音频素材插入音轨，按照前面介绍的操作对音频进行编辑或添加效果。必要时可双击轨道上的音频素材，切换到波形视图进行编辑。当然，也可以用麦克风即时录音来为视频配音。

4.2.8　CD 刻录

在波形视图下，选择菜单命令"文件 | 导出 | 将音频刻录到 CD"，可将单个音频文件刻录到 CD。要想一次刻录多个音频文件，可在 CD 视图下完成，方法如下。

1. 打开 CD 视图

选择菜单命令"视图 |CD 编辑器"或"文件 | 新建 |CD 布局"，可切换到 CD 视图。

2. 将音频插入 CD 轨道

在 CD 视图中，从"文件"面板选择要刻录到 CD 的音频文件，直接将其拖动到 CD 列表，会生成 CD 轨道，如图 1-4-33 所示。

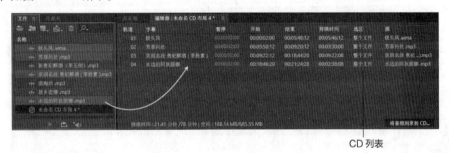

CD 列表

图 1-4-33　将音频插入 CD 轨道

3. 编辑 CD 列表

编辑 CD 列表的要点如下。

- 选择音轨。单击可选择单个音轨，按住 Shift 键和 Ctrl 键单击可连续或间隔选择多个音轨。
- 音轨排序。通过上下拖移的方式可改变音轨的排列顺序。
- 移除音轨。按 Delete 键可删除选中的音轨。

4. 保存 CD 列表

选择菜单命令"文件 | 保存"或"文件 | 另存为"，可将 CD 列表中的音轨设置保存为 Audition CD 布局（.cdlx）格式的文件。必要时可重新打开 CD 布局文件，对其中的音轨列表进行编辑。

5. 刻录 CD

刻录 CD 的操作要点如下。

- 将空白 CD 光盘插入 CD 刻录机驱动器。
- 在 CD 视图中单击 `将音频刻录到 CD...` 按钮，打开"刻录音频"对话框。设置好相关选项，单击"确定"按钮，开始刻录。
- CD 刻录完毕后，从 CD 刻录机驱动器中取出 CD 光盘即可。

CD 音频的格式为 44.1 kHz、16 位和立体声，如果在 CD 列表中插入了不同格式的音频文件，刻录时会自动进行格式转换。

4.3 计算机绘谱

计算机绘谱就是以计算机为工具，用标准记谱法绘制出完美的乐谱。目前世界上最通用的两种记谱体系为五线谱与简谱。相应地，绘谱软件也分为五线谱绘谱软件和简谱绘谱软件两种。前者如芬兰人开发的 Sibelius，美国人开发的 Finale 与 Encore 等。后者如国产的 TT 作曲家、乐音及个人开发的作曲大师简谱版等。计算机绘谱是传统音乐艺术与新兴计算机技术相结合的产物。

4.3.1 TT 作曲家 1.2S（标准版）简介

TT 作曲家 1.2S（标准版）是一款集简谱编曲、自动伴奏和打印功能为一体的作曲软件，由中央音乐学院属下的中音公司研发，其主要功能如下。

- 可利用简谱方式进行音乐编配，能够选择内置的 100 种具有中国特色的伴奏风格。
- 通过导入和导出 MIDI 文件，可以与其他音乐软件配合，对乐曲进行再加工。
- 可将五线谱与简谱相互转换，绘制并输出高品质简谱乐谱，快速制作 MIDI 音乐。
- 具有歌词输入功能，可制作和打印中文歌曲。

TT 作曲家 1.2S（标准版）的主窗口如图 1-4-34 所示。

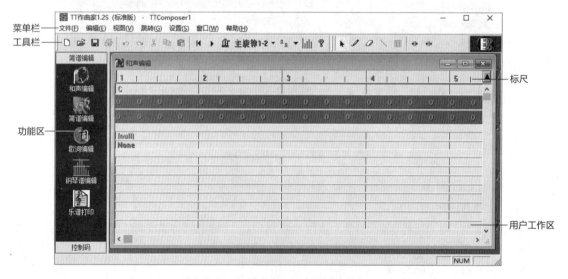

图 1-4-34 TT 作曲家 1.2S（标准版）的主窗口

4.3.2 TT 作曲家 1.2S（标准版）简谱绘谱实践

利用 TT 作曲家为南斯拉夫民歌《深深的海洋》（女声二重唱）绘制简谱。

STEP 1 启动 TT 作曲家 1.2S（标准版），在功能区中单击"简谱编辑"按钮，打开"简谱编辑"窗口（此时可关闭"和声编辑"窗口）。

STEP 2 选择菜单命令"设置I调号、拍号"，打开"设置调号、拍号"对话框，参数设置如图 1-4-35 所示。单击"确定"按钮关闭对话框。

说明：一般情况下，歌（乐）曲是从强拍开始的，但也有从弱拍或次强

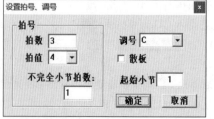

图 1-4-35 "设置拍号、调号"对话框

TT 作曲家 1.2S（标准版）简谱绘谱实践

拍开始的。从弱拍或次强拍开始的小节叫作弱起小节，或称为不完全小节。弱起小节的歌（乐）曲的最后结束小节也往往是不完全的，首尾相加其拍数正好相当于一个完全小节。如果歌（乐）曲从强拍开始，则"设置拍号、调号"对话框中的"不完全小节拍数"应设置为与"拍数"一致。

STEP 3 选择菜单命令"设置 | 小节数"，将小节数设置为 19。

STEP 4 在工具栏中单击 主旋律-1 ▼ 上的三角形按钮，从弹出的菜单中选择"主旋律（两轨）"命令。此时的"简谱编辑"窗口如图 1-4-36 所示。

STEP 5 在"简谱"窗口（见图 1-4-37）中单击音高按钮 0 与时值按钮 0（若"简谱"窗口未打开，可选择菜单命令"视图 | 简谱"将其打开）。

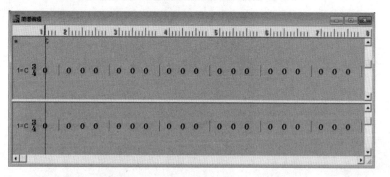

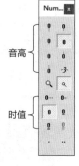

图 1-4-36　显示两轨的"简谱编辑"窗口　　　　　　　　　图 1-4-37　"简谱"窗口

STEP 6 在工具栏中选择选择工具 ，在"简谱编辑"窗口的上方窗格的空白处（距离标尺远一点的地方）单击，激活"主旋律 –1"轨道（窗格左上角出现符号 *）。

STEP 7 在标尺上对准第 1 小节（此处为不完全小节）音符的刻度线上单击，确定输入点（见图 1-4-36）。切换到英文输入法，在键盘上按数字键"5"输入音符"5"，此时标尺输入线自动跳转到下一个音符的位置（见图 1-4-38）。

STEP 8 在"简谱"窗口中单击音高按钮 0 与时值按钮 0–，在键盘上按数字键"3"输入音符"3–"。同样，在"简谱"窗口中单击音高按钮 0 与时值按钮 0，在键盘上按数字键"3"输入音符"3"。此时标尺输入线自动跳转到第 3 小节的起始音符位置（见图 1-4-39）。

　　　　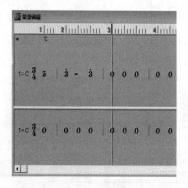

图 1-4-38　使用键盘输入音符"5"　　　　　　图 1-4-39　使用键盘输入音符"3"

STEP 9 仿照步骤 8，输入" 2 – 2 "。选择菜单命令"视图 | 符号 –1"，打开"符号 –1"窗口（见图 1-4-40），单击其中的倚音（装饰音）记号按钮 。在工具栏中单击"输入"按钮 ，在第 3 小节最后一个音符 的左上角单击，打开"设置装饰音"对话框，参数设置如图 1-4-41 所示。单击"确定"按钮。此时的"简谱编辑"窗口如图 1-4-42 所示。

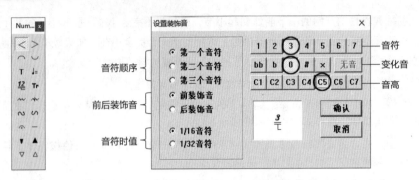

图 1-4-40 "符号-1"窗口　　　　　　　图 1-4-41 "设置装饰音"对话框

STEP 10 在"符号-1"窗口中单击连线记号按钮⌒，将鼠标指针定位在第3小节第一个音符 2 的上方，按住鼠标左键并拖动鼠标至第3小节最后一个音符 2 的上方，松开鼠标，结果如图 1-4-43 所示。

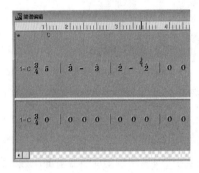

图 1-4-42 添加装饰音

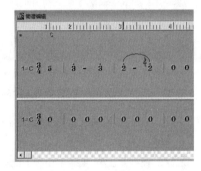

图 1-4-43 添加前装饰音及连线记号

STEP 11 选择菜单命令"视图|简谱"，再次打开"简谱"窗口（此时"符号-1"窗口自动关闭）。在工具栏中选择选择工具 ▶，在标尺上对准第4小节第1个音符的刻度线上单击以确定输入点。

STEP 12 在"简谱"窗口中单击音高按钮 0̇ 与时值按钮 0-，在键盘上按数字键"1"，结果如图 1-4-44（a）所示。在"简谱"窗口中单击音高按钮 0̇ 与时值按钮 0-，将标尺输入线定位在第5小节第1个音符的位置，在键盘上按数字键"1"，结果如图 1-4-44（b）所示。仿照步骤10输入连线记号，如图 1-4-44（c）所示。

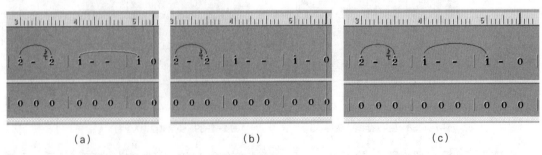

(a)　　　　　　　　　　(b)　　　　　　　　　　(c)

图 1-4-44 编辑第4小节~第5小节

STEP 13 打开"简谱"窗口，选择选择工具 ▶，继续输入后面的音符（见图 1-4-45）。

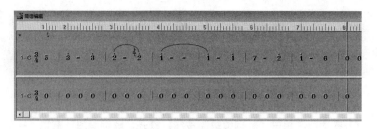

图 1-4-45　编辑第 5 小节～第 7 小节

STEP 14 打开"符号 -1"窗口，单击其中的倚音记号按钮 ⫯。单击"输入"按钮 ✐，在第 7 小节第一个音符 ⫯ 的左上角单击，打开"设置装饰音"对话框。先按图 1-4-46（a）所示设置参数，再按图 1-4-46（b）所示设置参数。单击"确定"按钮，结果如图 1-4-46（c）所示。

说明：如果添加的装饰音记号的位置不合适，可选择选择工具 ▶，拖动已添加好的装饰音记号，以改变它的位置。

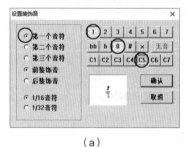
（a）

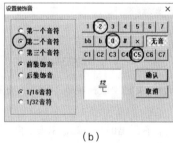
（b）

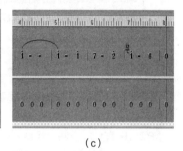
（c）

图 1-4-46　输入第 7 小节的装饰音记号

STEP 15 继续输入第 8 小节～第 9 小节的音符及连线记号，如图 1-4-47 所示。

STEP 16 选择选择工具 ▶，在第 9 小节～第 10 小节之间的小节线上单击鼠标右键，在打开的"小节线与反复记号"窗口中选择"前反复"记号 ‖:，结果如图 1-4-48 所示。

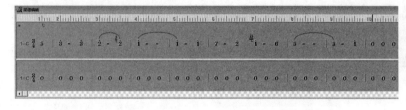

图 1-4-47　输入第 8 小节～第 9 小节的音符及连线记号

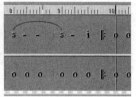

图 1-4-48　设置前反复记号

STEP 17 继续绘制"主旋律 -1"轨道上剩余的简谱符号，如图 1-4-49 所示。

STEP 18 选择选择工具 ▶，在"简谱编辑"窗口的下方窗格的空白处单击，以激活"主旋律 -2"轨道。按前面的操作方法绘制该民歌"主旋律 -2"轨道上的简谱符号（见图 1-4-50）。

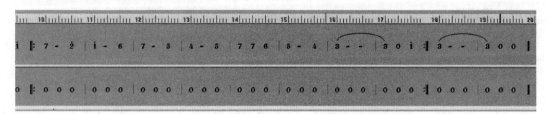

图 1-4-49　绘制"主旋律 -1"轨道上剩余的简谱符号

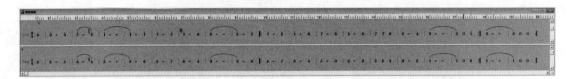

图 1-4-50　"主旋律 -2" 轨道上的简谱符号

STEP 19 在功能区单击"歌词编辑"按钮，打开"歌词编辑"窗口，在下方窗格的歌词输入窗中输入歌词，如图 1-4-51 所示。

说明：如果歌词与音符不对应，可通过添加空格进行调整。

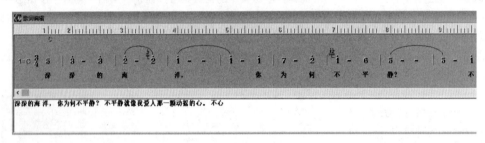

图 1-4-51　在歌词输入窗输入歌词

STEP 20 歌词输入完毕后，关闭"歌词编辑"窗口。此时的"简谱编辑"窗口如图 1-4-52 所示。

STEP 21 将标尺输入线定位在乐谱的开始处，单击工具栏中的"播放"按钮 ▶，试听声音效果。

STEP 22 在功能区单击"乐谱打印"按钮，打开"乐谱打印"窗口。利用工具栏中的"前页" 📄、"后页" 📄、"设置字体" 🅰、"增大行间距" 🔧 和"减小行间距" 🔧 等按钮可对打印版面进行调整。利用菜单命令"插入 | 插入文字"可以添加标题及其他文字。

STEP 23 使用菜单命令"文件 | 保存"保存文件。选择菜单命令"文件 | 打印预览"，打开"打印预览"窗口，单击其中的"打印"按钮将乐谱打印出来。

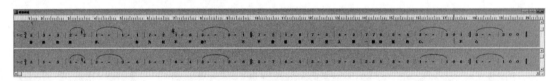

图 1-4-52　输入歌词后的"简谱编辑"窗口

习题与思考

一、选择题

1. CD 音频是以 44.1 kHz 的采样频率、16 位的量化位数将模拟音频信号数字化得到的立体声音频，以音轨的形式存储在 CD 上，其文件格式为＿＿＿＿＿＿。

    A．.cdl　　　　　　B．.mid　　　　　　C．.ra　　　　　　D．.cda

2. 以下软件不属于音频处理软件的是＿＿＿＿＿＿。

    A．Ulead Video Editor　　　　　　B．Audition

    C. Samplitude 2496   D. Cakewalk

3. 根据多媒体计算机产生数字音频方式的不同，可将数字音频划分为 3 类。以下哪一类除外_____。

    A. 波形音频   B. MIDI 音频   C. 流式音频   D. CD 音频

4. 影响数字音频质量的主要因素有 3 个，以下_____除外。

    A. 声道数   B. 振幅   C. 采样频率   D. 量化精度

5. Audition 提供了 3 种专业的视图，以下_____除外。

    A. 波形视图   B. CD 视图   C. 多轨视图   D. 浏览视图

6. 人耳不能感应到的声音的频率是_____。

    A. 1000 Hz   B. 10000 Hz   C. 50 Hz   D. 50000 Hz

7. 采样频率为 44.1 kHz、量化位数为 16 位的 2 分钟立体声音乐约占用_____磁盘存储空间。

    A. 21 MB   B. 24 MB   C. 25 MB   D. 26 MB

8. 以下_____不是影响数字音频质量的主要因素。

    A. 采样频率   B. 量化精度   C. 声波周期   D. 声道数

9. Audition 不能提供_____功能。

    A. 录音   B. 效果处理   C. 母盘制作   D. 合成

10. 以下类型的文件中，_____不属于音频文件格式。

    A. AU 格式   B. WMA 格式   C. CD 格式   D. DAT 格式

11. Audition 波形视图下主要完成_____的任务。

    A. 刻录编辑   B. 合成编辑   C. 多轨编辑   D. 单轨编辑

12. 以下音频格式中，_____属于无损压缩格式。

    A. AU   B. MP3   C. MIDI   D. WMA

13. 在度量声波属性的重要参数中，_____是指单位时间内声源振动的次数，即声波周期的倒数。

    A. 振幅   B. 频率   C. 相位   D. 周期

14. 以下关于音频压缩的描述中，正确的是_____。

    A. 压缩比例越高，音质损失就越小   B. PCM 是一种无损压缩格式

    C. 音频压缩可去除重复代码和无声信号   D. MPEG 是一种无损压缩格式

15. 音效更好的 5.1 声道共有 6 个声道，其中的 ".1" 声道是一个经过专门设计的超低音声道，用于传送_____的音频信号。

    A. 高于 18000 Hz   B. 高于 20000 Hz   C. 低于 200 Hz   D. 低于 80 Hz

16. 对音频数据的压缩大多从去除重复代码和去除无声信号两个方面进行考虑。以下_____不是数字音频压缩时综合考虑的主要因素。

    A. 算法是否可逆   B. 音频质量   C. 数据压缩率   D. 计算量

17. 以下音频格式中，_____不属于 RealAudio 格式。

    A. RA   B. RMX   C. RM   D. AU

18. 以下不属于 Audition 视图模式的是_____。

    A. 波形视图   B. 录音视图   C. CD 视图   D. 多轨视图

19. Audition 是一款专业的音频制作与配音软件。以下_____不属于它所支持的视频文件格式。

    A. RM   B. MPEG   C. WMV   D. AVI

20. 以下_____不是度量声波属性的重要参数。

    A. 振幅   B. 频率   C. 相位   D. 音调

21. 利用 Audition 刻录 CD 的操作过程为：将音频插入 CD 轨道、编辑 CD 列表、保存 CD 列表、

刻录 CD。整个过程是在 Audition 的_____视图下进行的。

    A. 编辑   B. 多轨   C. CD   D. 浏览

    22. 在 Audition 中对单轨音频进行编辑时，通常可以使用标记来指示音频波形的特定位置，对于音频的选择、编辑与播放可以起到很好的辅助作用。在音频播放过程中，按_____键，可以在当前播放指针所在的位置添加标记。

    A. F4   B. F6   C. F8   D. F10

二、填空题

    1. _____就是将采样得到的数据表示成有限个数值（每个数值的位数也是有限的），以便在计算机中进行存储。而_____指的是用多少个二进制位来表示采样得到的数据。

    2. _____音频更能反映人们的听觉感受，但需要两倍的存储空间（填"立体声"或"单声道"）。

    3. 所谓_____，就是用一定位数的二进制数值来表示由采样和量化得到的音频数据。在不进行压缩的情况下，将音频数据编码存储所需磁盘空间的计算公式为：存储容量（字节）=_____ × 量化位数 × 声道数 × 时间／8（字节）。

    4. MIDI 音频文件中记录的是一系列_____，而不是波形信息，它对存储空间的需求要比波形音频小得多。

    5. 在多轨视图下，使用菜单命令"剪辑 | 修剪 |_____"可以裁切掉素材片段上选区以外的部分。

    6. _____命令可将当前剪贴板中的波形或其他音频文件的波形与当前波形以指定的方式进行混合。

    7. 在多轨视图下，通过菜单命令"文件 | 导出 | 多轨混音_____"可以将所有轨道的全部素材混缩输出为音频文件。

    8. Audition 是一款专业的音频制作与配音软件，提供了比 Premiere 更为完善的_____环境。

    9. CD 格式是目前音质最好的数字音频格式之一。标准 CD 音频采用的是_____kHz 采样频率、16 位量化精度以及 88 kbps 的传输速率。

    10. _____数字音频文件格式诞生于 80 年代的德国，它是 MPEG 标准中的音频部分。由于其所占存储空间小，音质又较好，在其问世之时无以抗衡，成为网络上绝对的主流音频格式。

    11. Audition 2020 在多轨视图下保存的会话文件的扩展名为_____。

    12. 数字音频编码技术_____的英文缩写是 PCM。

    13. 反相音频处理的手段是指对音频的_____反转 180 度。

    14. 在 Audition 中，在音频波形上连续单击_____次，可以选择整个波形。

    15. 在 Audition 波形视图下执行"混合粘贴"命令，在弹出的对话框中，选择"_____"选项，可以产生淡入／淡出效果。

    16. Audition 编辑单轨音频时，可以使用_____指示音频波形的特定位置，以对音频的选择、编辑与播放提供辅助作用。在音频播放过程中，按_____键，可以在当前播放指针所在位置添加该指示。

    17. Audition 编辑单轨音频时，选择要转换为静音的音频区域，选择菜单命令"_____ | 静音"即可将选区内的音频转换为静音。

    18. 在 Audition 波形视图下，选择菜单命令"效果 | 时间与变调 | 伸缩与变调（处理）"，打开"效果 – 伸缩与变调"对话框。其中"伸缩"值大于 100% 时表示_____速，小于 100% 时表示_____速。

    19. 在 Audition 波形视图下，除了可以使用"效果"菜单为音频添加效果外，还可通过"效果组"面板一次性地为音频添加多个效果。但"效果组"面板不支持_____类效果，如删除静音（处理）、标准化（处理）、降噪（处理）、伸缩与变调（处理）等。

    20. 在 Audition 多轨视图下，若要为轨道上的单个音频剪辑添加效果，可以双击该音频剪辑，切换到_____视图下为其添加效果，然后再返回多轨视图。

21. 在 Audition 中，CD 刻录必须在_____视图下进行，如果在 CD 列表中插入不同格式的音频文件，刻录时可以自动进行格式转换。

22. Audition 提供了 3 种专业的视图：_____视图、_____视图和_____视图。

23. 影响数字音频质量的 3 个主要因素为_____、_____、_____。

24. 通常 44.1 kHz 采样频率、16 位量化精度、10 分钟的立体声信号需要_____MB 的磁盘存储空间（四舍五入精确到小数点后一位数）。

25. 对音频数据的压缩大多从去除_____和去除_____两个方面进行考虑，在压缩时要综合考虑音频质量、数据压缩率和计算量 3 个方面的因素。

三、思考题

1. 通过查阅其他相关书籍或通过网络帮助，了解常用的音频处理软件还有哪些；这些软件在功能上与 Audition 有何不同。

2. 通过查阅其他相关书籍或通过网络帮助，了解在使用计算机录音和放音的过程中，音频模拟信号与数字信号如何转换；实现音频模 / 数（A/D）转换的主要硬件设备是什么。

四、操作题

1. 使用 Audition 录制一段声音（诗歌或散文），并对录制的声音进行处理（裁切、除噪、调整音量等）。选择合适的乐曲为录音添加背景音乐。

操作提示如下。

（1）将录音话筒与计算机正确连接。

（2）选择麦克风为录音设备。

（3）使用 Audition 录音。

（4）对录制的声音进行处理。

（5）导入相关的乐曲，在多轨视图下为录音添加背景音乐（背景音乐的长度、完整性、音量及淡入淡出效果要做适当处理）。

（6）保存会话文件，并导出 MP3 格式的混缩音频文件。

2. 利用 TT 作曲家 1.2S（标准版）绘制南斯拉夫民歌《深深的海洋》（女声二重唱）"主旋律 –2"轨道的简谱（参照图 1–4–50）。

第 5 章　视频处理

　　传统的录像机、摄像机等设备产生的模拟视频信号，可通过视频（采集）卡转换为数字视频信号，保存到计算机存储器中，这是获取数字视频信号的传统方法。在数码设备已广泛使用的今天，通过数字录像机、DV 摄像机等新型影音设备可以很方便地直接获得数字视频信号。图 1-5-1 所示的是国产欧达（Ordro）数码摄像机。

图 1-5-1　国产欧达（Ordro）数码摄像机

　　本章提到的"视频信号的处理"，指的是对保存在计算机存储器中的数字视频信号的处理。

　　数字视频是多媒体计算机系统和现代家庭影院的主要媒体形式之一。了解数字视频的压缩原理和相关的一些基本概念，对高质量地完成数字视频的获取与处理是必要的。掌握数字视频的一些基本处理方法，会给日后的工作与生活带来不少便利。本节主要介绍数字视频的常用文件格式、数字视频的压缩原理、数字视频的获取途径与基本处理方法、常用的视频处理软件等内容。

5.1.1　常用的视频文件格式

　　一般来说，不同的压缩编码方法决定了数字视频的不同文件格式。常用的数字视频文件格式包括 AVI、MOV、MPEG、DAT、RM 和 WMV 等。这些文件格式又分为两类：影像格式和流格式。

1. AVI 格式

　　AVI 格式即音频—视频交错（Audio-Video Interleaved）格式，是将声音和影像同步组合在一起的文件格式。AVI 格式是 Windows 系统中的通用格式，属于有损压缩格式，视频质量较好，但文件数据量太大。由于通用性好，其应用十分广泛。通过 Windows 的媒体播放机、暴风影音等多种播放器都可以观看 AVI 格式的视频。

　　AVI 文件由 3 部分组成：文件头、数据块和索引块。数据块包含实际数据流（图像和声音序列数据），是文件的主体。索引块包含数据块列表及各数据块在文件中的位置。文件头包含文件的通用信息，如数据格式定义、所用压缩算法等。

2. MOV 格式

　　MOV 格式原本是苹果公司的 QuickTime 视频格式，后来随着 QuickTime 软件向 PC/Windows 环境移植，MOV 视频文件开始流行。目前，可以使用 PC 上的 QuickTime for Windows 软件播放 MOV 格式的视频。

MOV 格式属于有损压缩格式。与 AVI 格式相同，MOV 格式也采用了音频、视频混排技术，但质量要比 AVI 格式好一些。MOV 格式是一种流式视频格式，在某些方面的表现甚至比 WMV 和 RM 格式更优秀。到目前为止，MOV 格式共有 4 个版本，其中 4.0 版本的压缩率最好。

3. MPEG 格式

MPEG 是动态图像专家组（Moving Picture Experts Group）的缩写，成立于 1988 年，目前已颁布了 MPEG-1、MPEG-2 和 MPEG-4 三个运动图像及声音编码的国际标准。

该格式采用了 MPEG 有损压缩算法，压缩率高，质量好，又有统一的格式，兼容性好。MPEG 成为目前最常用的视频压缩格式，几乎被所有的计算机平台所支持。文件扩展名有 MPEG、MPG、MP4 等。

在 MPEG 格式的系列标准中，MPEG-4 具有更多优点，其压缩率可以超过 100 ∶ 1，但仍能提供极佳的音质和画质。MPEG 格式的平均压缩率为 50 ∶ 1，最高可达 200 ∶ 1，压缩率之高由此可见一斑。

4. DAT 格式

DAT 是 DATA 的缩写，这里指的是 VCD 数据文件的扩展名。DAT 格式采用的也是 MPEG 有损压缩，其结构与 MPEG 格式基本相同。标准 VCD 视频的单帧图像的大小为 352 像素 ×240 像素（NTSC 制式）或 352 像素 ×288 像素（PAL 制式），和 AVI 格式或 MOV 格式相差无几，但由于 VCD 的帧速率要高得多，再加上有 CD 音质的伴音，VCD 视频的整体播放效果要比 AVI 或 MOV 视频好得多。

5. RM 格式

RM（Real Media）格式是 RealNetworks 公司开发的一种流式视频格式，可以根据网络数据传输的不同速率制定不同的压缩率，其扩展名为 RM、RAM 等。Realplayer 工具是播放 RM 视频的最佳选择。由于传输过程中所需带宽很小，RM 格式已成为目前主流的网络视频格式。

6. WMV 格式

WMV（Windows Media Video）格式是微软公司开发的一种流式视频格式，它所采用的编码技术比较先进，对网络带宽的要求比较低，同时对主机性能的要求也不高。WMV 格式能够实现影像数据在因特网上的实时传送。WMV 是 Windows 的媒体播放机所支持的主要视频文件格式。

5.1.2 数字视频的压缩

数据压缩就是对数据重新进行编码。通过重新编码，去除数据中的冗余成分，在保证视频质量的前提下减少需要存储和传送的数据量。根据视频数据的冗余类型（视觉冗余、空间冗余、时间冗余、结构冗余、信息熵冗余、知识冗余等），常见的压缩编码方法有以下几种。

1. 视觉冗余编码

视频图像中存在着视觉敏感区域和不敏感区域，在编码时可以通过丢弃不敏感区域的数据来压缩视频信息。

2. 空间冗余编码

视频图像中相邻的像素或像素块间的颜色值存在高度的相关性，利用这种在空间上存在冗余的特性对视频进行压缩编码的方法称为空间冗余编码，也称为空间压缩或帧内压缩（编码是在每一幅帧图像内部独立进行的）。其缺点是压缩率较低，压缩率仅为 2 ~ 3 倍。

3. 时间冗余编码

视频的帧序列中相邻图像之间存在相关性。具体来讲，视频的相邻帧往往包含相同的背景和运动对象，只不过运动对象所在的空间位置略有不同，所以后一帧画面的数据与前一帧画面的数据有许多共同之处，这种共同性是由于相邻帧记录了相邻时刻的同一场景画面，所以称为时间冗余。同理，视频信息的语音数据中也存在时间冗余。利用这种在时间上存在冗余的特性对视频进行压缩编码的方法称为时间冗余编码。由于时间冗余编码只考虑相邻图像间变化的部分，因此其压缩率很高。

4. 结构冗余编码

视频图像中的纹理区存在明显的分布模式（重复出现相同或相近的纹理结构），称为结构冗余。例如，方格状的地板、蜂窝、砖墙、草席等图像在结构上存在冗余。根据结构冗余的特性对视频进行压缩编码的方法称为结构冗余编码。

5. 信息熵冗余编码

信息熵冗余也称为编码冗余，是指一组数据所携带的信息量少于数据本身，由此产生冗余。例如，用等长码表示信息相对于用不等长码（如 Huffman 编码）表示信息，就存在冗余。针对信息熵冗余对视频进行压缩编码的方法称为信息熵冗余编码。

6. 知识冗余编码

知识冗余是指某些图像的结构可由这些图像的先验知识和背景知识获得。例如，人脸的图像有同样的结构：嘴的上方有鼻子，鼻子上方有眼睛，鼻子在中线上等。人脸的结构可由先验知识和背景知识得到。针对知识冗余对视频进行压缩编码的方法称为知识冗余编码。

视频图像压缩的一个重要标准就是 MPEG 标准，它是针对运动图像设计的，是运动图像压缩算法的国际标准。MPEG 标准分成 MPEG 视频、MPEG 音频和 MPEG 系统（视频、音频同步）三大部分。MPEG 算法除了对单幅图像进行帧内编码外，还利用图像序列的相关特性去除了帧间图像冗余，大大提高了视频图像的压缩率。

总体来说，MPEG 在 3 个方面优于其他压缩/解压缩方案。首先，它一开始就是作为一个国际化的标准来研究制定的，所以 MPEG 具有很好的兼容性。其次，MPEG 能够比其他算法提供更高的压缩率，最高可达 200 ： 1。更重要的是，MPEG 在提供高压缩率的同时，对数据的损失很小。

5.1.3 常用的视频处理软件

数字视频信息的处理包括视频的剪辑，切换、抠像、滤镜、运动等效果的添加，标题与字幕的创建和配音等。

常用的视频处理软件有 Ulead Video Editor、Ulead Video Studio（会声会影）、Premiere、After Effects 等。

1. Ulead Video Editor

Ulead Video Editor 是友立公司（2005 年被 Corel 公司收购）开发的数码影音套装软件包 Media Studio Pro 中的软件之一，是一款准专业级的数码视频编辑软件。Ulead Video Editor 提供了强大的视频编辑功能和丰富多彩的视频效果，学习起来也非常方便。

除了 Ulead Video Editor 之外，Media Studio Pro 软件包还包括 Audio Editor（音频编辑）、Video Capture（视频捕获）等软件。

2. Ulead Video Studio

Ulead Video Studio 即会声会影（目前在 Corel 公司旗下），是一款专门为个人及家庭设计的比较大众化的影片剪辑软件。会声会影首创双模式操作界面，无论是入门新手还是高级用户，都可以根据自己的需要轻松体验影片剪辑与创作的乐趣。

会声会影提供了向导式的编辑模式，操作简单、功能强大；具有捕获、剪辑、切换、滤镜、叠盖、字幕、配乐和刻录等多重功能。会声会影可以使用户方便快捷地将日常拍摄的视频素材剪辑成具有精彩创意的影片，并生成 VCD、DVD 影音光碟，与亲朋好友一同分享。

3. Premiere

Premiere 是 Adobe 公司推出的专业的视频编辑软件，功能强大。该软件可用于视频和音频的非线性编辑与合成，特别适合处理数码摄像机拍摄的影像；其应用领域有影视广告片制作、专题片制作、多媒体作品合成及家庭娱乐性质的计算机影视制作（如婚庆、家庭和公司聚会）等。Premiere 不仅适合初学者使用，而且完全能够满足专业用户的各种要求。

4. After Effects

After Effects 是目前比较流行的功能强大的影视后期合成软件。与 Premiere 不同的是，它侧重于视频效果加工和后期包装，是视频后期合成处理的专业非线性编辑软件，主要用于视频中的动画图形和视觉效果设计。

After Effects 拥有先进的设计理念，能够与 Adobe 的其他产品（如 Photoshop、Premiere 和 Illustrator）进行很好的集成。另外，还可以通过相关插件与 3ds Max、等软件桥接。

5.2 非线性视频编辑大师 Premiere Pro 2020

Premiere Pro 2020 是由 Adobe 公司推出的一款非常优秀的非线性视频编辑软件，是当今业界最受欢迎的视频编辑软件之一。

非线性视频编辑的硬件平台主要有 3 种：SGI（图形工作站）平台、Mac（苹果电脑）平台和 PC 平台。非线性视频编辑技术主要包括图层、通道、遮罩、效果（包括滤镜、切换、运动等）、键控（即抠像）、关键帧等技术。

5.2.1 新建项目文件

启动 Premiere Pro 2020，进入"主页"界面（见图 1-5-2）。单击"新建项目"按钮，打开"新建项目"对话框，如图 1-5-3 所示。

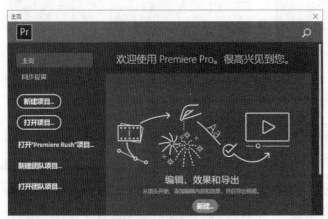

图 1-5-2 "主页"界面   图 1-5-3 "新建项目"对话框

根据需要设置好相关参数，单击"确定"按钮，新项目创建完成，并进入 Premiere Pro 2020 的工作界面，如图 1-5-4 所示。

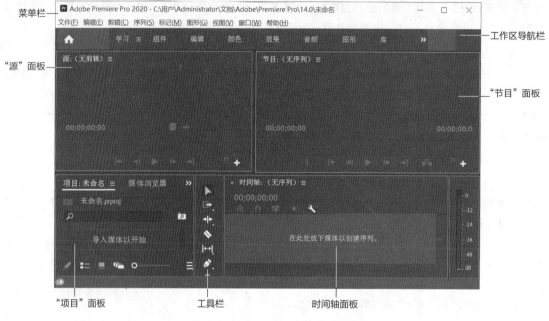

菜单栏

工作区导航栏

"源"面板

"节目"面板

"项目"面板 工具栏 时间轴面板

图 1-5-4　Premiere Pro 2020 的工作界面

5.2.2　新建序列

选择菜单命令"文件|新建|序列（Sequence）"，打开"新建序列"对话框，如图 1-5-5(a) 所示。

在"序列预设"选项卡中，可根据原素材的画面大小及格式来选择项目模式。如果要制作高清视频，需要选择 HDV-HDV720P25 模式；如果要制作超清视频，需要选择 AVCHD-AVCHD 1080P25 模式，这是目前最常用的超清模式。在"设置"选项卡中，可以对所选预置模式的参数进行修改。如果要改变画面大小（帧大小），必须在"编辑模式"下拉列表中选择"自定义"选项，如图 1-5-5(b) 所示。在"轨道"选项卡中，可以设置序列中音频与视频轨道的数目、音频轨道的类型等参数。

（a）"序列预设"选项卡

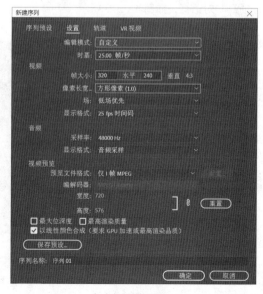

（b）"设置"选项卡

图 1-5-5　"新建序列"对话框

设置好上述基本参数，输入序列名称，单击"确定"按钮，序列创建完成。

也可以将素材直接拖曳到时间轴面板，这样创建的序列与第一个拖入的素材的格式一致。

序列创建好之后，存放在"项目"面板中，可以被其他序列调用（序列嵌套）。

5.2.3　窗口组成与界面布局

Premiere Pro 2020 根据用户的不同需要，提供了编辑（Editing）、效果（Effects）、音频（Audio）、颜色（Color）等多种工作界面模式。可以通过工作区导航栏（见图 1-5-4）切换，或选择菜单"窗口 | 工作区（Workspace）"下的相应命令进行切换。

Premiere Pro 2020 的工作界面由菜单栏、工作区导航栏、工具栏和各种面板组成，多个面板可以组合为一个面板组。

1. "项目"（Project）面板

该面板用于导入、存放和管理素材。在"项目"面板中双击某一素材，可以在"源"面板中打开并预览该素材。

2. "源"（Source）面板

该面板用于预览原始素材、标记素材、设置素材的出点与入点等。可以将素材在"源"面板中编辑好后，直接拖曳到时间轴面板的相应轨道。

3. 时间轴（Timeline）面板

该面板是项目文件的主要编辑场所，可以按时间顺序排列素材、剪辑素材、在素材上添加效果、在素材间添加切换、进行轨道叠盖等操作。

4. "节目"（Program）面板

该面板主要用于预览当前视频项目编辑合成的效果，也可对视频素材进行移动、缩放、旋转等直观的变换操作。

5. 工具（Tools）栏

工具栏为用户提供在时间轴面板编辑轨道素材的基本工具。

6. "效果"（Effects）面板

该面板提供添加在时间轴轨道素材上的各种效果、预设效果和第三方插件效果。

7. "效果控件"（Effect Controls）面板

该面板是对添加在时间轴轨道素材上的各种效果，以及素材自身的运动、不透明度、音量等效果等进行参数设置的主要场所。

8. "音频剪辑混合器"（Audio Clip Mixer）面板

该面板是在 Premiere Pro 中录音和编辑音频的主要场所。

9. "信息"（Info）面板

该面板显示当前选中素材的各种信息。

10. "历史记录"（History）面板

该面板记录了用户对项目文件的所有操作，必要时可以通过该面板撤销或恢复操作。

用户可以根据需要和操作习惯对不同的面板组进行拆分与重新组合。若按住 Ctrl 键不放，同时向外拖动面板的标签，可使面板脱离原面板组，变成浮动形式。选择菜单命令"窗口 | 工作区 | 重置为保存

的布局"，可将当前工作界面恢复到初始布局。

5.2.4 导入（Import）与管理素材

学会导入与管理素材，是进行视频合成的基本要求。

1. 导入素材

在 Premiere Pro 2020 中，可以从外部导入项目文件的素材包括文本、音频、视频、矢量图形、位图图像及 After Effects 项目文件等。

选择菜单命令"文件|导入"；或者在"项目"面板的素材列表区（或图标区）空白处单击鼠标右键，从弹出的菜单中选择"导入"命令，打开"导入"对话框。选择要导入的素材文件，单击"打开"按钮，可将素材导入"项目"面板，如图1-5-6所示。

此外，单击"导入"对话框中的"导入文件夹"按钮，可将所选文件夹中的素材一起导入"项目"面板。

2. 管理素材

当导入素材的种类和数量都比较多时，有必要对"项目"面板的素材进行分类管理。

（1）查看素材

查看素材的常用操作如下。

● 单击"项目"面板左下角的"列表视图"按钮▤二，以列表形式显示素材。

● 单击"项目"面板左下角的"图标视图"按钮▢，以图标形式显示素材。

● 在"项目"面板中，双击要查看的素材，或将素材直接拖曳到"源"面板，可在"源"面板中查看素材。

● 在"项目"面板中用鼠标右键单击素材，从弹出的菜单中选择"属性"命令，可打开"属性"面板，以便查看该素材文件的相关详细信息。

（2）分类素材

在"项目"面板中对素材进行分类的方法如下。

STEP ⬇1 通过单击"项目"面板底部的"新建素材箱"按钮▨，新建各类素材文件夹。

STEP ⬇2 将各素材拖曳到对应类型的文件夹上（可选中多个素材一起拖动），如图1-5-7所示。

列表视图　图标视图　　　　　　　　　素材列表区

图1-5-6 "项目"面板

图1-5-7 分类素材

STEP 03　在"项目"面板中选择素材文件夹，使用"文件 | 导入"命令可将素材直接导入该文件夹。

（3）重命名素材

在"项目"面板，可采用下列方法之一重新命名素材或素材文件夹。

● 右击素材或素材文件夹，在弹出的菜单中选择"重命名"命令。

● 选中素材或素材文件夹后，单击素材或素材文件夹的名称，进入名称编辑状态，输入新名称，按 Enter 键。

5.2.5　编辑素材

编辑素材是合成视频的重要步骤。在 Premiere Pro 中，"源"面板、时间轴面板和"节目"面板是对素材进行编辑加工的 3 个重要场所。其中时间轴面板最为重要。

1.在"源"面板中编辑素材

在将原始素材插入轨道之前，可以先在"源"面板中预览素材内容，并进行必要的编辑处理，如设置入点与出点，以规定插入轨道的素材时间范围；设置素材标记，以便快速查找到素材的特定片段等。这些操作主要是依靠"源"面板底部的控制按钮完成的，如图 1-5-8 所示。

图 1-5-8　"源"面板

● 适合 ▾：打开该下拉列表，可以选择素材的显示比例。

● {：单击该按钮可以在播放指针所在的位置为素材设置入点。入点前的部分被裁剪掉。右击时间线，在弹出的菜单中选择"清除入点"命令可清除入点标记。

● }：为素材设置出点（操作方法与入点的设置类似）。出点后的部分被裁剪掉。

● ♥：单击该按钮可以在播放指针所在的位置为素材添加标记。右击时间线，弹出的菜单中有清除标记的命令。

● {←：单击该按钮，播放指针跳转到入点所在的位置。

● →}：单击该按钮，播放指针跳转到出点所在的位置。

● ⊞：单击该按钮，将素材插入时间轴面板中当前轨道的播放指针的后面，播放指针后面的原有素材依次后移。

● ⊟：单击该按钮，将素材插入时间轴面板中当前轨道的播放指针的后面，播放指针后面的原有素材被覆盖。

除了可以使用 🎛 或 🖥 按钮从"源"面板向时间轴面板插入素材外，还可以将素材从"源"面板的素材预览区或"项目"面板中直接拖曳到时间轴面板的对应轨道上。

● 📷：单击该按钮，可导出播放指针所在位置的当前静帧图片。

2. 在时间轴面板中编辑素材

Premiere Pro 2020 的时间轴面板（见图 1-5-9）是素材编辑与视频合成的主要场所。

（1）定位播放指针

在时间轴面板中，水平拖动播放指针的头部 ▼，或者在标尺的某个位置单击，可改变播放指针的位置。

在时间轴面板左上角的时间标志 **00:03:53:15**（表示当前播放指针的位置，默认格式为"时：分：秒：帧"）上单击，进入编辑状态，输入新的时间值，按 Enter 键，可精确定位播放指针。

（2）选择与移动素材

在工具栏（见图 1-5-10）中选择选择工具 ▶。

● 选择素材：在轨道上单击单个素材，按住 Shift 键单击可加选素材，在轨道上拖动鼠标指针可框选素材。

● 移动素材：在同一轨道内或同类轨道间拖动选中的素材，可改变素材的位置。

● 精确定位素材：单击时间轴面板左上角的"在时间轴中对齐"按钮 🧲，并将播放指针精确定位于某一时间点，拖曳素材使之吸附到播放指针处。

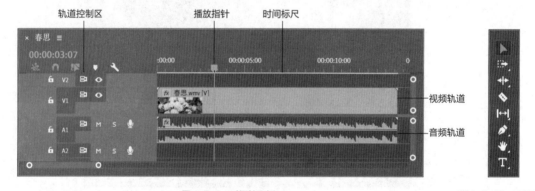

图 1-5-9　时间轴面板　　　　　　　　　　　　　图 1-5-10　工具栏

（3）裁切素材

裁切素材就是将素材多余的部分裁剪掉，或将裁剪掉的部分恢复。可采用下列方法之一裁切素材。

在工具栏中选择选择工具 ▶，将鼠标指针停放在轨道素材的左右边缘上，鼠标指针变成 ◄ 或 ► 形状，按住鼠标左键并左右拖动鼠标，可对素材进行裁切。在拖动素材边缘恢复音频或视频素材时，其长度不能超过其原始素材的长度。

在工具栏中选择波纹编辑工具 ◄►，可使用类似的操作方法裁切素材。与选择工具的不同之处在于，使用波纹编辑工具裁切素材后，同一轨道上后续素材的位置会发生相应的变化，以使素材间距保持不变。

（4）分割素材

在工具栏中选择剃刀工具 🔪，将鼠标指针定位于素材上要分割的位置（可事先用播放指针精确定位）并单击，可将素材分割成两部分，每一部分都可以进行单独编辑。

（5）复制与粘贴素材

在时间轴面板中复制与粘贴素材的方法如下。

STEP 01 在轨道上选择要复制的素材。

STEP 2 选择菜单命令"编辑丨复制"或按 Ctrl+C 组合键复制素材。

STEP 3 选择目标轨道（选中锁定按钮 右侧的轨道名称），将播放指针定位于要添加素材的时间点。

STEP 4 选择菜单命令"编辑丨粘贴"或按 Ctrl+V 组合键，将素材粘贴到目标轨道上播放指针所在的位置。

（6）停用与启用素材

停用素材指的是隐藏视频素材或静音音频素材。只需在要停用的素材上单击鼠标右键，从弹出的菜单中取消选择"启用"命令即可停用素材。再次选择"启用"命令，可重新启用该素材。

在轨道控制区，单击眼睛图标 ，可隐藏或显示对应的整个视频轨道；单击静音图标 M，可静音或取消静音对应的整个音频轨道。

（7）组合与取消组合素材

在轨道上选择要组合的多个素材，在选中的素材上单击鼠标右键，从弹出的菜单中选择"编组"命令即可将这些素材组合在一起。要想取消组合，只需在素材组合上单击鼠标右键，从弹出的菜单中选择"取消编组"命令。

组合的作用是将多个素材作为一个整体进行处理（如移动、复制、粘贴等）。

（8）设置回放速度

采用下列方法之一，可改变视频或音频的回放速度，以获得慢镜头、快播等效果。

● 在时间轴面板中选中轨道素材，选择菜单命令"剪辑丨速度/持续时间"，或右击轨道素材在弹出的菜单中选择相同的命令，打开"剪辑速度/持续时间"对话框，如图 1-5-11 所示，在对话框中修改"速度"或"持续时间"的值即可。

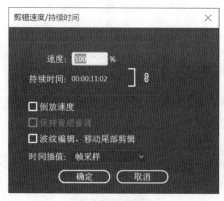

(a) 调整视频回放速度

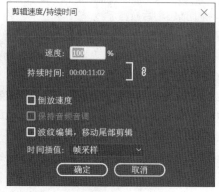

(b) 调整音频回放速度

图 1-5-11　调整回放速度

● 在工具栏中选择比率拉伸工具 ，将鼠标指针停放在音频或视频素材的左右边缘上，鼠标指针变成 或 形状，按住鼠标左键并左右拖动鼠标，可快速、直观地调整剪辑的回放速度。

（9）音频与视频的分离

将包含音频的视频素材插入视频轨道后，其中的音频被放置在对应的音频轨道。此时音频与视频是绑定在一起的，只能一起编辑。若要单独修改其中的一方，就必须先将二者分离，操作方法如下。

STEP 1 在时间轴轨道上选择含有音频的视频剪辑。

STEP 2 选择菜单命令"剪辑丨取消链接"，或右击素材，从弹出的菜单中选择相同的命令。此时，可单独选择取消链接后的音频或视频，并对其进行修改，也可以按 Delete 键删除音频或视频。

（10）添加与删除轨道

在视频项目的编辑中，若要增加轨道，可按下述方法进行操作。

STEP 1 选择菜单命令"序列 | 添加轨道"，打开"添加轨道"对话框（见图1-5-12）。

STEP 2 在"添加轨道"对话框中设置要添加的轨道类型、轨道数量和轨道位置，单击"确定"按钮。

若要删除多余的轨道，可按下述方法操作。

STEP 1 选择菜单命令"序列 | 删除轨道"，打开"删除轨道"对话框（见图1-5-13）。

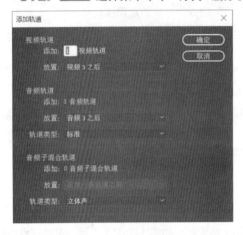

图1-5-12 "添加轨道"对话框

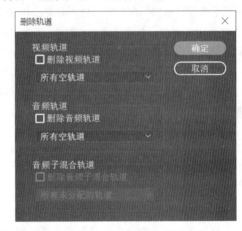

图1-5-13 "删除轨道"对话框

STEP 2 在"删除轨道"对话框中选择要删除的轨道，单击"确定"按钮。

（11）轨道的锁定与解锁

锁定轨道的目的是防止对轨道上的素材进行修改。单击轨道左侧的"切换轨道锁定"按钮 🔓 / 🔒，可锁定或解锁轨道。

（12）展开与折叠轨道

时间轴面板中的轨道在默认设置下都是最小化的。单击时间轴面板左上角的"时间轴显示设置"按钮 🔧，从弹出的菜单中选择"展开所有轨道"命令可展开所有轨道；选择"最小化所有轨道"命令可折叠所有轨道。

在时间轴面板左侧的轨道控制区，将鼠标指针定位于视频轨道顶部的水平分隔线上，此时鼠标指针变成 ↕ 形状，按住鼠标左键将其向上拖动可展开单个视频轨道。同样，将鼠标指针定位于音频轨道底部的分隔线上，按住鼠标左键将其向下拖动可展开单个音频轨道，如图1-5-14所示。

图1-5-14 展开单个轨道

3. 在"节目"面板中编辑素材

利用"节目"面板,可以对插入时间轴轨道的素材进行处理,方法大多与"源"面板类似,只是在素材编辑中,"节目"面板一般要与"效果控件"面板协同工作。另外,利用"节目"面板还可以直观地对视频轨道上的素材进行以下处理。

(1)改变素材大小

在视频合成中,常常需要修改视频轨道素材的像素尺寸,操作方法如下。

STEP 1 在时间轴面板的视频轨道上选择要操作的素材(素材将高亮显示),并将播放指针定位于所选素材的时间范围内,如图 1-5-15 所示。

STEP 2 在"效果控件"面板中展开"运动"参数区,取消选中"等比缩放"复选框。

STEP 3 在"效果控件"面板选择"运动"选项,此时在"节目"面板中素材周围会显示变换控制框,如图 1-5-15 所示(在"节目"面板中双击素材画面也会显示变换控制框)。

STEP 4 拖动变换控制框每条边中间的控制块,可单方向改变素材画面的大小。按住 Shift 键并拖动变换控制框 4 个角的控制块,可成比例缩放素材。

STEP 5 在变换控制框的外面单击,取消显示变换控制框。

当素材画面较大时,可能看不到或不能全部看到变换控制框,从而无法进行缩放、旋转等操作,此时可适当减小"节目"面板中素材的显示比例。

(2)移动和旋转素材

为了创建视频的运动效果,有时需要改变素材的位置和角度,操作方法如下。

STEP 1 在"节目"面板中显示变换控制框。

STEP 2 将鼠标指针置于变换控制框内(避开中心标记),按住鼠标左键拖动鼠标可移动素材。将鼠标指针置于控制块的外围附近(离控制块稍远一点,当鼠标指针变为 ↰ 形状时,按住鼠标左键沿逆时针或顺时针方向拖动鼠标,可旋转素材(见图 1-5-16)。

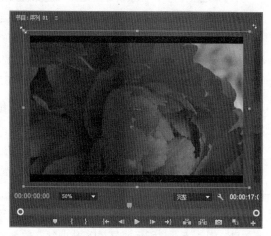

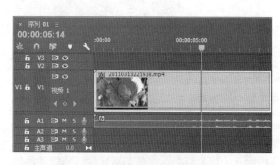

图 1-5-15 选择要变换的轨道素材

图 1-5-16 变换控制框

5.2.6 使用视频效果

视频效果又称视频滤镜,与 Photoshop 中的滤镜类似。二者的主要区别在于 Photoshop 中的滤镜仅作用于单张图像;而视频滤镜要添加在视频剪辑的各个帧画面上,其功能更强大,运算量更大。视频效果不仅可以用于视频剪辑,还可以用于图形图像、字幕等类型的剪辑上。运用视频效果,可以对原始素材进行各种特殊处理,以满足影片制作的要求。

1. 视频效果的添加

STEP 1 若"效果"面板没有打开，可选择菜单命令"窗口 | 效果（Effects）"将其打开。或者从工作区导航栏（菜单栏下面）直接切换到"效果"工作界面。

STEP 2 在"效果"面板中展开"视频效果"（Video Effects）或"预设"（Presets）文件夹，从各效果分类中找到要使用的效果，将其拖曳到时间轴面板的视频轨道中的剪辑上。

2. 视频效果的编辑

STEP 1 在时间轴面板的视频轨道上选择添加了视频效果的剪辑。

STEP 2 若"效果控件"面板没有打开，可选择菜单命令"窗口 | 效果控件（Effect Controls）"将其打开，或直接切换到"效果"工作界面。

STEP 3 在"效果控件"面板上展开要编辑的视频效果，根据需要修改其中的参数。

STEP 4 利用"效果控件"面板，可以在剪辑时间线的不同位置添加特定参数的关键帧，并在不同关键帧上设置不同的参数值，以实现视频效果在前后关键帧之间的过渡变化，如图 1-5-17 所示。

图 1-5-17 设置视频效果的参数

3. 视频效果的删除

STEP 1 在视频轨道上选择要删除视频效果的剪辑。

STEP 2 展开"效果控件"面板，在要删除的效果名称上单击鼠标右键，从弹出的菜单中选择"清除"命令，如图 1-5-18 所示。

4. 内置视频效果简介

内置视频效果是 Premiere Pro 2020 自带的、随软件一起安装的视频效果。常用的内置视频效果如下。

（1）"过时""颜色校正""调整""图像控制"效果组

这 4 组效果主要用于调整素材影像的颜色，或者营造一种特殊的色彩氛围。

"过时"效果组包括"RGB 曲线""RGB 颜色校正器""阴影/高光"

图 1-5-18 删除视频效果

等效果。图 1-5-19 所示的是"RGB 曲线"效果的应用示例（增加红色、绿色的对比度，降低蓝色的含量）。

"颜色校正"效果组包括"亮度与对比度""颜色平衡"等效果。"调整"效果组包括"光照效果""色阶"等效果。"图像控制"效果组包括"颜色平衡（RGB）""颜色替换""黑白"等效果。

图 1-5-20 所示的是"光照效果"的应用示例。

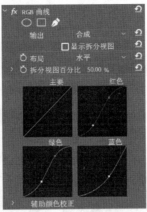

（a）原素材　　　　　　（b）参数设置　　　　　　（c）调色结果

图 1-5-19　"RGB 曲线"效果的应用

（a）原素材　　　　　　（b）参数设置　　　　　　（c）光照效果

图 1-5-20　"光照效果"的应用

（2）"模糊与锐化"效果组

该效果组用于模糊或锐化视频画面，改变画面的对比度，使画面产生朦胧、聚焦、运动等效果，包括"方向模糊""高斯模糊""锐化"等效果。图 1-5-21 所示的是"方向模糊"效果的应用示例。

（a）原素材　　　　　　（b）参数设置　　　　　　（c）模糊效果

图 1-5-21　"方向模糊"效果的应用

　　"效果"面板中的"预设/模糊"文件夹下的"快速模糊入点""快速模糊出点"就是"高斯模糊"效果的典型应用，经常用来创建视频画面淡入、淡出的效果。

　　（3）"通道"效果组

　　该效果组用于合成反相、叠加等多种影像效果，包括"反转""混合""计算""设置遮罩"等效果。图1-5-22所示的是"混合"效果的应用示例（效果添加在视频2轨道中的素材上）。

（a）视频1与视频2轨道中的素材　　（b）参数设置　　（c）混合结果

图1-5-22　"混合"效果的应用

　　图1-5-23所示的是"设置遮罩"效果的应用示例，该效果使任意两个视频之间实现了渐变过渡（具体操作可参考"第5章素材\视频渐变透明效果2\视频渐变透明效果2（PR）.prproj"）。

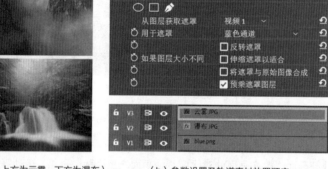

（a）素材（上方为云雾，下方为瀑布）　　（b）参数设置及轨道素材放置顺序　　（c）视频渐变过渡效果

图1-5-23　"设置遮罩"效果的应用

　　（4）"扭曲"效果组

　　该效果组提供了对视频画面进行扭曲变形的多种方法，包括"偏移""变换""旋转扭曲""边角定位""镜像"等效果。图1-5-24所示的是"边角定位"效果的应用示例［在"效果控件"面板中选择"边角定位"效果名称，可直接在"节目"面板中拖动视频画面下角的控制点使其变形，见图1-5-24（b）］。

　　在视频接近尾声时，对视频画面进行边角定位变形然后几行滚动字幕出现……，这是电视节目经常采用的手法。

（a）变形前　　　　　　　　　　　（b）参数设置

图 1-5-24　"边角定位"效果的应用

（5）"键控"效果组

该效果组提供了基于亮度和特定颜色的多种抠像方法，包括"亮度键""颜色键""图像遮罩键""轨道遮罩键"等效果。图 1-5-25 所示的是"颜色键"效果的应用示例（在"效果控件"面板中单击"颜色键"参数栏的吸管按钮，在"节目"面板中的蓝色背景上单击以取色。回到"效果控件"面板，继续设置"颜色容差""边缘细化""羽化边缘"的值）。

（a）视频轨道 2 中的室内播音视频　　　　　　（b）视频轨道 1 中的外景视频

（c）参数设置　　　　　　　　　　（d）合成视频

图 1-5-25　"颜色键"效果的应用

（6）"透视"效果组

该效果组中的效果用于对素材添加透视、倒角、投影等多种效果，包括"基本 3D""投影""斜面 Alpha"等效果。图 1-5-26 所示的为"基本 3D"效果的应用示例。

（a）原始素材　　　　　　　（b）基本3D效果　　　　　　（c）参数设置

图1-5-26 "基本3D"效果的应用

（7）"生成"效果组

该效果组中的效果可使视频画面产生叠加（单色、渐变色或图案）、镜头光晕、闪电等效果。图1-5-27和图1-5-28所示分别为"棋盘"与"镜头光晕"效果的应用示例。

（a）原素材　　　　　　　　（b）效果与参数设置（颜色为白色）

图1-5-27 "棋盘"效果

（a）原素材　　　　　　　　　　（b）效果与参数设置

图1-5-28 "镜头光晕"效果的应用

（8）"风格化"效果组

该效果组包括"浮雕""马赛克""画笔描边""闪光灯"等效果，"浮雕"与"画笔描边"效果的应用如图1-5-29所示。

（a）原素材　　　　（b）应用"浮雕"效果　　　（c）应用"画笔描边"效果

图1-5-29 "风格化"效果应用示例

（9）"变换"效果组

该效果组中的效果可用于对素材进行水平翻转、垂直翻转、裁剪和羽化边缘等操作。"水平翻转""垂直翻转""裁剪"效果的应用如图 1-5-30 所示。

特别要提示的是，使用"裁剪"效果可以创建视频画面以画卷形式展开的动态效果。

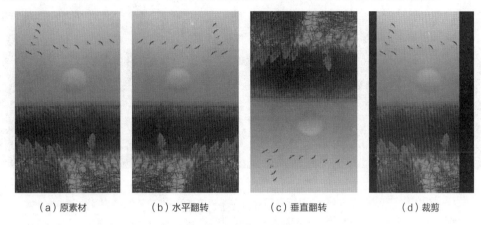

　　（a）原素材　　　　　（b）水平翻转　　　　　（c）垂直翻转　　　　　（d）裁剪

图 1-5-30　"变换"效果应用示例

（10）"过渡"效果组

该效果组提供了在上下层视频轨道之间切换画面的多种方法，包括"块溶解""渐变擦除""径向擦除""线性擦除""百叶窗"等多种效果。图 1-5-31 所示的是"百叶窗"效果的应用示例（效果添加在上层视频轨道中的素材上，创建的是"过渡完成"参数的关键帧动画）。

　　　　（a）原素材　　　　　　　　　　　（b）效果与参数设置

图 1-5-31　"百叶窗"效果的应用

（11）"视频"效果组

该效果组提供了"时间码""剪辑名称""SDR 遵从情况"等效果。图 1-5-32 所示的是为一场足球赛的视频添加的"时间码"效果的应用示例，以便观众随时了解比赛进行了多少时间。

　　　（a）原素材　　　　　　　（b）添加"时间码"效果后

图 1-5-32　"时间码"效果的应用

（12）"杂色与颗粒"效果组

该效果组包括"中间值""杂色""蒙尘与划痕"等效果，作用是在画面上添加杂色，以创建颗粒状的纹理效果，或者去除画面中的瑕疵，如杂点和划痕等。如图 1-5-33 所示，使用"蒙尘与划痕"效果（使用"钢笔工具"创建路径蒙版），可以获得肌肤美化而五官与头发依旧保持清晰的人物磨皮效果。

（a）参数设置 （b）磨皮效果

图 1-5-33 "蒙尘与划痕"效果的应用

在为素材添加视频效果的同时，可以在素材时间线的不同位置插入关键帧，并根据实际需要设置不同的参数值，以实现视频效果的动态过渡，增强影片的艺术性和可观赏性。

5. 外挂效果插件简介

Premiere Pro 的外挂效果插件是由 Adobe 公司之外的第三方厂商开发的。这类插件按正确的方法安装好之后，也会出现在 Premiere Pro 的"效果"面板中，使用方法与内置效果类似。关于 Premiere Pro 2020 外挂效果插件的安装应注意以下几点。

● 外挂效果插件要复制或安装在…\Premiere Pro 2020\Plug-Ins\Common 文件夹下。

● 安装后一定要重启 Premiere Pro。

5.2.7 使用过渡效果

合理地使用过渡效果，不仅可以使前后剪辑的不同内容实现平滑过渡，减少突兀感，还可以增强画面的艺术性。

1. 添加过渡效果

STEP 1 若"效果"面板没有打开，可选择菜单命令"窗口 | 效果"将其打开，或者从工作区导航栏直接切换到"效果"工作界面。

STEP 2 将两段剪辑在同一轨道上前后衔接放置（无须重叠），如图 1-5-34 所示。

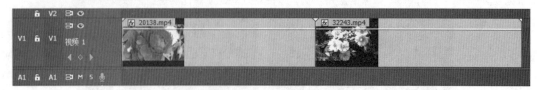

图 1-5-34 并列放置素材，无须重叠

STEP 3 在"效果"面板中展开"视频过渡"文件夹，将要添加的过渡效果拖动到两段剪辑的衔接处，如图 1-5-35 所示。

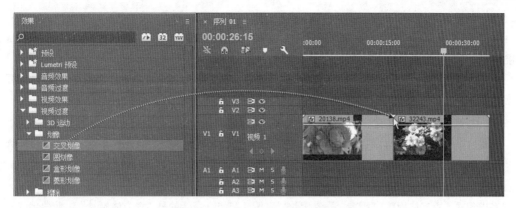

图 1-5-35　将过渡效果拖动到剪辑的衔接处

2. 设置过渡效果参数

STEP 1 使用缩放工具放大剪辑的衔接处，显示过渡效果的名称。

STEP 2 使用选择工具单击要编辑的过渡效果。

STEP 3 在"效果控件"面板中设置过渡效果的参数。

（1）调整过渡效果的持续时间

可采用下列方法之一调整过渡效果的持续时间。

● 在时间轴面板中使用选择工具直接拖动过渡效果的左右两侧（可放大后操作，此时鼠标指针显示为 或 形状），如图 1-5-36 所示。

图 1-5-36　在时间轴面板改变过渡效果的持续时间

● 在"效果控件"面板的时间线窗格（右窗格）中拖动过渡效果的左右两侧，或者在参数区中直接修改"持续时间"的值，如图 1-5-37 所示。

（2）选择过渡效果的时间位置

可采用下列方法之一选择过渡效果的时间位置。

● 在"效果控件面"板的参数区，通过"对齐"下拉列表选择过渡效果的时间位置，如图 1-5-38 所示，包括"中心切入""起点切入""终点切入""自定义起点"4 个选项。

● 在"效果控件"面板的时间线窗格（右窗格），在过渡效果区域内左右拖动（此时鼠标指针的形状为 ）。

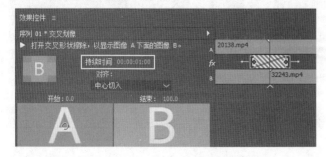

图 1-5-37　在"效果控件"面板改变过渡效果的持续时间

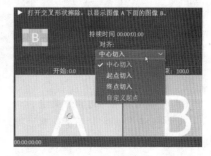

图 1-5-38　改变过渡效果的时间位置

（3）过渡效果的替换与删除

● 两段剪辑之间只能存在一种过渡效果。当从"效果"面板中将一种新的过渡效果拖动到剪辑的衔接处时，原有的过渡效果会被取代。

● 在视频轨道上两段剪辑的衔接处单击过渡效果，按 Delete 键，或右击过渡效果，在弹出的菜单中选择"清除"命令，可删除过渡效果。

3．内置视频过渡效果

内置视频过渡效果是 Premiere Pro 自带的视频过渡效果，分布在"效果"面板的"视频过渡"文件夹中。在 Premiere Pro 2020 中，常用的内置过渡效果如下。

（1）"3D 运动"过渡效果组

其中包括"立方体旋转""翻转"等过渡效果。图 1-5-39 所示的是"立方体旋转"过渡效果的应用。

图 1-5-39 "立方体旋转"过渡效果的应用

（2）"溶解"过渡效果组

其中包括"交叉溶解""叠加溶解""非叠加溶解""白场过渡""黑场过渡""胶片溶解""MorphCut"等过渡效果。图 1-5-40 所示的是"交叉溶解"过渡效果的应用。

图 1-5-40 "交叉溶解"过渡效果的应用

（3）"划像"过渡效果组

其中包括"交叉划像""圆划像""盒形划像""菱形划像"等过渡效果。图 1-5-41 所示的是"圆划像"过渡效果的应用。

图 1-5-41 "圆划像"过渡效果的应用

（4）"页面剥落"过渡效果组

其中包括"翻页""页面剥落"等过渡效果。图 1-5-42 和图 1-5-43 所示分别是"翻页"过渡效果和"页面剥落"过渡效果的应用。

图 1-5-42 "翻页"过渡效果的应用

图 1-5-43 "页面剥落"过渡效果的应用

（5）"内滑"过渡效果组

其中包括"中心拆分""带状内滑""拆分""推""内滑"等过渡效果。图 1-5-44 和图 1-5-45 所示分别是"中心拆分"过渡效果和"带状内滑"过渡效果的应用。

图 1-5-44 "中心拆分"过渡效果的应用

图 1-5-45 "带状内滑"过渡效果的应用

（6）"擦除"过渡效果组

其中包括"划出""双侧平推门""带状擦除""径向擦除""插入""时钟式擦除""棋盘""棋盘擦除""楔形擦除""水波块""油漆飞溅""渐变擦除""百叶窗""螺旋框""随机块""随机擦除""风车"等多种过渡效果，其中部分"擦除"过渡效果的应用如图 1-5-46 所示。

（a）双侧平推门

图 1-5-46 部分"擦除"过渡效果的应用

（b）带状擦除

（c）棋盘

（d）棋盘擦除

（e）油漆飞溅

（f）渐变擦除

（g）百叶窗

图 1-5-46　部分"擦除"过渡效果的应用（续）

（h）随机擦除

（i）风车

图 1-5-46　部分"擦除"过渡效果的应用（续）

（7）"缩放"过渡效果组

其中包括"交叉缩放"过渡效果，其应用如图 1-5-47 所示。

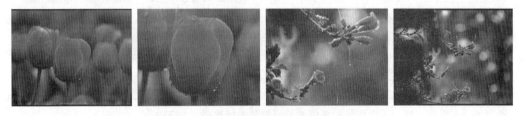

图 1-5-47　"交叉缩放"过渡效果的应用

4. 外挂过渡效果 Hollywood FX（好莱坞特技）

除了内置过渡效果，Premiere Pro 还拥有大量的外挂过渡效果插件。其中影响最为广泛的当属 Pinnacle（品尼高）公司出品的 Hollywood FX（好莱坞特技）插件系列，Hollywood FX 过渡效果的应用如图 1-5-48 所示。

（a）　　　　　　　　　（b）　　　　　　　　　（c）

（d）　　　　　　　　　（e）　　　　　　　　　（f）

图 1-5-48　HollyWood FX 过渡效果的应用

Hollywood FX 是一款可独立运行的软件，无须安装在 Preimere Pro 的安装文件夹下。在安装 Hollywood FX 时，会自动安装针对 Premiere Pro 的接口程序。但是为了方便软件资源的管理，最好还是将其安装在 Premiere Pro 所在的 Adobe 文件夹下。

Hollywood FX 安装完成后，在 Premiere Pro 安装文件夹下的 Plug-ins\en_US 中，已自动创建 Pinnacle 插件文件夹，此时重新启动 Premiere Pro，在其"效果"面板的"视频过渡"和"视频效果"文件夹中，分别可以找到 Pinnacle 视频过渡效果与视频滤镜效果。

值得注意的是，Hollywood FX 有多个不同的版本，有些版本不支持高版本的 Premiere Pro。此时，可以先在计算机中安装版本较低的 Premiere Pro，接着安装 Hollywood FX；然后在低版本 Premiere Pro 安装路径的插件文件夹（Plug_In）中找到 Pinnacle 文件夹，将其复制到高版本 Preimere Pro 安装路径的对应位置。

5.2.8　使用运动效果

"运动"是视频轨道素材自带的基本属性，包括"位置""缩放""旋转"等参数。

1．在"效果控件"面板中设置运动效果

STEP 1 在视频轨道上选择素材。

STEP 2 若"效果控件"面板没有打开，可选择菜单命令"窗口 I 效果控件"将其打开。

STEP 3 若"运动"参数区没有展开，可在"效果控件"面板左上角单击 ▶ *fx* 运动 左侧的 ▶ 按钮，展开"运动"参数区。

STEP 4 在素材时间线的不同位置添加"位置""缩放""旋转"等参数的关键帧，并在不同关键帧上设置不同的参数值，使素材产生运动效果，方法如下。

① 单击"位置""缩放""旋转"等参数项左侧的"切换动画"按钮，这样可以在播放指针所在的位置添加对应参数的第 1 个关键帧。根据需要设置关键帧参数，如图 1-5-49 所示。

② 将播放指针拖曳到素材时间线的其他位置，单击相应参数项右侧的"添加 / 移除关键帧"按钮，即可在播放指针的当前位置添加第 2 个关键帧，并根据需要设置关键帧参数，如图 1-5-50 所示。

 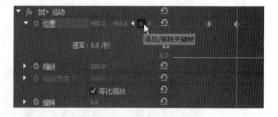

图 1-5-49　创建第 1 个运动关键帧　　　　　图 1-5-50　创建并编辑其他关键帧

③ 以此类推，根据素材运动的特点创建多个关键帧，并设置不同关键帧的参数值，就可以使素材在位置、大小、旋转角度等方面形成运动动画效果。

④ 单击"转到上一关键帧"按钮或"转到下一关键帧"按钮，可以在各关键帧之间跳转，并根据需要修改相应关键帧的参数，如图 1-5-51 所示。

⑤ 要删除单个关键帧，应先切换到该关键帧，然后单击"添加 / 移除关键帧"按钮或者在"效果控件"面板右侧的时间线部分，右击要删除的关键帧图标，从弹出的菜单中选择"清除"命令，如图 1-5-52 所示。

⑥ 在已添加关键帧的参数项左侧的"切换动画"按钮上单击，在弹出的警告框中单击"确定"按钮，可删除该运动参数的所有关键帧，从而清除有关该项参数的运动动画效果。

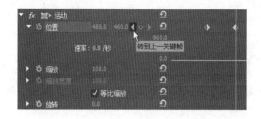

图 1-5-51 关键帧跳转

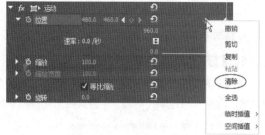

图 1-5-52 清除单个关键帧

2. 在"节目"面板中设置运动效果

STEP 1 在"节目"面板中双击添加了运动动画效果的素材，显示素材的运动路径及路径上的关键点，如图 1-5-53 所示。

STEP 2 通过拖曳控制点改变关键点两侧控制线的长度与方向，调整运动路径局部的形状。

STEP 3 按住 Ctrl 键不放，拖曳控制点可使平滑关键点转换为尖突关键点，如图 1-5-54 所示。

图 1-5-53 在"节目"面板中修改运动动画效果

图 1-5-54 转换关键点类型

STEP 4 直接拖曳关键点，可以改变素材在当前关键帧的位置。

将位置、大小、旋转等功能结合使用，可以得到丰富的运动动画效果。

3. 控制剪辑的不透明度

STEP 1 在视频轨道上选择素材。

STEP 2 打开"效果控件"面板，根据需要在素材时间线的不同位置添加"不透明度"关键帧，并在相邻的关键帧上设置不同的不透明度数值，使素材产生不透明度渐变动画效果。

STEP 3 可以在时间轴面板的视频轨道上修改不透明度曲线，以控制不透明度变化的加速度，如图 1-5-55 所示。视频轨道素材上的默认显示曲线为不透明度曲线。右击素材上的 **fx** 图标，从弹出的菜单中可将显示的曲线设置为位置、缩放、旋转等类型的曲线。

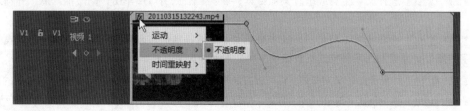

图 1-5-55 在时间轴面板中修改不透明度

其实，不论是"效果控件"面板还是时间轴面板，都可以进行运动和不透明度效果的创建与修改，只不过前者能够精确设置参数值；而后者是通过鼠标进行操作，粗略但直观、方便地修改参数的值。

5.2.9 标题与字幕

标题与字幕的创建过程如下。

1. 打开"新建字幕"对话框

选择菜单命令"文件|新建|旧版标题"，打开"新建字幕"对话框，如图 1-5-56 所示。其中字幕的宽度、高度、帧速率（时基）、像素长宽比的默认值与当前序列的设置相同，可根据需要进行修改。

在"新建字幕"对话框中输入字幕名称，单击"确定"按钮，打开字幕设计窗口，如图 1-5-57 所示。

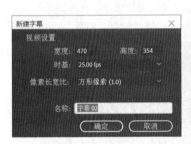

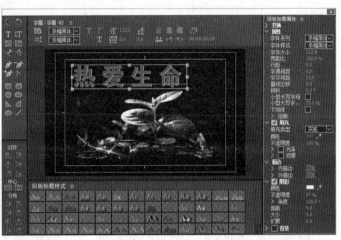

图 1-5-56 "新建字幕"对话框　　　　　　　　　　图 1-5-57 字幕设计窗口

● 工具栏：位于字幕设计窗口的左侧，包括选择工具▶、文字工具 **T**、垂直文字工具 **I T** 等，用于创建和编辑文字。

● 排列与分布栏：位于工具栏的下面，用于对齐与分布对象；只有 3 个或 3 个以上的对象才能够进行分布操作。

● 字幕预览窗口：位于字幕设计窗口的中间，用于输入与编辑文字、创建与编辑图形、查看字幕效果等。

● 字幕属性栏：位于字幕设计窗口的右侧，用于设置文字的字体、大小、字符间距、行间距、角度、颜色、描边与阴影等属性。

● 字幕样式栏：位于字幕预览窗口的下面，提供了 Premiere Pro 自带的多种文字样式，每一种样式都是多种文字属性的集合；用户可以将其中的样式直接用在字幕上，并在此基础上进行编辑与修改。

2. 在字幕设计窗口中创建文本并设置文本属性

STEP ◤1 选择文字工具或垂直文字工具，在字幕预览窗口中单击，确定插入点，并输入文字内容。

STEP ◤2 选择选择工具▶，此时字幕文本处于选择状态。利用字幕属性（旧版标题属性）栏设置文字的属性，或者利用字幕样式栏直接在字幕文本上添加文字样式。

STEP ◤3 如果添加了文字样式，还可以在此基础上利用字幕属性栏对文字的外观做必要的修改。

STEP ◤4 要想创建"滚动"或"游动（爬行）"字幕，可单击字幕预览窗口左上角的"滚动 / 游动选项"按钮▦（见图 1-5-58），打开"滚动 / 游动选项"对话框（见图 1-5-59）。

STEP ◤5 若在"字幕类型"栏中选择了"滚动"单选项，则可在"定时（帧）"栏中设置不同的滚动方式，方法如下。

● 仅选中"开始于屏幕外"复选框，可使字幕文本从屏幕窗口底部移入，垂直向上移动到当前位置。

● 仅选中"结束于屏幕外"复选框，可使字幕文本从当前位置开始滚动，垂直向上移出屏幕窗口。

● 同时选中"开始于屏幕外"和"结束于屏幕外"复选框，可使字幕文本从屏幕窗口底部移入，垂直向上移动，直到移出屏幕窗口。

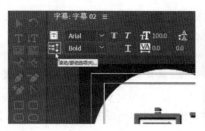

图 1-5-58 "滚动 / 游动选项"按钮

图 1-5-59 "滚动 / 游动选项"对话框

STEP ▲6 若在"字幕类型"栏中选择了"向左游动"或"向右游动"单选项，则可在"定时（帧）"栏中设置不同的游动方式，方法与步骤 5 类似。两种效果的主要区别在于游动字幕是水平移动的。

STEP ▲7 在"滚动 / 游动选项"对话框中设置好参数，单击"确定"按钮，返回字幕设计窗口。

STEP ▲8 字幕的所有参数设置好之后，直接关闭字幕设计窗口即可。创建好的字幕出现在"项目"面板的素材列表中，使用方法与其他素材相同。

5.3 After Effects 简介

Adobe 公司推出的 After Effects（简称 AE）是一款专业的非线性视频编辑软件，它整合了二维和三维的超级影视合成、动画创作和效果编辑等功能，广泛应用于电影、电视、多媒体、网络视频编创等行业。After Effects 与其他 Adobe 软件有着良好的兼容性，可以非常方便地导入 Photoshop、Illustrator 的分层文件；Premiere 的项目文件也可以近乎完美地再现于 After Effects 环境中。

启动 After Effects 2020，其工作界面如图 1-5-60 所示。

图 1-5-60　After Effects 2020 的工作界面

5.3.1　After Effects 创作流程

使用 After Effects 进行创作的一般流程如下。

STEP **1** 新建项目文件。选择菜单命令"文件 | 新建 | 新建项目"，创建一个新的项目文件（项目文件的扩展名是 aep，即 after effects project 的缩写）。

STEP **2** 新建合成。选择菜单命令"合成 | 新建合成"，打开"合成设置"对话框（见图1-5-61），在此设置视频的画面大小、像素长宽比、帧速率和影片持续时间等基本参数。

STEP **3** 导入和管理各类素材。使用"文件 | 导入"菜单命令将各类素材导入"项目"面板（见图1-5-62），并将素材拖曳到时间轴面板，得到相应的各类图层。

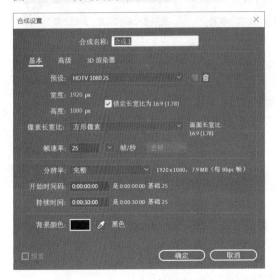

图 1-5-61 "合成设置"对话框

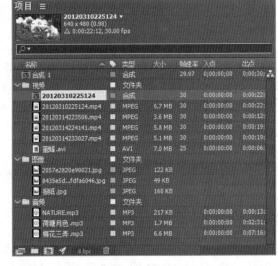

图 1-5-62 "项目"面板

STEP **4** 对图层的各种属性进行设置、创建关键帧动画或者添加各种效果等。

STEP **5** 预览合成效果，对不满意的地方进行修改和调整。

STEP **6** 保存项目文件，并渲染输出视频文件。

After Effects 项目文件中用到的各类素材是以链接的方式进行导入的，一旦移动、重命名或删除源素材文件，项目文件与这些素材的链接就会随之中断。这样做的好处是项目文件的数据量很小。另外，在 After Effects 中不能同时打开两个或两个以上的项目文件，只能在多个项目文件之间切换。

5.3.2 图层

After Effects 中的绝大部分操作都是基于图层的，图层是 After Effects 的基础。所有导入的素材及文字、灯光、摄像机等在编辑时都是以图层的方式显示在时间轴面板中。画面的叠加是图层与图层之间的叠加，滤镜效果也是施加在图层上的。

1. 图层的基本操作

After Effects 中图层的基本操作包括创建图层、选择图层、删除图层、更改图层的排序、设置图层的混合模式、序列图层等。

● 创建图层

将导入"项目"面板的素材拖曳到时间轴面板中即可创建图层。同时拖曳多个素材到"项目"面板中，可一次创建多个图层。

● 选择图层

要想编辑图层，首先要选择图层。选择图层可以在时间轴面板或"合成"面板中完成。要选择一个图层，可以在时间轴面板中单击该图层。按住 Shift 键单击，可选择多个连续的图层；按住 Ctrl 键单击，可选择多个不连续的图层。如果选择错误，按住 Ctrl 键再次单击所选图层，可取消该图层的选择。

选择菜单命令"编辑 I 全选"，或按 Ctrl+A 组合键，可选择所有的图层。在时间轴面板中的空白处单击，可取消图层的选择。

● 删除图层

在时间轴面板中选择要删除的图层，按 Delete 键即可将其删除。

● 更改图层的排序

使用"图层 I 排列"下的命令，或者在时间轴面板左侧上下拖曳图层对应的"源名称"项，可以改变时间轴面板中各图层的排列顺序。

● 设置图层的混合模式

图层的混合模式决定当前图层中的影像与其下面图层中的影像之间的叠盖方式，与 Photoshop 的图层混合模式十分相似，是作影像特殊效果的有效方法之一。举例如下。

STEP 01 将"第 5 章素材"文件夹下的"牡丹 1.mp4""牡丹 2.mp4"导入"项目"面板，素材画面如 1-5-63（a）所示。

STEP 02 新建合成（宽度为 640 像素，高度为 600 像素，方形像素，其他设置保持默认）。

STEP 03 将"项目"面板的"牡丹 1.mp4""牡丹 2.mp4"依次拖入时间轴面板，其中"牡丹 1.mp4"在上层，部分遮盖"牡丹 2.mp4"图层，如图 1-5-63（b）所示。

STEP 04 选择"牡丹 1.mp4"图层，选择菜单命令"图层 I 混合模式 I 变亮"，结果如图 1-5-63（c）所示。

（a）素材画面　　　　　　　　　（b）"正常"混合模式　　　　　　　（c）"变亮"混合模式

图 1-5-63　图层混合模式的应用

● 序列图层

序列图层就是将选中的多个图层按照时间先后顺序进行自动排序，并根据需要设置图层之间重叠的时间及重叠部分的过渡方式，具体操作如下。

STEP 01 选择多个图层。

STEP 02 选择菜单命令"动画 I 关键帧辅助 I 序列图层"，打开"序列图层"对话框，如图 1-5-64 所示。

STEP 03 选中"重叠"复选框以启用图层重叠功能，通过"持续时间"文本框设置图层重叠的持续时间，通过"过渡"下拉列表设置图层重叠的过渡方式。过渡方式有"关""溶解前景图层""交叉溶解前景和背景图层"3 种。

STEP 04 设置好对话框中的参数后，单击"确定"按钮。

2. 图层的属性设置

在 After Effects 中，图层的基本属性有 5 个："锚点""位置""缩放""旋转""不透明度"，如图 1-5-65 所示。

图 1-5-64 "序列图层"对话框

图 1-5-65 图层的属性

（1）锚点。锚点即轴心点。在 After Effects 中各对象以锚点◇为基准进行变换操作。默认状态下锚点◇在对象的几何中心，随着锚点位置的改变，对象的运动状态也会发生变化。在工具栏（位于菜单栏下面）中选择向后平移（锚点）工具，在"合成"面板中选择要改变锚点位置的图层对象，拖曳其锚点至新的位置即可改变对象锚点的位置。

（2）位置。在工具栏中选择选取工具，在"合成"面板中选择要改变位置的图层对象，然后拖曳至新位置即可改变图层对象的位置。按控制键盘上的方向键，可以当前视图缩放比例将图层对象在对应的方向上移动 1 像素；按住 Shift 键和方向键，可以当前缩放比例移动 10 像素。

（3）缩放：在工具栏中选择选取工具，在"合成"面板中选择要改变大小的图层对象，通过拖动变换控制框上的控制块，可以锚点为基准对图层对象进行缩放。

（4）旋转：在工具栏中选择旋转工具，在"合成"面板中选择要旋转的图层对象，在变换控制框内沿着逆时针或顺时针方向拖动图层对象，可以对象锚点为基准进行旋转操作。

（5）不透明度：在"合成"面板中选择图层对象，使用菜单命令"图层I变换I不透明度"可以修改当前对象的不透明度。

另外，若要精确修改"位置""缩放""旋转""不透明度"的值，除了可以使用"图层I变换"下的命令外，还可以通过时间轴面板左侧的"变换"参数区进行修改。

3. 图层的分类

After Effects 2020 中的图层包括文字图层、纯色图层、灯光图层、摄像机图层、空对象图层、形状图层和调整图层等多种类型。不同类型的图层产生的图像效果也各不相同。

● 文字图层

使用工具栏中的文字工具，或者菜单命令"图层I新建I文本"都可以创建文字图层。文字图层主要用来输入影片中的文字内容，创建字幕、影片对白等文字效果，是影片中不可缺少的部分。

● 纯色图层

纯色图层主要用来构建影片的背景（通过添加效果还可以创建动态背景）。选择菜单命令"图层I新建I纯色"，打开"纯色设置"对话框，对纯色图层的名称、大小、颜色等参数进行设置。若单击对话框中的"制作合成大小"按钮，可创建一个与当前图层大小相同的纯色图层。

使用菜单命令"图层I纯色设置"可以对选中的纯色图层进行修改。

● 灯光图层

灯光图层用于模拟真实世界中不同类型的光源，如办公室灯光、舞台灯光、放电影时使用的灯光、太阳光等。灯光和摄像机一样，只能应用在三维图层中。所以在应用灯光和摄像机时，一定要先打开图层的三维属性。

选择菜单命令"图层 | 新建 | 灯光"，打开"灯光设置"对话框以创建灯光图层。灯光图层包括平行光、聚光、点光、环境光 4 种类型。

在时间轴面板中双击灯光图层，可再次打开"灯光设置"对话框，以便对灯光的相关参数进行修改。

● 摄像机图层

摄像机图层用于模拟三维场景中通过摄像机观察影像的效果。

选择菜单命令"图层 | 新建 | 摄像机"，打开"摄像机设置"对话框，在其中可以设置摄像机图层的名称、缩放、视角、镜头类型等多种参数。

● 空对象图层

空对象图层只是对其他层起到一个辅助作用，本身并不参与渲染。

使用菜单命令"图层 | 新建 | 空对象"可创建空对象图层，它具有一般图层的属性，也可以转换为三维图层，但图层本身没有任何内容。

● 形状图层

使用菜单命令"图层 | 新建 | 形状图层"可创建形状图层，利用工具栏中的矩形工具、椭圆工具、钢笔工具等可在形状图层上绘制各种形状。

● 调整图层

调整图层用于对其下面的图层进行统一调节。在调整图层上添加的效果会影响其下面的所有图层，类似于 Photoshop 的调整图层。

使用菜单命令"图层 | 新建 | 调整图层"可创建调整图层。

5.3.3　关键帧

影视动画制作软件的关键技术，就是基于时间的二维关键帧变换动画的技术。要想产生动画效果，至少需要两个关键帧。After Effects 会自动在关键帧之间进行插值计算，使动画过程平滑、连续。在 After Effects 中，各种图层属性或效果参数的每一次改变都可以设置成关键帧。

关于关键帧动画的创建与编辑，可参照本章对应的实验内容。

5.3.4　效果

After Effects 效果位于"效果和预设"面板，包括"扭曲""文本""模糊和锐化""生成""过渡""透视""遮罩""键控""音频""颜色校正""风格化"等多组效果，基本用法如下。

STEP 1 如果"效果和预设"面板未打开，可选择菜单命令"窗口 | 效果和预设"将其打开，从面板上效果的各个分类中找到需要添加的效果。

STEP 2 将效果拖曳到时间轴面板中未锁定的图层上，或先在时间轴面板中选择要添加效果的图层，然后在"效果和预设"面板双击相应的效果，将效果应用到图层上。

STEP 3 在时间轴面板选中添加了效果的图层，在"效果控制"面板中可以修改效果参数，还可以在"合成"面板中观察效果。

After Effects 的所有效果文件均位于软件安装文件夹下的 Support Files\Plug-ins 中。第三方效果插件只需安装或直接复制到 Plug-ins 文件夹下的指定位置，然后重启 After Effects 就可以使用了。

5.3.5 影片的渲染及输出

After Effects 创作流程的最后一步就是渲染输出创作好的影片。可以通过"文件 | 导出"菜单命令输出影片，也可以通过"渲染队列"面板输出影片。后者提供了更多的选项，可以对影片输出进行更多的控制。使用"渲染队列"面板输出影片的操作如下。

STEP 1 将合成添加到渲染队列。选择菜单命令"合成 | 添加到渲染队列"，打开"渲染队列"面板，如图 1-5-66 所示。

图 1-5-66 "渲染队列"面板

STEP 2 设置输出参数。在"渲染队列"面板中单击"渲染设置"右侧的三角形按钮，从弹出的下拉列表中选择预设的渲染方案（通常选择"最佳设置"选项）。若单击"最佳设置"按钮，则打开"渲染设置"对话框（如图 1-5-67 所示），在其中可以对所选渲染方案做进一步修改。"输出模块"的设置方法类似，如果不想输出音频，可单击"无损"按钮，打开"输出模块设置"对话框，在"自动音频输出"下拉列表中选择"关闭音频输出"选项，如图 1-5-68 所示。

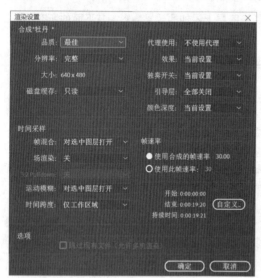

图 1-5-67 "渲染设置"对话框

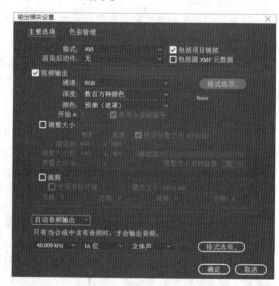

图 1-5-68 "输出模块设置"对话框

STEP 3 选择影片的存储位置。在"渲染队列"面板中单击"输出到"右侧的"尚未指定"按钮，可以设置影片的存储位置。

STEP 4 渲染输出影片。在"渲染队列"面板中设置好上述参数后，单击右上角的"渲染"按钮，开始渲染输出影片。

习题与思考

一、选择题

1. _____标准是用于视频影像和高保真声音的数据压缩标准。

    A. JPEG   B. MIDI   C. MPEG   D. MPG

2. 以下_____不是数字视频的文件格式。

    A. MOV   B. RM   C. MPG   D. CDA

3. 以下有关 AVI 视频格式的叙述正确的是_____。

    A. 苹果公司 Mac 系统下的标准视频格式

    B. 将视频信号和音频信号混合交错地存储在一起，以便同步进行播放

    C. 有损压缩格式，文件小，画质好

    D. 采用的是无损压缩技术

4. 以下_____是流式视频格式，可以在网络上边下载边播放。

    A. WMA   B. RM   C. MPEG   D. DAT

5. 以下_____不是视频处理软件。

    A. Windows Movie Maker   B. Ulead Audio Editor

    C. Premiere Pro   D. Ulead Video Studio

6. 视频编辑的最小单位是_____。

    A. 秒   B. 分钟   C. 小时   D. 帧

7. After Effects 中同时可以有_____个项目文件处于打开状态。

    A. 1   B. 2

    C. 可以自己设定   D. 只要有足够的空间，不限定项目打开的数目

8. After Effects 属于_____的合成软件。

    A. 使用流程图节点完成操作   B. 使用轨道完成操作

    C. 基于图层完成操作   D. 综合以上所有操作方式

9. After Effects 2020 不能导入_____格式的文件。

    A. MA   B. AVI   C. MPEG   D. MAX

10. After Effects 项目文件的扩展名是_____。

    A. prproj   B. ses   C. aep   D. aeproj

11. 在 Premiere Pro 中，"项目"面板主要用于管理当前编辑工作中需要用到的_____。

    A. 素材   B. 工具   C. 效果   D. 音量

12. 以下关于在 Premiere Pro 中设置关键帧的描述，正确的是_____。

    A. 仅可以在时间轴面板中为素材设置关键帧

    B. 仅可以在"效果控件"面板中为素材设置关键帧

    C. 仅可以在时间轴面板和"效果控件"面板中为素材设置关键帧

    D. 可以在时间轴面板、"效果控件"面板、"节目"面板中为素材设置关键帧

13. 在 Premiere Pro 中，使用缩放工具时按住_____键，在时间轴面板各轨道的素材上单击，可以缩小素材。

    A. Tab   B. Ctrl   C. Shift   D. Alt

14. Premiere Pro 2020 不但提供了"视频过渡"以实现视频间的转场，在"视频效果"中还有一组"过渡"效果，关于这两组转场效果的描述，不正确的是_____。

A. 在"视频过渡"中的转场效果无须设置关键帧

B. 在"视频过渡"中的转场效果只可以添加给位于两个相邻轨道上的、时间上有重叠的素材

C. 在"过渡"效果中的效果可以直接添加在素材片段上

D. 在"过渡"效果中的效果需要设置关键帧，才能产生转场效果

15. 我国普遍采用的视频制式为_____。

A. SECAM   B. PAL   C. NTSC   D. RGB

16. 数据压缩就是对数据重新进行编码。通过重新编码，去除数据中的冗余成分，在保证质量的前提下减少需要存储和传送的数据量。以下不属于视频数据冗余类型的是_____。

A. 视觉冗余   B. 距离冗余   C. 空间冗余   D. 时间冗余

17. 以下不属于 Premiere Pro 界面组成部分的是_____。

A. "项目"面板   B. "时间轴"面板   C. "节目"面板   D. "行为"面板

18. Premiere Pro 2020 根据用户的不同需要，提供了除以下_____以外的多种预设的工作界面模式。

A. 视频   B. 音频   C. 编辑   D. 效果

19. Premiere Pro 中，使用_____调整视频效果的参数。

A. "效果控件"面板 B. "效果"面板   C. "节目"面板   D. 工具栏

二、填空题

1. 根据数据的冗余类型，视频的压缩编码方法有视觉冗余编码、空间冗余编码、_____冗余编码、结构冗余编码、信息熵冗余编码和知识冗余编码等多种。

2. 视频的帧序列中相邻图像之间存在高度的相关性，因此而产生的数据冗余称为_____冗余。

3. 数据压缩就是对数据重新进行_____，以去除数据中的冗余成分，在保证质量的前提下减少需要存储和传送的数据量。

4. Premiere Pro 是由 Adobe 公司推出的一款非常优秀的_____视频编辑软件，是当今业界最受欢迎的视频编辑软件之一（填"线性"或"非线性"）。

5. Premiere Pro 能将_____、_____和图片等融合在一起，从而合成精彩的数字电影。

6. 在 Premiere Pro 中，滚动字幕实现字幕的_____移动，而游动字幕则可以实现字幕的_____移动。

7. 在 Premiere Pro 中，存放素材的面板是_____面板。

8. 在 Premiere Pro 中，单击工具栏中的_____按钮，将鼠标指针定位于素材上要分割的位置并单击，即可将素材分割成两部分，每一部分都可以进行单独编辑。

9. Premiere Pro 提供的音频效果、视频效果、音频过渡、视频过渡等都位于_____面板中。

10. Premiere Pro 的项目文件的扩展名是_____。

11. 数据压缩就是对数据重新进行编码。通过重新编码，去除数据中的冗余成分。视频数据的冗余类型主要包括以下几种：_____冗余、_____冗余、_____冗余、结构冗余、信息熵冗余、知识冗余。

12. Premiere Pro 根据用户的不同需要，提供了多种预设的窗口界面模式，包括_____、_____、_____、_____、元数据记录、字幕、库、所有面板和组件等。

13. Premiere Pro 的_____面板中，存放着对项目文件已经完成的所有操作的记录；必要时可以很方便地进行撤销与恢复操作。

14. 在 Premiere Pro 的时间轴面板中，可以通过添加_____，使用户快速、准确地访问特定

的素材片段或帧；还可以使其他素材与标记点对齐。

15. Premiere Pro 中的视频效果与 Photoshop 中的_____类似。二者的主要区别是，在 Photoshop 中，滤镜仅作用于单张图像；而 Premiere 中的视频效果则添加在视频剪辑的各帧图像上。

16. After Effects 图层的基本属性有 5 个：锚点、位置、缩放、_____和_____。

17. 一般来说，不同的压缩编码方式决定了数字视频的不同文件格式。常用的数字视频文件格式包括 AVI、MOV、MPG 和 WMV 等。这些文件格式又分为两类：_____格式和_____格式。

18. 视频图像压缩的一个重要标准就是 MPEG 标准，它针对运动图像设计，是运动图像压缩算法的国际标准。MPEG 标准分成 MPEG_____、MPEG_____和 MPEG 系统三大部分。

19. 编辑素材是视频处理与合成的基础。在 Premiere Pro 中，_____面板、_____面板和"节目"面板是对素材进行编辑加工的 3 个重要场所。

20. Premiere Pro 中，裁切素材就是将素材多余的部分裁剪掉，或者将裁剪掉的部分恢复。在对音频或视频素材进行裁切恢复时，素材片段的长度不能超过素材的_____长度。

21. 如果要在 Premiere Pro 的"节目"面板中设置视频剪辑的运动效果，就必须为该剪辑创建一条_____。通过拖曳其上的控制点，将位置、缩放、旋转等功能结合使用，可以形成丰富的运动效果。

22. 如果要在 Premiere Pro 的"效果控件"面板中设置视频剪辑的运动效果，就必须在剪辑时间线的不同位置为该视频剪辑添加位置、缩放、旋转等参数的_____，并设置不同的参数值，使素材产生运动效果。

23. After Effects 中的图层包括_____图层、纯色图层、灯光图层、摄像机图层、形状图层和调整图层等多种类型。不同类型的图层所产生的图像效果也各不相同。

三、思考题

1. 通过查阅相关书籍或通过网络帮助，了解常用的视频处理软件还有哪些，与 Premiere Pro、After Effects 相比，它们各自的特点是什么。

2. 通过查阅相关书籍或通过网络帮助，了解将摄像机或录像机中的模拟视频信号输入计算机中时，用到的主要硬件设备及其工作原理是什么。

四、操作题

1. 使用 Premiere Pro 2020 和"练习\第 5 章\"文件夹下的图像素材"1.jpg"～"8. jpg"、音频素材"散文朗诵片段（立体声）.wav"与"出水莲片段 .wav"合成短片"配乐散文朗诵"，效果参考"练习\第 5 章\荷塘月色（配乐散文）.wmv"。

操作题 1

操作提示如下。

（1）使用菜单命令"文件|新建|通用倒计时片头"创建片头。

（2）导入图像素材前，将"静止图像默认持续时间"设置为 500 帧。

（3）创建字幕 01"配乐散文：荷塘月色"（游动字幕）。

（4）创建字幕 02，在字幕设计窗口中绘制矩形，为其填充渐变色（黄色→白色），并设置矩形的不透明度为 40% 左右。

（5）在"出水莲片段 .wav"的音量线上添加关键帧，适当降低其与"散文朗诵片段（立体声）.wav"重叠时间区间内的音量。

（6）操作完成后的时间轴面板如图 1-5-69 所示。

图1-5-69 时间轴面板轨道素材组成

2. 打开 Premiere Pro 2020，利用"练习\第5章\"下的素材"视频素材01.mp4""视频素材02.mp4""视频素材03.mp4""视频素材04.jpg""视频素材05.jpg""秋日私语.wav"合成视频，效果参考"练习\第5章\视频（牡丹）参考效果.wmv"。

操作题2

要求如下：

（1）新建项目文件，新建序列（自定义编辑模式，时基为25帧/秒，帧大小为640像素×360像素，方形像素（1.0），其他设置保持默认）；

（2）合成时，删除所有视频素材中的音频部分；

（3）所用视频效果包括"雨""雪""颜色键""镜头光晕""边角固定""高斯模糊"等；

（4）所用视频过渡效果为"油漆飞溅"；

（5）将背景音乐"秋日私语.wav"超出视频的部分截除，并在结尾部分设置音量淡出效果；

（6）最终静态字幕的旋转缩小消失为运动动画（位置、旋转3圈、缩放、不透明度）；

（7）为古诗文字填充从红色到透明的线性渐变色，适当设置文字外侧描边效果；

（8）效果尽量与参考效果保持一致。

3. 打开 Premiere Pro 2020，利用"练习\第5章\视频对接\"下的素材"垂柳.wmv""小鱼.wmv""red.png""窗户.png"合成视频，效果参考"练习\第5章\视频对接\窗外.wmv"。

操作题3

操作提示如下。

（1）序列设置的要求为：自定义编辑模式，时基为29.97帧/秒，帧大小为720像素×1280像素，方形像素（1.0），其他设置保持默认。

（2）最终的序列组成如图1-5-70所示。其中在V3轨道的"垂柳.wmv"剪辑上添加了"设置遮罩"效果（位于"通道"视频效果组），遮罩层为V1轨道上的red.png。

（3）可以通过"节目"面板，将V2轨道上的"小鱼.wmv"剪辑向下移动，以便定位画面上金鱼的位置。

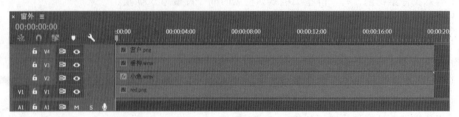

图1-5-70 最终的序列组成

第 6 章　多媒体作品合成

6.1 多媒体作品合成概述

多媒体作品合成是指在文本、图形、图像、音频和视频等多种媒体信息之间建立逻辑连接，使它们"融为一体"，并具有交互功能。

多媒体作品合成包括传统数字媒体的合成和流媒体的合成。

1. 传统数字媒体的合成

传统数字媒体的合成具有以下特点。

- 各媒体素材往往以嵌入的形式合成到多媒体作品中。多媒体作品的最终文件大小与所用图形、图像、音频和视频等媒体素材的文件大小有着直接的关系。
- 合成工具包括PowerPoint、Animate、Dreamweaver、Director、Authorware、Visual Basic等。相应地，多媒体作品的文件格式也是多种多样的。
- 多媒体作品的传播介质包括U盘、光盘、移动硬盘、网络等。根据多媒体作品文件格式的不同，播放工具也有多种。

本章及前面相应章节主要介绍传统数字媒体素材的加工处理及多媒体作品的合成。

2. 流媒体的合成

流媒体技术是一种新兴的网络多媒体技术，以流的方式在网络上传输多媒体信息。

流媒体包括流式音频、流式视频、流式文本和流式图像等。目前美国 RealNetworks 公司的 RealSystem 系列产品和苹果公司的 QuickTime 系列产品都支持流媒体技术。例如，使用 RealNetworks 公司的 RealProducer 软件可以将传统的数字音频文件和视频文件转换为流式音频与视频文件（.rm 文件）；使用 RealNetworks 公司的标记语言 RealText 可以编写流式文本文件（.rt 文件）；而使用 RealPix 标记语言可以编写流式图像文件（.rp 文件）；使用 RealNetworks 公司的流媒体播放器 RealPlayer 可以播放流式媒体文件。

借助同步多媒体集成语言（Synchronized Multimedia Integration Language，SMIL）可以将上述流媒体合成在一起，形成流式多媒体作品。SMIL 是一种关联性标记语言，可以将 Internet 上不同位置的媒体文件关联到一起，已经渐渐成为网络多媒体的国际通用性标准语言。

流式多媒体文件较小，主要用于网络传输。

值得注意的是，如果仅仅使用多媒体合成软件，按播放的先后顺序将各种单媒体素材简单堆砌起来，并不能制作出好的多媒体作品。优秀的多媒体作品应具备以下特征。

- 综合应用多种媒体形式，以更好地表现主题。例如，利用文字详细地描述事物，利用图像直观地反映事实，利用同步语音使画面更具说服力，使用背景音乐更有效地渲染主题等。
- 多媒体作品中的各媒体之间应建立有效的逻辑关系，利用不同媒体形式进行优势互补，以便更有效地表达主题。
- 对作品界面进行美学设计，色彩搭配合理，素材具有美感，符合人们的审美要求。
- 合理地利用交互式功能为用户提供个性化信息服务，强调人的主观能动性。

另外，多媒体合成技术只是更有效地表达主题信息的手段，仅仅凭借"高超"的多媒体合成技术，并不能创作出内容丰富的优秀多媒体作品。

6.2 多媒体作品合成综合案例——卷纸国画

6.2.1 使用 Audition 处理配音素材

STEP 1 启动 Audition 2020，打开音频文件"第 6 章素材 \ 卷纸国画 \ 风（素材）.wav"，选择开始处约 0.5 秒的波形，如图 1-6-1 所示。

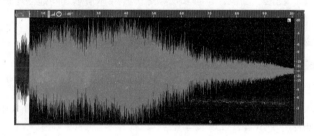

使用 Audition
处理配音素材

图 1-6-1 选择部分波形

STEP 2 选择菜单命令"效果 | 振幅与压限 | 淡化包络（处理）"，打开"效果 – 淡化包络"对话框，在"预设"下拉列表中选择"平滑淡入"选项，如图 1-6-2 所示。单击"应用"按钮，所选波形得到淡入处理，如图 1-6-3 所示。

图 1-6-2 选择"平滑淡入"选项

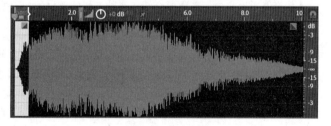

图 1-6-3 对素材进行淡入处理

STEP 3 确认已选择菜单命令"视图 | 显示 HUD（H）"，开启可视化振幅调整功能。

STEP 4 选择全部波形，在可视化振幅控制图标上按住鼠标左键并向下或向左拖动鼠标，减小振幅，如图 1-6-4 所示。

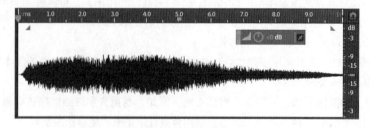

图 1-6-4 适当减小振幅

使用菜单命令"文件 | 另存为"将处理后的音频仍存储为 WAV 格式的文件，将其命名为"风 .wav"。退出 Audition 2020。

6.2.2 使用 Photoshop 处理国画素材

STEP 1 启动 Photoshop 2020，打开素材图片"第6章素材\卷纸国画\山水画.jpg"。

使用 Photoshop
处理国画素材

STEP 2 选择菜单命令"图像|调整|去色"，获得图像的灰度效果。

STEP 3 选择菜单命令"图像|调整|色阶"，打开"色阶"对话框，参数设置如图1-6-5所示。单击"确定"按钮，结果如图1-6-6所示。本步操作的目的是增加图像的对比度。

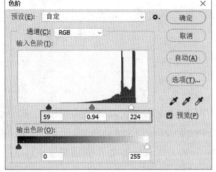

图1-6-5 设置"色阶"对话框中的参数

图1-6-6 色阶调整效果

STEP 4 在"图层"面板上双击背景图层的缩览图，将其转换为普通图层，并采用默认名称"图层0"。

STEP 5 使用缩放工具将图像放大到1600%。选择矩形选框工具，在图像左上角创建图1-6-7所示的选区（"羽化"值为0）；使用选择菜单命令"编辑|定义图案"将选区内的图像定义为图案。

STEP 6 将图像恢复为100%显示，并取消选区。选择菜单命令"图像|画布大小"，打开"画布大小"对话框，参数设置如图1-6-8所示。画布扩充结果如图1-6-9所示。

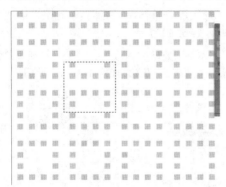

图1-6-7 创建矩形选区

图1-6-8 设置"画布大小"对话框中的参数

STEP 7 新建"图层1"，使用油漆桶工具（或"编辑|填充"菜单命令等）将步骤5中定义的图案填充在"图层1"上。

STEP 8 在"图层"面板上将"图层1"拖动到"图层0"的下面，并在"图层"面板菜单中选择"拼合图像"命令，将图层合并。此时画面效果如图1-6-10所示。

STEP 9 将当前图像以JPG格式存储，将其命名为"山水画（处理）.jpg"，以备后用。退出 Photoshop 2020。

图 1-6-9　向左扩充画布　　　　　　　　　　　　　　　　图 1-6-10　拼合图像

6.2.3　使用 Animate 合成与输出作品

使用 Animate
合成与输出作品

STEP 1 将字体文件"第 6 章素材 \ 卷纸国画 \ 字体 \ 方正细珊瑚繁体 .ttf"复制到系统盘的"WINDOWS\Fonts"文件夹下（也可以在字体文件上右击，从弹出的菜单中选择"安装"命令进行字体安装。该方法在 Animate、Photoshop 等软件启动前后均可使用，而将字体文件复制到"WINDOWS\Fonts"文件夹下的方法只能在软件启动前使用）。

STEP 2 启动 Animate 2020。新建空白文档（舞台大小为 1000 像素 ×550 像素，帧速率为 24 帧 / 秒，平台类型为 ActionScript 3.0，其他设置保持默认）。选择菜单命令"修改 l 文档"，利用"文档设置"对话框将舞台颜色设为 #C7CCB7。

STEP 3 选择菜单命令"视图 l 缩放比率 l 显示帧"，将舞台全部显示出来。将"图层 _1"改名为"山水画"。

STEP 4 将"第 6 章素材 \ 卷纸国画"文件夹下的"风 .wav""念奴娇 赤壁怀古（宋祖英）.mp3"导入"库"面板。

STEP 5 打开"库"面板，在素材列表区"念奴娇 赤壁怀古（宋祖英）.mp3"的"链接"处双击，输入链接标识符"mp3"，按 Enter 键确认，如图 1-6-11 所示。

STEP 6 将图片"第 6 章素材 \ 卷纸国画 \ 山水画（处理）.jpg"导入舞台。选择菜单命令"窗口 l 变形"，打开"变形"面板，将图片素材成比例缩小为原来的 75%，如图 1-6-12 所示。

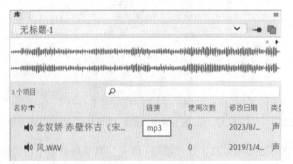

图 1-6-11　设置链接参数　　　　　　　　　　　　　　　图 1-6-12　设置缩放参数

STEP 7 选择菜单命令"窗口 l 对齐"，打开"对齐"面板，将缩小后的图片与舞台在水平与竖直方向上居中对齐。

STEP 8 锁定"山水画"图层，并在其时间线的第 155 帧处插入帧。

STEP 9 新建图层，命名为"左卷纸"。在其首帧舞台上图 1-6-13 所示的位置绘制 36 像素 ×464

像素的白色无边框矩形。将该矩形转换为影片剪辑元件，命名为"卷纸"。在舞台上调整矩形的位置，使其覆盖山水画的左边缘，并使其在竖直方向上与舞台居中对齐。

图 1-6-13 创建白色矩形

STEP 10 选择矩形。打开"属性"面板，在"滤镜"参数区中单击"添加滤镜"按钮，在弹出的菜单中选择"投影"命令，投影参数设置如图 1-6-14（a）所示（其中颜色为黑色）。

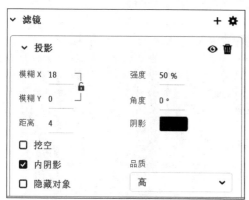

（a）添加内侧投影

（b）添加外侧投影

图 1-6-14 添加滤镜效果

STEP 11 仿照步骤 10 再次为矩形添加"投影"滤镜，参数设置如图 1-6-14（b）所示（其中颜色为黑色）。两次添加"投影"滤镜后，矩形的效果如图 1-6-15 所示。

STEP 12 按 Ctrl+C 组合键复制已添加滤镜的矩形，并锁定"左卷纸"图层。

STEP 13 在所有层的上面新建图层，命名为"右卷纸"。选择"右卷纸"图层的第 1 帧，按

图 1-6-15 矩形效果

Ctrl+Shift+V 组合键（或选择菜单命令"编辑 | 粘贴到当前位置"）将矩形粘贴到"右卷纸"图层，并将矩形水平向右移动到图 1-6-16 所示的位置。在"属性"面板上，将"右卷纸"的两个"投影"滤镜的"角度"值都更改为 180，其他参数保持不变。

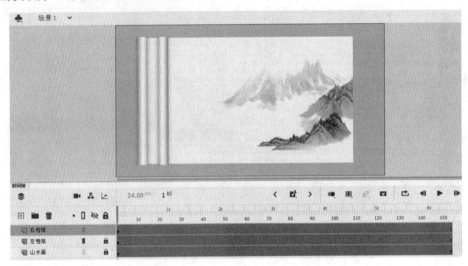

图 1-6-16 复制出"右卷纸"

STEP 14 在"右卷纸"图层的第 155 帧处插入关键帧，将矩形水平向右移动到图 1-6-17 所示的位置（刚好覆盖山水画右边缘）。将"右卷纸"图层的第 2 帧转换为关键帧，并插入传统补间动画。锁定"右卷纸"图层。按 Enter 键可以看到"右卷纸"水平向右移动的动画。

图 1-6-17 创建"右卷纸"移动动画

STEP 15 解锁"山水画"图层并选择该图层的第 1 帧。将"第 6 章素材 \ 卷纸国画 \ 念奴娇·赤壁怀古（书法）.png"导入舞台，再将其成比例缩小后放置在图 1-6-18 所示的位置。重新锁定"山水画"图层。

STEP 16 在"山水画"图层的上面新建图层，命名为"分隔线"。在该层首帧舞台图 1-6-19 所示的位置绘制双线分隔线（两条竖直线都是 1 像素粗细的实线，左边直线的颜色为 #cccccc，右边直线的颜色为 #e0e0e0）。将两条竖直线组合在一起。

STEP 17 选中竖直分隔线组合对象，按 Ctrl+C 组合键复制该组合对象，按组合键 Ctrl+Shift+V（或选择菜单命令"编辑 | 粘贴到当前位置"）15 次，这样在同一位置共重叠有 16 个分隔

线组合对象。将其中一个分隔线组合对象水平向左移动到图 1-6-20 所示的位置。

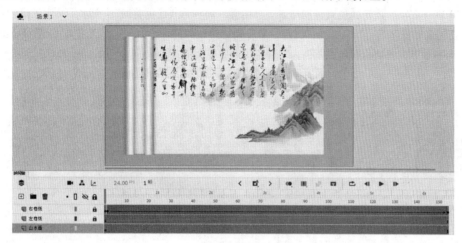

图 1-6-18 导入书法素材

图 1-6-19 绘制分隔线

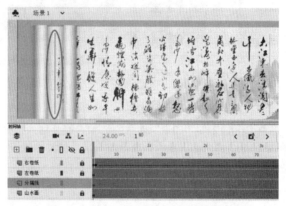

图 1-6-20 确定水平分布范围

STEP 18 单击"分隔线"图层的第 1 帧，以便选中所有 16 个分隔线组合。显示"对齐"面板（不选中"与舞台对齐"复选框），单击"水平居中分布"按钮，结果如图 1-6-21 所示。锁定"分隔线"图层。

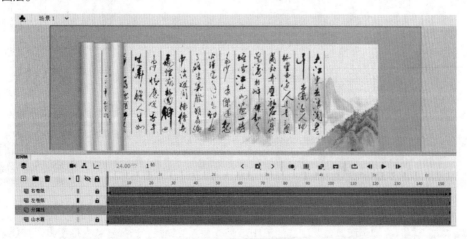

图 1-6-21 水平分布分隔线

STEP 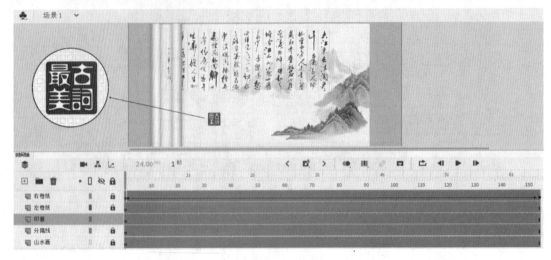**19** 在"分隔线"图层的上面新建图层，命名为"印章"，并在该图层的首帧舞台上（书法字下面）图1-6-22所示的位置绘制印章。其中文本内容为"最古美词"（用水平文字工具创建），字体为"方正细珊瑚繁体"，大小20 pt，白色，字符间距为0，行距为−1。矩形大小为45像素×45像素，圆角半径为5像素，无边框，填充颜色为暗红色（颜色值为 #990000）。

图1-6-22 创建印章效果

STEP **20** 同时选中印章中的文本与矩形，将其转换为按钮元件。利用"属性"面板将该按钮元件实例的名称设置为 btn_seal01。

STEP **21** 在"印章"图层的第155帧处插入关键帧。按Ctrl+C组合键复制印章，按Ctrl+V组合键粘贴印章。将粘贴出来的印章分离1次，将其中的矩形的填充颜色修改为红色（#ff0000），文字内容更改为"歌欣曲赏"。将分离后的印章重新转换为按钮元件，并利用"属性"面板将其命名为 btn_seal02，如图1-6-23所示。

STEP **22** 移动纯红色印章，使其与暗红色印章的位置完全重合。锁定"印章"层。

STEP **23** 在"印章"图层的上面新建图层，命名为"画面遮盖"，并在其首帧绘制图1-6-24所示的无边框蓝色矩形，矩形左边缘尽量接近"左卷纸"水平方向的中央，右边缘尽量接近"右卷纸"水平方向的中央，上下边缘均超出山水画的上下边缘（此处的矩形也可填充其他颜色，只要能看清楚即可）。

图1-6-23 创建第2个印章

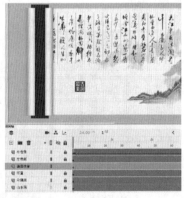

图1-6-24 绘制矩形遮罩

STEP **24** 在"画面遮盖"图层的第155帧处插入关键帧。选择任意变形工具，按住Alt键水平向右拖动矩形右边缘中间的控制块到图 1-6-25 所示的位置（尽量接近"右卷纸"水平方向的中央）。

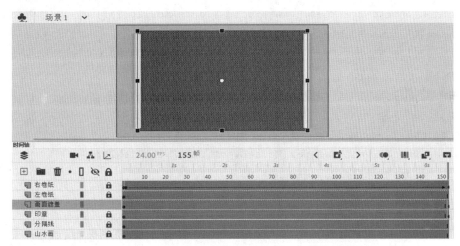

图 1-6-25　变换矩形

STEP 25 在"画面遮盖"图层的首帧插入补间形状动画，并将该图层转换为遮罩层。此时"印章"图层自动转换为被遮罩层。

STEP 26 将"分隔线"图层与"山水画"图层转换为被遮罩层。

STEP 27 将"右卷纸"图层解锁。在"右卷纸"图层时间线第 1 帧图 1-6-26 所示的位置创建文本"展开画卷"（水平文本，华文中宋，30pt，黑色），并将文本转换为按钮元件。利用"属性"面板设置其名称为 btn_play。锁定"右卷纸"图层。

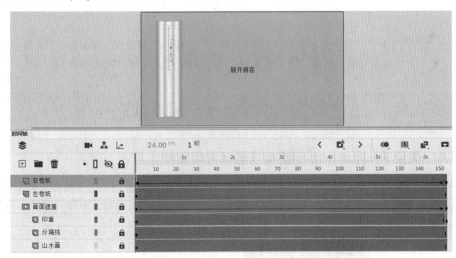

图 1-6-26　创建"展开画面"按钮元件

STEP 28 在"右卷纸"图层的上面新建图层，命名为"配音"。在该图层时间线的第 2 帧处插入关键帧，并为该帧添加声音"风 .wav"。通过"属性"面板将声音的"同步"参数设置为"开始"，重复 1 次。

STEP 29 为"右卷纸"图层的第 1 个关键帧添加如下动作代码。

```
stage.displayState = StageDisplayState.FULL_SCREEN;  // 全屏播放
btn_play.addEventListener(MouseEvent.CLICK,onclick1); // 对按钮添加侦听器
```

// 事件目标 . 添加事件侦听器 (事件类型 , 侦听函数)

```
function onclick1(e:MouseEvent):void { gotoAndPlay(2);} // 定义侦听函数
btn_seal01.mouseEnabled = false;
btn_seal01.visible = true;
stop();
```

STEP 30 为"右卷纸"图层的最后一个关键帧添加如下动作代码。

```
stop();
var s: mp3 = new mp3();      // 调用库中声音的链接 mp3
btn_seal02.addEventListener(MouseEvent.CLICK,onclick2);
function onclick2(e:MouseEvent):void {
    var channel: SoundChannel = new SoundChannel();
// 定义一个 channel 对象用来记录当前播放到哪了
    channel =  s.play();          // 播放声音，并将 s 对象的控制权交给 channel
  btn_seal02.mouseEnabled = false;
  btn_seal02.visible = false;
  channel.addEventListener(Event.SOUND_COMPLETE, onPlaybackComplete);
  // 给声道 channel 加 sound_complete 监听，声音播放结束后进行其他处理
  function onPlaybackComplete(event:Event):void {
    btn_seal02.mouseEnabled = true;
      btn_seal02.visible = true;
      }
}
```

STEP 31 测试动画。菜单命令"文件 | 另存为"存储作品源文件。菜单命令"文件 | 发布设置"
发布作品。整个卷纸动画效果可参考"第 6 章素材 \ 卷纸国画 \ 卷纸国画 (AS3).swf"。

6.3 多媒体作品合成综合案例——星光灿烂

6.3.1 使用 Photoshop 创建树枝透明背景图像

STEP 1 启动 Photoshop 2020，打开素材图片"第 6 章素材 \ 星光灿烂 \ 树枝 .jpg"（图
1-6-27）。选择魔棒工具（"容差"值为 32，不选中"连续"复选框，其他设置保持默认），在图像上
粗的树干上单击选择树枝。

使用 Photoshop
创建树枝透明背景图像

图 1-6-27　原素材图像（1）

STEP 2 按 Ctrl+C 组合键复制选区内图像，按 Ctrl+V 组合键粘贴图像到"图层1"。删除背景图层，如图 1-6-28 所示。

STEP 3 选择"文件 | 存储为"菜单命令，将处理结果以"树枝 .png"为名保存（注意保存类型选择"PNG(*.PNG; *.PNG)"）。

STEP 4 关闭"树枝 .jpg"素材文件，弹出警告框（提醒是否保存对图像的改动），单击"否"按钮。

图 1-6-28　创建树枝（透明背景）图像

6.3.2　使用 Photoshop 创建星光透明背景图像

STEP 1 打开素材图片"第 6 章素材 \ 星光灿烂 \ 光芒 .jpg"（图 1-6-29）。选择"图像 | 调整 | 反相"菜单命令，结果如图 1-6-30 所示。

STEP 2 选择"编辑 | 定义画笔预设"菜单命令，弹出"画笔名称"对话框，单击"确定"按钮。此时 Photoshop 自动选择工具箱中的画笔工具，且切换为自定义的画笔形状。

使用 Photoshop 创建星光透明背景图像

STEP 3 将前景色设置为白色，背景色设置为黑色。按 Ctrl+Backspace 组合键将背景图层填充为背景色（黑色）。新建"图层 1"，使用画笔工具在图像窗口中央位置单击，将白色光芒绘制在"图层 1"上。如图 1-6-31 所示。

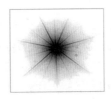

图 1-6-29　原素材图像（2）　　图 1-6-30　反相效果　　图 1-6-31　在新建图层上绘制光芒效果

STEP 4 删除背景图层，将处理结果以"星光 .png"为名保存起来（注意保存类型选择"PNG(*.PNG; *.PNG)"）。关闭素材文件，不保存对图像的改动。

6.3.3　使用 Photoshop 创建月牙儿透明背景图像

STEP 1 新建图像（240 像素 ×240 像素、72 像素 / 英寸、RGB 颜色模式（8 位）、背景颜色为 #3366FF）。

使用 Photoshop 创建月牙儿透明背景图像

STEP 2 选择椭圆选框工具，在选项栏上将"样式"设置为"固定大小"，"宽度"与"高度"都设置为 136 像素，其他参数采用默认设置，注意"羽化"值为 0。在图像上单击创建圆形选区。

STEP 3 新建"图层 1"，并在"图层 1"的选区内填充白色，如图 1-6-32 所示。

STEP 4 使用菜单命令"选择 | 修改 | 羽化"将选区羽化 5 像素，再使用菜单命令"选择 | 修改 | 扩展"将选区扩展 5 像素。

STEP 5 使用键盘方向键将选区向右、向上分别移动 12 像素左右（操作时视图显示比例为100%，切记不要选择移动工具）。按 Delete 键 4 次删除选区内的图像，结果如图 1-6-33 所示。按

Ctrl+D 组合键取消选区。

图 1-6-32　在新图层的圆形选区内填充白色

图 1-6-33　删除选区内的白色

STEP 6 复制"图层 1"两次，得到"图层 1 拷贝"和"图层 1 拷贝 2"两个图层。按组合键 Ctrl+E 两次，将两个复制图层合并到"图层 1"（本步操作目的是加强月牙儿的白色，使其在暗蓝色的夜空中显得更亮）。

STEP 7 删除背景图层。将处理结果以"月牙儿 .png"为名保存（注意保存类型选择"PNG(*.PNG; *.PNG)"）。关闭素材文件，不保存对图像的改动。关闭 Photoshop。

6.3.4　使用 Animate 合成与输出作品

STEP 1 启动 Animate 2020。新建空白文档（舞台大小为 800 像素 × 1146 像素，帧速率为 24 帧 / 秒，平台类型为 ActionScript 3.0，其他设置保持默认）。选择菜单命令"修改 I 文档"，利用"文档设置"对话框将舞台颜色设为黑色。

使用 Animate
合成与输出作品

STEP 2 将"第 6 章素材 \ 星光灿烂"文件夹下的素材"树枝 .png""星光 .png""月牙儿 .png""夜空 .png""小房子（明）.png""小房子（暗）.png""蟋蟀 .wav""小夜曲（萧邦）.mp3"导入"库"面板。

STEP 3 新建影片剪辑元件，元件名称为"夜空"，进入该影片剪辑元件的编辑窗口，将"夜空 .png"从"库"面板中拖动到舞台上，利用"对齐"面板将其分别与舞台左对齐和顶对齐。打开"库"面板，在素材列表区中"夜空"元件的"链接"处双击，输入链接标识符"bg"，按 Enter 键确认。

STEP 4 新建影片剪辑元件，元件名称为"树枝"，进入该影片剪辑元件的编辑窗口，将"树枝 .png"从"库"面板中拖动到舞台上，利用"对齐"面板将其分别与舞台左对齐和顶对齐。仿照步骤 3，在"库"面板中将"树枝"元件的"链接"标识符设置为"tree"。

STEP 5 新建按钮元件，元件名称为"亮灯小房子"，进入该按钮元件的编辑窗口，将"小房子（明）.png"从"库"面板中拖动到舞台上，将其分别与舞台左对齐和顶对齐。在"库"面板中将"亮灯小房子"元件的"链接"标识符设置为"btn1"。

STEP 6 新建按钮元件，元件名称为"灭灯小房子"，进入该按钮元件的编辑窗口，将"小房子（暗）.png"从"库"面板中拖动到舞台上，将其分别与舞台左对齐和顶对齐。在"库"面板中将"灭灯小房子"元件的"链接"标识符设置为"btn2"。

STEP 7 新建影片剪辑元件，元件名称为"月亮上升"，进入该影片剪辑元件的编辑窗口，进行如下操作。

① 将"库"面板中的资源"月牙儿 .png"拖动到舞台，将其分别与舞台左对齐和顶对齐，并转换为图形元件（名称保持默认）。

② 在"图层 _1"的第 90 帧处插入关键帧。在第 1 帧处插入传统补间动画。在"属性"面板的"色彩效果"参数栏，将第 1 帧舞台上的"月牙儿"实例的 Alpha 参数设置为 0%（完全透明）。

③ 在"图层 _1"的第 91 帧处插入关键帧，在"图层 _1"的第 500 帧处插入帧。选择"图层 _1"的第 201~500 帧（包括第 201 帧和第 500 帧），按 F5 键 10 次（共插入 10×300=3000 个普通帧，使"图

层 _1"的帧一直延续到第 3500 帧)。

④ 在第 91 帧处插入补间动画,此时"图层 _1"的第 91~3500 帧自动分离到"图层 _2"。

⑤ 显示标尺。选择"图层 _2"的第 3500 帧,将"月牙儿"移动到图 1-6-34 所示的位置(水平向右移动约 600 像素,竖直向上移动约 500 像素)。

⑥ 选择选择工具▶,将鼠标指针放置在"月牙儿"的直线运动路径上,当鼠标指针旁出现一条弧线时▶,按住鼠标左键向上拖动鼠标,将直线路径转换成向上弯的平滑弧线(见图 1-6-34)。

⑦ 在"图层 _1"的第 3500 帧处插入关键帧,在该关键帧上添加停止代码"stop();"。

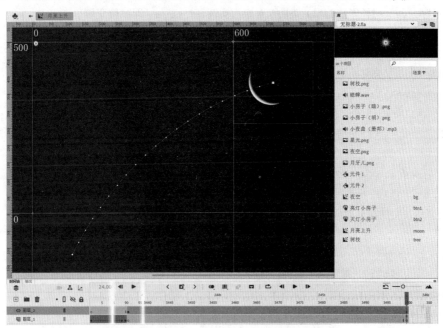

图 1-6-34　创建"月亮上升"影片剪辑元件

STEP 8 在"库"面板中,将"月亮上升"元件的"链接"标识符设置为"moon"。

STEP 9 新建影片剪辑元件,元件名称为"星光闪烁",进入该影片剪辑元件的编辑窗口,进行如下操作。

① 将"库"面板中的资源"星光 .png"拖动到舞台,将其与舞台居中对齐,并转换为图形元件(名称保持默认)。

② 在"图层 _1"的第 50 帧和第 100 帧处分别插入关键帧。在第 1 帧和第 50 帧处分别插入传统补间动画。选择第 50 帧,利用"变形"面板将该帧的舞台上的"星光"缩小为原来的 60%。

STEP 10 在"库"面板中,将"星光闪烁"元件的"链接"标识符设置为"star"。

STEP 11 返回场景 1。

STEP 12 在场景 1 中将"图层 _1"改名为"虫鸣"。通过"属性"面板为该图层添加声音"蟋蟀 .WAV",将"同步"设置为"开始",循环播放。

STEP 13 在场景 1 中新建图层,命名为"音乐"。通过"属性"面板为该图层添加声音"小夜曲(萧邦).mp3",将"同步"设置为"开始",循环播放。

STEP 14 在场景 1 中新建图层,命名为"代码"。选择该图层首帧,打开"动作"面板,输入以下代码。

```
var mc_bg:bg;// 定义 bg(夜空背景图像影片剪辑)类型的变量 mc_bg
```

```
mc_bg=new bg();
// 创建 bg（夜空背景图像影片剪辑）类的（对象）实例 mc_bg（即赋值变量）
var mc_moon:moon;// 定义 moon（月亮上升影片剪辑）类型的变量 mc_moon
mc_moon=new moon();
// 创建 moon（月亮上升影片剪辑）类的（对象）实例 mc_moon（即赋值变量）
var mc_tree:tree;// 定义 tree（树枝影片剪辑）类型的变量 mc_tree
mc_tree=new tree();
// 创建 tree（树枝影片剪辑）类的（对象）实例 mc_tree（即赋值变量）
var randomSet:btn1;// 定义 btn1（亮灯小房子按钮）类型的变量 randomSet
randomSet=new btn1();
// 创建 btn1（亮灯小房子按钮）类的（对象）实例 randomSet（即赋值变量）
var removeAll:btn2;// 定义 btn2（灭灯小房子按钮）类型的变量 removeAll
removeAll=new btn2();
// 创建 btn2（灭灯小房子按钮）类的（对象）实例 removeAll（即赋值变量）


mc_tree.scaleX=0.82; // 设置树枝实例在 x 方向的大小
mc_tree.scaleY=mc_tree.scaleX;
// 设置树枝实例在 y 方向的大小与 x 方向一致，即等比例缩放


mc_moon.x=0;
mc_moon.y=750;// 指定月牙儿的位置
randomSet.x=40;
randomSet.y=900;// 指定亮灯小房子按钮的位置
removeAll.x=90;
removeAll.y=905;// 指定灭灯小房子按钮的位置
// 未具体指定位置的夜空背景图像和树枝，默认位置为（0，0）


addChild(mc_bg);
addChild(mc_moon);
addChild(mc_tree);
addChild(randomSet);
addChild(removeAll);// 将上面创建的所有对象添加到显示列表，以便在舞台上显示
//ActionScript3.0 规定了一张表格，叫作显示列表
// 就是各种显示对象的清单。只有该列表中的对象才能在舞台上显示


setChildIndex(mc_bg,0);// 设置夜空背景图像的深度
setChildIndex(mc_moon,1);// 设置月牙儿的深度，月牙儿在背景图像上面
setChildIndex(mc_tree,2);// 设置树枝的深度，树枝在月牙儿上面（树枝遮住月亮）
setChildIndex(randomSet,4)// 设置亮灯小房子按钮的深度
setChildIndex(removeAll,3)// 设置灭灯小房子按钮的深度
// 定义时间轴函数：在舞台上鼠标指针所在的位置（xpos, ypos）添加一颗小星星
```

```
function setStart(xpos:int, ypos:int):void {
    var mc_star:star;// 定义 star（星光闪烁影片剪辑）类型的变量 mc_star
    mc_star=new star();
// 创建 star（星光闪烁影片剪辑）类的（对象）实例 mc_star（即赋值变量）

    mc_star.x=xpos;
    mc_star.y=ypos;    // 设置新实例的 x、y 坐标（即鼠标指针的位置）
    mc_star.rotation = Math.random()*60;   // 设置新实例的旋转角度
    //mc_star.alpha = Math.random()*0.6+0.4;   // 设置新实例的不透明度
    mc_star.scaleX=Math.random()*0.06+0.04; // 设置新实例在 x 方向的大小
    mc_star.scaleY=mc_star.scaleX;
// 设置新实例在 y 方向的大小与 x 方向一致，即等比例缩放
    addChild(mc_star);// 将新实例添加到显示列表
    setChildIndex(mc_star,1);// 设置新实例星星的深度为 1，此时夜空背景图像深度
// 依旧为 0，而原来深度大于或等于 1 的对象（实例）的深度依次加 1
};

var i:uint = 0;// 定义时间轴变量并赋初值（添加小星星的数量）

// （在舞台上单击，运行 setStart 函数，添加 1 颗小星星）Mouse Click 事件
stage.addEventListener(MouseEvent.CLICK, fl_MouseClickHandler_1);
function fl_MouseClickHandler_1(event:MouseEvent):void
{
    var xpos:int =event.stageX;
    var ypos:int =event.stageY;// 此处规定 xpos、ypos 等于舞台上单击的位置

    if (ypos>10 && ypos<650 && xpos>10 && xpos<790) {
    // （舞台高度为 1146，宽度为 800）在舞台 [（10,10），（790，650）] 范围内
// 才能添加小行星，舞台底部 Y>=650 的区域禁止添加星星
        setStart(xpos, ypos);// 运行 setStar()t 函数，在单击处添加一个小星星
        i = i + 1;    // 星星个数加 1
    }
}

/* （单击亮灯的小房子按钮，执行 setStart() 函数，添加 10 个小星星）Mouse Click 事件。
*/
randomSet.addEventListener(MouseEvent.CLICK,fl_MouseClickHandler_2);  //
randomSet 为亮灯小房子按钮实例
function fl_MouseClickHandler_2(event:MouseEvent):void
{
    var sum:int =10;
```

```
for (var m:uint = 0; m<sum; m++) {    // 在限定区域的随机位置增加 10 个星星
var xpos:int =780 * Math.random()+10;//10=<xpos<=790
var ypos:int = 640 * Math.random()+10;
```
//10=<*ypos*<=65，添加星星的位置（xpos, ypos）在 [（10，10），（790,650）] 范围内
```
setStart(xpos, ypos);
i = i + 1;// 星星个数加 1
  }
}
```

```
/*（单击灭灯小房子按钮，删除所有小星星）Mouse Click 事件。
*/
removeAll.addEventListener(MouseEvent.CLICK,fl_MouseClickHandler_3);
// removeAll 为灭灯小房子按钮实例
function fl_MouseClickHandler_3(event:MouseEvent):void
{
        for(;i>0;i--){
        removeChildAt(1); // 删除深度为 1 的星星，此时夜空图片深度依旧为 0，
                          // 而原来深度大于 1 的对象的深度依次减少 1
     }
    // 删除列表 / 容器中添加的所有星星子对象
}
```

STEP 15 测试动画。先在树枝附近的夜空中单击，可添加 1 个小星星；单击舞台左下角亮灯小房子按钮，可随机添加 10 个小星星；单击舞台左下角灭灯小房子按钮，可删除添加的所有小星星。最终动画效果请参考"第 6 章素材 \ 星光灿烂 \ 星光灿烂 .swf"。

STEP 16 存储作品源文件，发布 SWF 影片文件。

习题与思考

一、选择题

1. 对传统数字媒体合成的理解，以下_____是正确的。
   A. 各单媒体素材往往以关联的形式合成到多媒体作品中
   B. 多媒体作品的最终文件大小与所用媒体素材的文件大小之间不存在直接联系
   C. 多媒体作品的文件格式多种多样，相应地，播放工具也有多种
   D. 使用同步多媒体集成语言（SMIL）将各媒体素材合成在一起

2. 下列对多媒体作品的理解错误的是_____。
   A. 仅用多媒体合成软件将各单媒体素材简单堆砌，并不能制作出好的多媒体作品
   B. 借助多种媒体形式表达作品主题，其主要目的是增强信息的感染力
   C. 各媒体之间应建立有效的逻辑连接，利用不同媒体形式进行优势互补
   D. 多媒体合成技术和手段"高超"的多媒体作品一定是好的多媒体作品

3. 计算机辅助教学软件的英文简称是_____。

　　A. CAI　　　　　　 B. CAM　　　　　　 C. CAD　　　　　　 D. CAT

4. 商业多媒体作品开发的一般流程是_____。

　　A. 素材的采集与加工→作品合成→需求分析→规划与设计→测试与发布

　　B. 需求分析→规划与设计→素材的采集与加工→作品合成→测试与发布

　　C. 规划与设计→需求分析→素材的采集与加工→作品合成→测试与发布

　　D. 需求分析→作品合成→素材的采集与加工→规划与设计→测试与发布

5. 合成多媒体作品时首先要确定的是_____。

　　A. 作品的主题　　　 B. 阅读对象　　　　 C. 版面设计　　　　 D. 预期效果

二、填空题

1. 多媒体作品合成包括_____的合成和_____的合成。

2. 多媒体作品合成是指在文本、图形、图像、音频和视频等多种媒体信息之间建立_____，将其合成为一个系统并具有_____功能。

3. 使用_____语言（SMIL）可以将各流式媒体合成在一起，形成流式多媒体作品。

4. 流式多媒体文件较小，主要用于_____传输。

三、操作题

1. 使用 Photoshop、Animate 与 "练习 \ 第 6 章 \" 文件夹下的图像素材 "风景 01.jpg" "风景 02.jpg" 和音频素材 "念故乡（伴奏）.mp3" 合成多媒体作品 "片尾"（画面效果如图 1-6-35 所示）。效果参考 "练习 \ 第 6 章 \ 片尾 .swf"。

操作题 1

图 1-6-35　作品截图

操作提示如下。

（1）使用 Photoshop 的 "可选颜色" 或 "色相 / 饱和度" 命令对图像素材 "风景 01.jpg" 进行调色（调整图像中的绿色与黄色），结果参考 "练习 \ 第 6 章 \ 风景 01（调色）.jpg"。

（2）使用 Photoshop 对调色后的图像进行裁切，裁切后的图像大小为 600 像素 ×480 像素，结果参考 "练习 \ 第 6 章 \ 风景 01（调色 + 裁切）.jpg"。

（3）使用 Photoshop 的 "可选颜色" 或 "色相 / 饱和度" 命令对图像素材 "风景 02.jpg" 进行调色（调整图像中的黄色），结果参考 "练习 \ 第 6 章 \ 风景 02（调色）.jpg"。

（4）使用 Photoshop 对调色后的图像进行裁切，裁切后的图像大小为 600 像素 ×480 像素，结果参考 "练习 \ 第 6 章 \ 风景 02（调色 + 裁切）.jpg"。

（5）启动 Animate 2020，新建空白文档（舞台大小为 600 像素 ×480 像素，帧速率为 12 帧 / 秒，平台类型为 ActionScript 3.0，其他设置保持默认）。将调色并裁切后的图像 "风景 01.jpg" 与 "风景 02.jpg"、音频素材 "念故乡（伴奏）.mp3" 导入 "库" 面板。

（6）在 "图层 _1" 插入图像 "风景 02.jpg"，并与舞台对齐。在第 105 帧插入帧。

（7）新建 "图层 _2"，在第 11 帧处插入空白关键帧。插入图像 "风景 01.jpg"，并与舞台对齐。

（8）将图像"风景01.jpg"转换为图形元件。在"图层_2"的第31帧处插入关键帧。在"图层_2"的第11帧处插入传统补间动画，并将该帧图像的不透明度（Alpha参数）设置为0%。

（9）新建"图层_3"，在第51帧至61帧之间创建半透明白色屏幕（不透明度为40%）展开的补间形状动画。其中第51帧中透明矩形的大小为1像素×480像素，第61帧中半透明矩形的大小为400像素×480像素。

（10）新建"图层_4"，在第61帧至71帧之间创建字幕上升的传统补间动画（其中中文字体为"思源宋体"，英文内容为Bright is the Moon over My Home Village，字体为Kunstler Script）。

（11）新建"图层_5"和"图层_6"。在两个图层的第71帧至105帧之间分别创建白色竖直线条同时展开的补间动画（位于半透明白色屏幕左右两侧，一条从上向下展开，另一条从下向上展开）。

（12）新建"图层_7"，在第105帧处插入关键帧，并在该帧插入背景音乐"念故乡（伴奏）.mp3"（将"同步"设为"开始"重复1次）。

（13）新建"图层_8"，在第105帧处插入关键帧，并在该帧插入动作脚本"stop();"。作品完成后的时间线结构如图1-6-36所示。

（14）测试动画，确定无误后保存并输出动画。

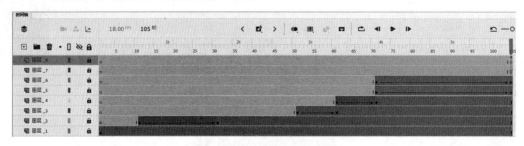

图1-6-36　作品最终的时间线结构

2. 使用Photoshop、Animate与"练习\第6章\"文件夹下的素材"琴韵素材01.jpg""琴韵素材02.jpg"和音频素材"古筝经典－高山流水.mp3"合成多媒体作品"琴韵"，效果参考"练习\第6章\琴韵.swf"。

操作题2

操作提示如下。

（1）利用Photoshop打开"琴韵素材02.jpg"，将背景图层转换为普通图层。

（2）选择蓝色背景，按Delete键删除，取消选区后的效果如图1-6-37所示。

（3）将处理结果以"放大镜.png"为名存储到D:\下。

（4）启动Animate 2020，利用"放大镜.png""琴韵素材01.jpg""古筝经典－高山流水.mp3"合成多媒体作品（见图1-6-38）。要求如下。

图1-6-37　删除蓝色背景

图1-6-38　多媒体作品截图

● 舞台大小为750像素×500像素，帧速率为24帧/秒；

● 小字属性：华文琥珀、红色、48点。大字属性：华文琥珀、红色、80点。根据参考效果适当调整字间距；

● 放大镜移动动画占用150帧，动画总长度为150帧；

● 古筝曲从首帧响起，一直到动画播放完毕（将"同步"设为"开始"，重复1次）。

2 PART

第二部分
实验篇

实验 1　多媒体技术概述

实验 1-1　学习 Windows 10 媒体播放机的基本用法

实验目的

学习媒体播放机的用法。遵循认知事物的一般规律，从最基本的媒体软件入手，为后续专业媒体软件的学习做铺垫。

实验内容

1. 使用 Windows 10 媒体播放机播放音乐和视频。

操作步骤

（1）启动 Windows 10 的媒体播放机，进入媒体库界面。在左侧窗格中选择"音乐"选项，选择"组织 | 管理媒体库 | 音乐"命令（见图 2-1-1），将音乐所在的文件夹添加到媒体播放机的右侧窗格中。

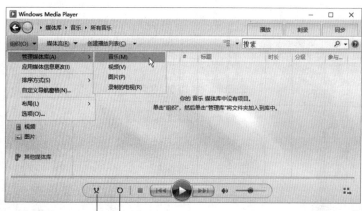

图 2-1-1　Windows 10 媒体播放机的媒体库界面

（2）选择喜欢的音乐，单击媒体播放机窗口底部的"播放"按钮，就可以欣赏到美妙的音乐了。

（3）在左侧窗格中选择"视频"选项，选择"组织 | 管理媒体库 | 视频"命令，将视频所在的文件夹添加到媒体播放机的右侧窗格中，并播放自己喜欢的视频（见图 2-1-2）。

（4）利用窗口底部的导航栏可以进行播放控制（包括控制音量大小、循环播放等）。单击窗口右下角的"全屏视图"按钮可切换到全屏播放界面（见图 2-1-3）。

图 2-1-2　视频播放界面

图 2-1-3　全屏播放界面

（5）单击全屏播放界面右下角的"退出全屏模式"按钮■，返回标准播放界面。

（6）单击标准播放界面右上角的"切换到媒体库"按钮■，返回媒体播放机的媒体库界面。

实验内容

2. 创建自己的播放列表。

操作步骤

（1）在媒体播放机的媒体库界面的左上角单击"创建播放列表"按钮，将在左侧窗格"播放列表"分类下生成"无标题的播放列表"，将其名称修改为"我的播放列表"，如图2-1-4所示。

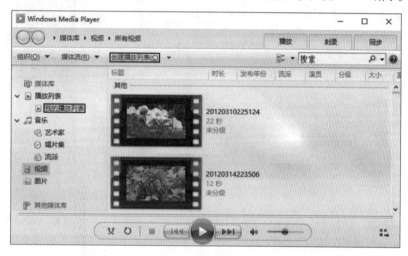

图 2-1-4 创建播放列表

（2）在媒体库界面的右侧窗格中右击音频或视频文件，并从弹出的菜单中选择"添加到 | 我的播放列表"命令，即可将选中的文件添加到"我的播放列表"中。

（3）在媒体库界面的左侧窗格中选择"我的播放列表"，右侧窗格中将显示该列表中的文件，可以右击任一文件，在弹出的菜单中选择"上移"或"下移"命令调整该文件的播放顺序；选择弹出的菜单中的"从列表中删除"命令，可将该文件从播放列表中删除。

实验 1-2 学习 Windows 10 画图程序的用法

实验目的

学习画图程序的用法，一方面培养自学能力，另一方面为后续学习专业的图形图像处理软件打下坚实的基础。

实验内容

1. 使用 Windows 10 的画图程序绘制图2-1-5所示的小房子。

操作步骤

（1）启动 Windows 10 的画图程序，如图2-1-6所示。其中功能区包括"文件"菜单、"主页"选项卡和"查看"选项卡。"主页"选项卡中包含"剪

图 2-1-5 小房子效果图

使用 Windows10 的画图程序绘制小房子

贴板""图像""工具""刷子""形状""粗细""颜色"等参数区。

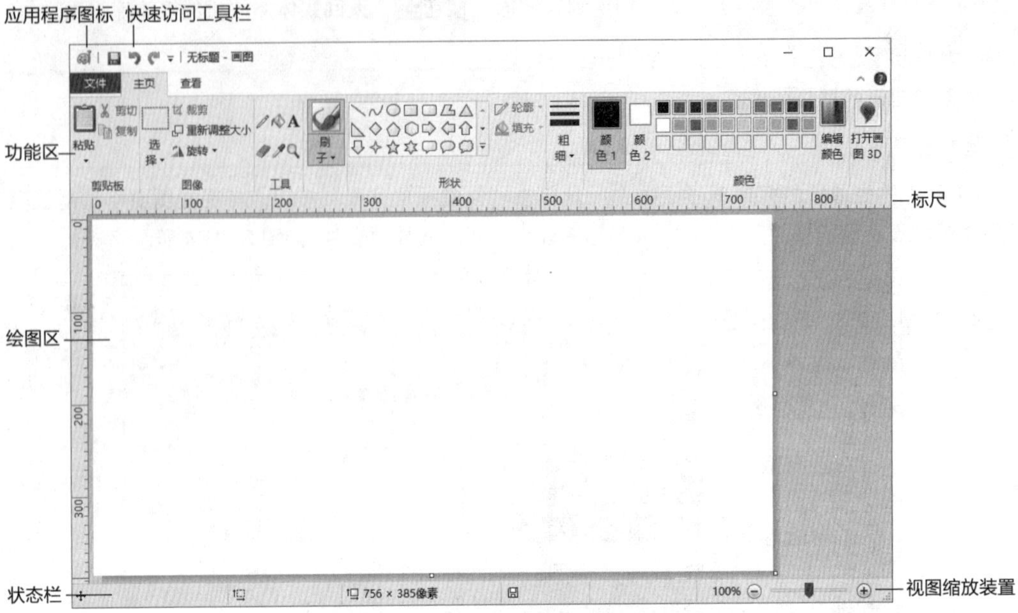

应用程序图标　快速访问工具栏

功能区

绘图区

状态栏

标尺

视图缩放装置

图 2-1-6　Windows 10 的画图程序窗口

（2）使用"图像"参数区的 □ 重新调整大小 按钮将绘图区大小设置为 800 像素 ×650 像素。

（3）在"颜色"参数区单击"颜色 1"，然后单击右侧调色板上第 1 行第 2 列的深灰色。这样可以将"颜色 1"（即前景色）设置为调色板上的深灰色。

（4）在"形状"参数区单击"矩形"按钮□，在绘图区按住鼠标左键，拖动鼠标绘制矩形（见图 2-1-7，注意长宽比）。在"工具"参数区选择颜料桶工具，在所绘矩形内单击进行填色。

（5）在"图像"参数区单击 按钮，在弹出的菜单中选择"透明选择"命令，再单击"矩形选择"按钮，在绘图区框选步骤（4）绘制的矩形，如图 2-1-8 所示。

（6）使用"图像"参数区的 □ 重新调整大小 按钮将矩形水平倾斜 –30 度。如果无法输入"–"号，可以先将矩形水平倾斜 30 度，再选择"旋转 | 水平翻转"命令，效果如图 2-1-9 所示。

图 2-1-7　绘制矩形　　　　　图 2-1-8　框选矩形　　　　　图 2-1-9　倾斜矩形

（7）在"形状"参数区单击"直线"按钮＼，在"粗细"参数区选择合适的线条宽度。在绘图区绘制图 2-1-10 所示的直线段。

（8）仿照步骤（3）将"颜色 1"设置为调色板上的浅灰色。在"形状"参数区单击"椭圆形"按钮○，在绘图区绘制椭圆形，并用颜料桶工具为其填色，效果如图 2-1-11 所示。

（9）框选椭圆形，按 Ctrl+C 组合键复制，按 Ctrl+V 组合键粘贴。使用颜料桶工具在复制的椭圆形上填充调色板上的深灰色。再框选复制的椭圆形，将其拖动（最后方向键微调）到图 2-1-12 所示的位置。

图 2-1-10 绘制后房顶   图 2-1-11 绘制椭圆形并填色   图 2-1-12 表现圆孔的厚度

（10）使用调色板上的浅灰色绘制图 2-1-13 底部的门洞图形（椭圆形 + 矩形，注意水平宽度一致，并对齐。将图形放大后操作比较容易）。

（11）仿照步骤（9）表现门洞的厚度，如图 2-1-14 所示。

（12）参照步骤（10）~（11）在房子前面绘制图 2-1-15 所示的窗户。

图 2-1-13 绘制门洞   图 2-1-14 表现门洞的厚度   图 2-1-15 绘制窗户

（13）在"颜色"参数区单击"编辑颜色"按钮，打开"编辑颜色"对话框。先在对话框左侧的调色板中选择一种灰色，再在右侧竖直亮度条上上下拖动三角形滑块，找到一种亮度介于调色板上两个灰色之间的颜色（红、绿、蓝 3 个颜色分量相等，约 160），单击"添加到自定义颜色"按钮。单击"确定"按钮关闭对话框。

（14）在"颜色"参数区的调色板上选择步骤（13）定义的灰色。在"形状"参数区中选择直线，选择合适的线条宽度，绘制图 2-1-16 所示的窗棂（放大后操作比较方便）。

（15）框选房子前面的窗户，按 Ctrl+C 组合键复制，再按 Ctrl+V 组合键粘贴。将复制的窗户移动到图 2-1-17 所示的位置。

图 2-1-16 绘制窗棂   图 2-1-17 复制出另一个窗户

+ **实验内容**

2. 尝试使用 Windows 10 的画图程序绘制图 2-1-18 所示的山水画。

+ **操作提示**

图 2-1-18 山水画效果图

（1）绘制黑色水平线，用铅笔工具在水平线的上面绘制山的轮廓线（左右两端必须与水平线相交）。用颜料桶工具在线条围成的封闭区域内填充黑色。

（2）框选步骤（1）绘制的图形→复制、粘贴→垂直翻转→移动到步骤（1）所绘图形的下面→填充浅灰色（得到山的倒影）。

（3）用椭圆形工具绘制太阳，用铅笔工具绘制飞鸟，用直线工具绘制水草等。绘制好人物与船之后，仿照步骤（2）得到同样颜色的倒影。

（4）在"形状"参数区中单击"矩形"按钮。单击 ✐ 轮廓 ▾ 按钮，从弹出的菜单中选择"无轮廓线"命令。单击 🪣 填充 ▾ 按钮，从弹出的菜单中选择"记号笔"命令。在绘图区中绘制一个覆盖人物与船的倒影的矩形，得到倒影的透明效果。

实验 1-3 学习 Windows 10 "照片" 应用程序的视频编辑功能

实验目的

学习在 Windows 10 "照片" 应用程序中创建和编辑视频的方法。一方面培养自学能力，另一方面为后续学习专业的视频编辑软件打好基础。

学习 Windows 10"照片"
应用程序的视频编辑功能

实验内容

使用 Windows 10 照片应用程序创建并编辑视频。

操作步骤

（1）启动程序。从 Windows 10 的 "开始" 菜单中运行 "照片" 应用程序。

（2）准备素材。利用 "导入" 按钮，执行图 2-1-19 所示的 "从文件夹" 命令，选择 "第 1 章实验素材\春意盎然素材" 文件夹。

（3）创建视频。

① 执行 "创建" 中的 "带有音乐的自定义视频" 命令，如图 2-1-20 所示。

② 在 "文件夹" 中选择刚刚导入的 "春意盎然素材" 文件夹，选中 "春意盎然素材" 文件夹中的所有图片、视频和声音等作为创建视频的素材，单击 "创建" 按钮。

③ 将视频命名为 "春意盎然"。

④ 随后出现视频编辑窗口（见图 2-1-21），该窗口提供了 "更改视频标题" "设置主题" "更改音乐、旁白和音量" "更改纵横比" "导出或分享" "滤镜" "文本" "动作" "3D 效果" 等功能。

（4）欣赏视频。单击图 2-1-21 所示的 "播放" 按钮 ▷，欣赏系统根据原始素材自动组织和创建的视频。背景音乐是系统自动添加的（不是我们导入的素材文件夹中的）。

（5）更改背景音乐。选择 "更改音乐、旁白和音量" 中的 "你的音乐 | 选择音乐文件" 命令，将 "春天的早晨（片段）.mp3" 设置为背景音乐。

（6）添加滤镜、动作、文本等效果。

① 利用 "滤镜" 按钮在视频中的樱花和贴梗海棠图片上分别添加 "经典" 和 "喜悦" 滤镜效果，如图 2-1-22 所示。

② 类似地，利用 "动作" 按钮在视频中的樱花和贴梗海棠图片上分别添加 "缩小中心区域" 和 "往左放大" 动作效果。

③ 利用 "文本" 按钮在视频的桃花和牡丹部分分别添加 "春天的脚步近了……" 和 "一年之际在

图 2-1-19 从文件夹导入素材　　图 2-1-20 创建带有音乐的自定义视频

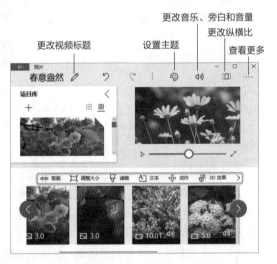

图 2-1-21 视频编辑窗口

于春"等文字，并为它们分别设置"经典"和"醒目"
动画文本样式。

④ 单击图 2-1-22 右上角的"完成"按钮，完
成对视频的设置。

（7）在视频的樱花图片上右击，在弹出的菜
单中选择"添加标题卡"命令，为视频添加片头标题卡。
再通过标题卡右键快捷菜单中的"编辑 | 文本"命令
进行如下设置：文本内容为"万物复苏生机勃勃"，
动画文本样式为"喜悦"，布局为"标题 1"，背景图
案为第 2 种。

（8）单击视频中每个素材底部的时间标志，为
各素材设置持续时间：标题卡、春 00（海棠）、春
06（樱花）都设为 3 秒，春 01 设为 5 秒，其他都是 10 秒。

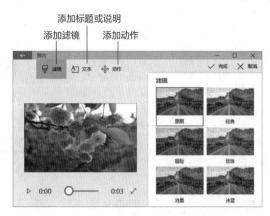

图 2-1-22 添加滤镜效果

（9）添加 3D 效果。在视频的不同时间段分别添加"翩翩蝴蝶""雨滴降落""雪花飘落""白雪降落"
"气泡漫天""瀑布飞溅""荧光点点"等 3D 效果。注意，有的 3D 效果，例如"荧光点点"等需要根据
提示设置"连接到点"选项，并且可以根据播放效果调整 3D 效果的位置和大小等参数，如图 2-1-23
所示。有的 3D 效果，例如"雨滴降落"等则适用于整个场景，并且可以根据播放效果调整 3D 效果的
开始位置和结束位置。

（10）导出或共享视频。选择图 2-1-21 右上角的"查看更多"中的"导出或共享"命令，将视频
项目导出。

其中，有 3 个导出和分享选项："小文件"（上传速度快，最适合电子邮件和小屏幕）、"中文件"（最
适合在线分享）和"大文件"（上传的时间最长，最适合大屏幕）。这里选择"小文件"。随后将花费一
定的时间创建并导出视频，请耐心等待。

视频导出成功后，将弹出图 2-1-24 所示的窗口，显示视频的默认保存位置（C:\Users\
Administrator\Pictures\ 已导出的视频），以及允许的 3 种查看方式："在此应用中查看""在文件资源管
理器中查看""分享至社交媒体、电子邮件或其他应用"。一般选择"在文件资源管理器中查看"，选择
该选项不仅可以浏览视频，还可以将视频另存到指定的位置。

视频效果请参见"第 1 章实验素材 \ 春意盎然 .mp4"。

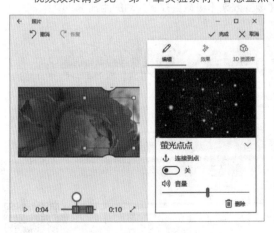

图 2-1-23 "荧光点点" 3D 效果的设置界面

图 2-1-24 视频默认的保存位置以及查看方式

实验 2　图形图像处理

实验 2-1　制作画面渐隐效果

制作画面渐隐效果

实验目的

学习渐变工具的基本用法。

实验内容

利用素材图像"第 2 章实验素材 \ 荷花 .jpg"制作渐隐效果，如图 2-2-1 所示。

（a）素材　　　　　　　　　　　（b）渐隐效果

图 2-2-1　素材与处理结果

操作提示

（1）使用"图像 | 图像旋转 | 垂直翻转画布"菜单命令将素材图像上下镜像。

（2）将前景色设置为白色。

（3）选择渐变工具，选项栏中的设置如图 2-2-2 所示。

（4）由荷花花蕊开始向四周拖动鼠标指针，创建渐变效果（应适当控制拖动的距离）。

前景色到透明渐变　　径向渐变

图 2-2-2　设置渐变工具参数

实验 2-2　制作灯光效果

制作灯光效果

实验目的

学习滤镜工具的基本用法。

实验内容

在素材图像"第 2 章实验素材 \ 建筑 .jpg"上创建灯光效果，如图 2-2-3 所示。要求图像大小、分辨率、颜色模式等属性保持不变。

（a）素材　　　　　　　　　　　（b）灯光效果

图 2-2-3　素材与处理结果

操作提示

（1）所用滤镜为"渲染"滤镜组中的"镜头光晕"。

（2）从图像左上角至右下角依次添加 4 次滤镜效果（连成一条线，间距渐小，亮度渐弱）。

实验 2-3 合成图片"月夜"

实验目的

学习 Photoshop 图像合成的基本方法。主要技术：套索工具、填充工具、图层基本操作、图层样式、滤镜、文字工具等。

合成图片"月夜"

实验内容

利用"第 2 章实验素材"文件夹下的"圣诞树 .jpg"与"鹿车 .jpg"合成图像，如图 2-2-4 所示。要求合成图像的画面大小为 700 像素 ×485 像素，分辨率为 72 像素 / 英寸，RGB 颜色模式。

（a）素材图像　　　　　　　　　　（b）合成效果

图 2-2-4　素材与合成效果

操作步骤

（1）打开素材图像"圣诞树 .jpg"，使用套索工具圈选圣诞树（顶部的五角星和地面上的雪尽量不要选进来），如图 2-2-5 所示。

（2）添加"扩散"滤镜（在"风格化"滤镜组中），取消选区。

（3）新建"图层 1"。创建圆形选区（"羽化"值为 3），为选区填充白色（见图 2-2-6），取消选区。

（4）打开素材图像"鹿车.jpg"，用魔棒工具（不选中"连续"复选框）选择白色背景，反选并复制选区内的图像。

（5）切换到"圣诞树.jpg"图像窗口，粘贴图像，得到"图层 2"。

图 2-2-5　圈选圣诞树　　　　图 2-2-6　绘制月亮

（6）适当缩放、移动"图层 2"并添加"外发光"图层样式。

（7）创建白色文字，为其添加"投影"图层样式。

实验 2-4　绘画"日出东方"

实验目的

学习使用 Photoshop 绘制简单图画。

绘画"日出东方"

实验内容

利用 Photoshop 的基本工具（渐变工具、椭圆选框工具、矩形选框工具、套索工具、油漆桶工具、橡皮擦工具、铅笔工具、文字工具等）和图层基本操作绘制图画"日出东方"（见图 2-2-7）。

图 2-2-7　绘画效果

操作步骤

（1）新建一个 375 像素 ×900 像素、分辨率为 72 像素 / 英寸、RGB 颜色模式、白色背景的图像文件。

（2）按住 Shift 键不放，由图像顶部向底部创建由红色（#ea0a0a）到灰色（#7f8181）的线性渐变色。

（3）新建"图层 1"。使用套索工具创建图 2-2-8 所示的选区（"羽化"值为 0），为选区填充黑色，取消选区。

（4）新建"图层 2"，将其放置在"图层 1"的下面。使用套索工具创建图 2-2-9 所示的选区（"羽化"值为 0），使用油漆桶为选区填充灰色（#636363），取消选区。

（5）新建"图层 3"，将其放置在"图层 2"的下面。使用套索工具创建图 2-2-10 所示的选区（"羽化"值为 0）。从选区顶部向底部创建由灰色（#757575）到透明的线性渐变色。取消选区。

（6）在"图层 1"的上面新建"图层 4"。使用椭圆选框工具创建图 2-2-11 所示的圆形选区（"羽化"值为 7 左右）。从选区顶部向底部创建由红色（#ec240b）到黄色（#f6a90f）的线性渐变色。取消选区。

（7）使用矩形选框工具创建图 2-2-12 所示的选区（"羽化"值为 5 左右）。按 Delete 键删除"图层 4"选区内的像素。取消选区。

（8）在"图层 4"的上面新建"图层 5"。使用铅笔工具在太阳前面绘制图 2-2-13 所示的 3 只飞鸟（铅笔粗细为 2 像素、黑色）。将"图层 5"的不透明度设置为 50%。

（9）创建文字"日出东方"（华文新魏、黑色、32 点），如图 2-2-14 所示。最终文件的图层结构如图 2-2-15 所示。

图 2-2-8　绘制背景与近山

图 2-2-9　绘制稍远的山

图 2-2-10　绘制远山

图 2-2-11　绘制太阳

图 2-2-12　创建羽化的矩形选区

图 2-2-13　绘制飞鸟

图 2-2-14　创建文字

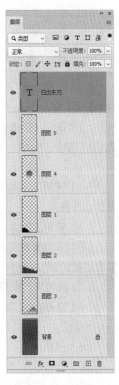

图 2-2-15　图层结构

实验 2-5 合成图片"还我河山"

➕ 实验目的

学习 Photoshop 图像合成的基本方法。主要技术：颜色模式转换、色彩调整、选区的创建与调整、图层基本操作、图层混合模式等。

合成图片"还我河山"

🔍 实验内容

利用"第 2 章实验素材"文件夹下的"岳飞书法 .gif"与"山水 .jpg"合成图像，如图 2-2-16 所示。要求合成图像大小为 600 像素 ×550 像素，分辨率为 2 像素 / 英寸，RGB 颜色模式。

（a）素材图像

（b）合成效果

图 2-2-16　素材与合成效果

➕ 操作步骤

（1）打开图像"岳飞书法 .gif"，将图像颜色模式由"索引颜色"转换为"RGB 颜色"（转换命令在"图像 I 模式"菜单下）。

（2）使用"图像 I 调整 I 阈值"菜单命令调整图像颜色（采用默认的阈值色阶的值为 128），结果如图 2-2-17 所示。

（3）使用黑色画笔（或铅笔）将文字笔画周围的白色杂点涂抹掉。

图 2-2-17　调整阈值色阶

（4）使用"图像 I 调整 I 反相"菜单命令将图像颜色反转（此处黑白对换）。

（5）使用套索工具圈选印章。使用"图像 I 调整 I 色相 / 饱和度"菜单命令将印章颜色调整为红色，参数设置如图 2-2-18 所示。取消选区。

（6）新建为 600 像素 ×550 像素、分辨率为 72 像素 / 英寸、RGB 颜色模式、白色背景的图像文件。

（7）打开图像"山水 .jpg"，将其复制粘贴到新建图像文件中（得到"图层 1"），放置在图 2-2-19 所示的位置。

（8）创建图 2-2-20 所示的矩形选区（"羽化"值为 5）。使用"选择 I 反选"菜单命令将选区反转。

（9）确保选中"图层 1"，按 Delete 键（可以按多次）使图像边缘产生模糊效果（见图 2-2-21）。

（10）将"岳飞书法 .gif"中的图像复制过来（得到"图层 2"），放置在"图层 1"的上面。将"图层 2"的图层混合模式设置为"正片叠底",适当缩小图像并调整其位置。

图 2-2-18 "色相 / 饱和度"对话框

图 2-2-19 复制图像并调整其位置

图 2-2-20 创建羽化的矩形选区

图 2-2-21 使图像边缘产生模糊效果

实验 2-6 设计图书封面

实验目的

学习 Photoshop 图像处理的基本方法。主要技术：颜色模式转换、色彩调整、选区的创建与调整、图层基本操作、画笔模式、文字工具等。

设计图书封面

实验内容

利用素材图像"第 2 章实验素材 \ 水乡 .gif"设计图书封面。其中封面图像大小、分辨率与素材一致。

操作步骤

（1）打开图像"水乡 .gif"，将图像颜色模式由"索引颜色"转换为"RGB 颜色"（转换命令在"图像 l 模式"菜单下）。

（2）使用"图像 l 调整 l 色相 / 饱和度"菜单命令调整图像色彩，参数设置如图 2-2-22 所示。

（3）将前景色设置为 #f9faf0。选择画笔工具，设置画笔大小为 100 像素左右，画笔模式为"变暗"，其他选项保持默认设置。使用画笔工具将整个背景图层中的图像涂抹一遍，将画面的白色背景涂抹成浅黄色背景。

（4）新建"图层 2"，为其填充白色。选择菜单命令"图层 l 新建 l 图层背景"，将其转换为背景图层。

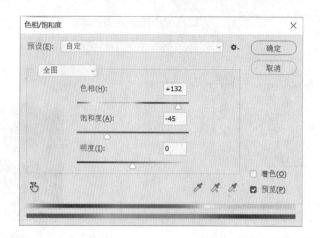

图 2-2-22 "色相 / 饱和度"对话框

（5）创建圆形选区（"羽化"值 0）。选择"图层 1"，按 Delete 键删除选区内的图像。取消选区，在"图层 1"上添加"投影"图层样式（适当调整"距离""大小""不透明度"参数的值，其他参数值保持默认），效果如图 2-2-23 所示。

（6）创建黑色直排文字（华文楷体），图书封面最终效果如图 2-2-24 所示。此时的"图层"面板如图 2-2-25 所示。

图 2-2-23 制作封面投影效果

图 2-2-24 书籍封面效果

图 2-2-25 "图层"面板

实验 2-7 合成图片"哺育之恩"

实验目的

学习 Photoshop 图像合成的基本方法。主要技术：图像选取、选区描边、图层基本操作、图层样式、"玻璃"滤镜、填充工具、文字工具等。

实验内容

利用"第2章实验素材"文件夹下的"文字.psd"与"小鸟.jpg"合成图像，
如图2-2-26所示。要求合成图像的画面大小为474像素×212像素，分辨率为72
像素/英寸，RGB颜色模式。

合成图片"哺育之恩"

（a）文字素材　　　　　　　（b）小鸟素材　　　　　　　　（c）合成效果

图2-2-26　素材与合成效果

操作步骤

（1）打开素材"小鸟.jpg"，使用矩形选框工具创建图2-2-27所示的选区（"羽化"值为0）。

（2）依次按Ctrl+C组合键与Ctrl+V组合键，将选区内的图像复制到"图层1"。

（3）在"图层1"上添加"玻璃"滤镜（在滤镜库的"扭曲"滤镜组中）。

（4）在"图层1"上添加"外发光"图层样式（混合模式为"正常"，颜色为黑色，"不透明度"为
45%左右，"大小"为10）。

（5）在图像左侧创建白色文字"鸟类育雏忙"。为文字图层添加"投影"图层样式。

（6）将素材图像"文字.psd"中的文字图层复制到"小鸟"图像窗口中，得到"图层2"（位于文
字图层上面）。适当缩小"图层2"，并将其放置在图像右侧。

（7）在图2-2-28所示的位置创建矩形选区（"羽化"值为0）。

（8）在"图层2"与文字图层之间创建"图层3"。在"图层3"的选区内填充颜色#8e8d4a。

（9）在"图层3"上描边选区（1像素、白色、内部）。最终"图层"面板如图2-2-29所示。

图2-2-27　创建选区　　　　　　　图2-2-28　在选区内填色　　　　　图2-2-29　"图层"面板

实验 2-8　合成图片"轻舟已过万重山"

实验目的

学习Photoshop图像合成的基本方法。主要技术：图层蒙版、图层基本操作、渐变、画布扩充等。

➕ 实验内容

利用"第2章实验素材"文件夹下的素材图像"飞鸟.jpg"、"书法（早发白帝城）.jpg"与"江海余生.jpg"合成图像"轻舟已过万重山"，如图2-2-30所示。

合成图片"轻
舟已过万重山"

（a）素材图像　　　　　　　　　　　（b）合成效果

图2-2-30　素材与合成效果

➕ 操作步骤

（1）打开素材图像"书法（早发白帝城）.jpg"。使用"图像|画布大小"菜单命令扩展画布，参数设置如图2-2-31所示。

（2）打开图像"江海余生.jpg"，按Ctrl+A组合键全选图像，按Ctrl+C组合键复制图像。切换到书法图像，按Ctrl+V组合键粘贴图像，得到"图层1"。调整图像位置，效果如图2-2-32所示（与背景图层底对齐）。

（3）在"图层1"上添加图层蒙版。沿垂直方向从A点向B点创建从黑色到白色的线性渐变色。

特别注意：A点向上靠近但不要超过"江海余生.jpg"图像的上边缘，如图2-2-32所示。

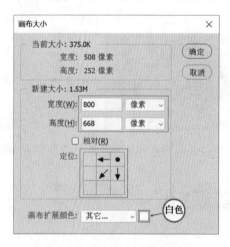

图2-2-31　"画布大小"对话框　　　　　　　图2-2-32　合并素材图像"江海余生.jpg"

（4）仿照步骤（2）将"飞鸟.jpg"图像合并到书法图像，得到"图层2"，将其位置调整到左上角，如图 2-2-33 所示。

（5）为"图层 2"添加"显示全部"的图层蒙版，使用黑色软边画笔涂抹飞鸟上面的天空和云朵，使之隐藏。最终的"图层"面板如图 2-2-34 所示。

图 2-2-33　合并素材图像"飞鸟 .jpg"　　　　图 2-2-34　"图层"面板

实验 2-9　合成图片"水墨梅雪"

实验目的

学习 Photoshop 剪贴蒙版的基本用法。

实验内容

合成图片"水墨梅雪"

利用"第 2 章实验素材"文件夹下的"笔墨 .jpg"与"梅雪 .jpg"合成图像，如图 2-2-35 所示。要求合成图像大小为 800 像素 ×426 像素，分辨率为 72 像素 / 英寸，RGB 颜色模式。

（a）素材图像　　　　　　　　　　（b）合成效果

图 2-2-35　素材与合成效果图

操作步骤

（1）新建一个 800 像素 ×426 像素、分辨率为 72 像素 / 英寸、RGB 颜色模式、白色背景的图像文件。

（2）打开图像"梅雪 .jpg"，将其复制粘贴到新建图像文件中（得到"图层 1"），放置在图 2-2-36 所示的位置。

图 2-2-36　合并梅雪图像并调整其位置

（3）打开素材图像"笔墨.jpg"，在"通道"面板上单击"将通道作为选区载入"按钮，载入灰色通道的选区，如图 2-2-37 所示。

图 2-2-37　载入通道选区

（4）选择菜单命令"选择|反选"将选区反转。按 Ctrl+C 组合键复制选区内的图像。切换到新建图像窗口，按 Ctrl+V 组合键粘贴图像（得到"图层 2"），将其适当缩小后调整其位置，如图 2-2-38 所示。

图 2-2-38　合并笔墨图像并调整其位置

（5）在"图层"面板上将"图层 2"拖动到"图层 1"的下面。选择"图层 1"，选择菜单命令"图层|创建剪贴蒙版"。

实验 **2-10** 合成图片"岳母刺字"

+ **实验目的**

学习 Photoshop 图像合成的基本方法。主要技术：图层基本操作、图层分布、选区的创建与调整、选区描边、文字工具等。

合成图片
"岳母刺字"

+ **实验内容**

利用"第 2 章实验素材"文件夹下的"岳母刺字 .jpg""古典图案 .jpg""竹子 .jpg""文本 .txt"合成图像，如图 2-2-39 所示。要求合成图像大小为 336 像素 ×783 像素，分辨率为 72 像素 / 英寸。

（a）素材图像　　　　　　　（b）合成效果

图 2-2-39　素材与合成效果图

+ **操作步骤**

（1）新建一个 336 像素 ×783 像素、分辨率为 72 像素 / 英寸、RGB 颜色模式、白色背景的图像文件。

（2）打开图像"岳母刺字 .jpg "，将其复制粘贴到新建图像文件中（得到"图层 1"），适当缩小后放置在图 2-2-40 所示的位置。

（3）使用魔棒工具（选中"连续"复选框）选择人物周围的灰色背景，按 Delete 键将其删除，取消选区，如图 2-2-41 所示。

（4）打开图像"古典图案 .jpg"，将其复制粘贴到新建图像文件中（得到"图层 2"），放置在"图层 1"的下面，然后将其成比例缩小，调整其位置，如图 2-2-42 所示。

（5）创建图 2-2-43 所示的矩形选区。选择菜单命令"选择|反选"将选区反转。确保选中"图层 2"，

按 Delete 键删除选区内的图像。

（6）再次反转选区。使用菜单命令"编辑 | 描边"对选区进行描边（内部、1 像素、黑色）。使用菜单命令"选择 | 变换选区"（默认设置下按 Alt+Shift 组合键）将选区对称放大，并再次描边选区（内部、2 像素、黑色）。取消选区，结果如图 2-2-44 所示。

（7）打开图像"竹子 .jpg"，将其复制粘贴到新建图像文件中（得到"图层 3"），放置在"图层 2"的下面，将其适当缩小、旋转后调整位置，将图层"不透明度"设置为 22%，如图 2-2-45 所示。

（8）在"图层 1"的上面创建文字（华文中宋、黑色、大小分别为 72 和 18），适当调整字间距与列间距，效果如图 2-2-46 所示（小字内容可从素材"文本 .txt"中复制）。

（9）在"图层 1"的上面新建"图层 4"，绘制图 2-2-47 所示的双线效果（粗细都是 1 像素，一条黑色，一条浅灰色，相距 2 像素）。

（10）将"图层 4"复制 4 次。将"图层 4　拷贝 4"图层水平向右移动到图 2-2-48 所示的位置。

（11）在"图层"面板上选择双线所在的 5 个图层。选择菜单命令"图层 | 分布 | 水平居中"。图像最终效果及图层组成如图 2-2-49 所示。

图 2-2-40 合并人物图像　　图 2-2-41　清除人物周围的背景　　图 2-2-42　合并图案　　图 2-2-43 创建矩形选区

图 2-2-44　为图案添加双边框　　图 2-2-45　合并竹子图像　　图 2-2-46　创建文字对象　　图 2-2-47　绘制双线效果

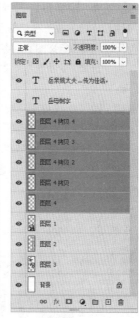

图 2-2-48　确定分布的水平间距　　　　图 2-2-49　图像最终效果及图层组成

实验 2-11 设计京剧宣传画

实验目的

学习 Photoshop 图像合成的基本方法。主要技术：图层基本操作、图层对齐、图案的定义与填充、选区的创建与调整、图层蒙版、文字工具等。

设计京剧宣传画

实验内容

利用"第 2 章实验素材"文件夹下的"图案 .jpg""书法 .jpg""环形 .jpg""人物 .jpg""宫殿 .jpg"合成图像，如图 2-2-50 所示（黄色篆字内容为"诸葛亮舌战群儒"）。要求合成图像大小为 1000 像素 × 600 像素、分辨率为 72 像素 / 英寸、RGB 颜色模式。

 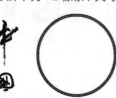  

（a）图案　（b）书法　　　（c）环形　　　（d）人物　　　（e）宫殿　　　　　（f）合成效果

图 2-2-50　素材与合成效果

操作步骤

（1）新建一个 1000 像素 × 600 像素、分辨率为 72 像素 / 英寸、RGB 颜色模式（8 位）、透明背景的图像文件。在"图层 1"上填充橙色 #ecac54。

（2）将"图案 .jpg"复制过来，得到"图层 2"。在"图层"面板上将"图层 2"与"图层 1"一起选中。

（3）依次选择"图层|对齐"菜单下的"顶边"与"左边"命令，将图案对齐到图像窗口的左上角。

（4）按住 Ctrl 键不放，在"图层"面板上单击"图层 2"的缩览图，选中整个图案。

（5）使用"编辑|定义图案"菜单命令将选区内的图像定义为图案（名称保持默认）。

（6）使用"选择|变换选区"菜单命令向右扩展选区，使其宽度超过图像宽度（高度不变），如图 2-2-51 所示。

（7）新建"图层 3"（位于"图层 2"之上）。选择"编辑|填充"菜单命令，参数设置如图 2-2-52 所示（单击"自定图案"右侧的 ■ 按钮，从弹出的图案列表中选择步骤（5）中定义的图案）。单击"确定"按钮，将所选图案填充到"图层 3"的选区内。取消选区，如图 2-2-53 所示。

图 2-2-51　确定图案填充的范围　　　　图 2-2-52　"填充"对话框　　　　图 2-2-53　图案填充效果

（8）使用魔棒工具（不选中"连续"复选框）及菜单命令"选择|反选"选择"人物 .jpg"中的人物，并将其复制到新建图像文件中，得到"图层 4"。调整人物的位置，如图 2-2-54 所示。

（9）使用对象选择工具 ■（采用默认设置）框选"环形 .jpg"中的圆环，并将其复制到新建图像文件中，得到"图层 5"（位于"图层 4"的上面）。调整圆环位置，如图 2-2-55 所示。

（10）复制"图层 5"，得到"图层 5 拷贝"。（默认设置下按 Alt 键）中心不变成比例缩小"图层 5 拷贝"中的圆环，如图 2-2-56 所示。

图 2-2-54　调整人物的位置　　　　图 2-2-55　调整圆环位置　　　　图 2-2-56　复制并缩小圆环图案

（11）选择魔棒工具，选项栏中的设置如图 2-2-57 所示。

图 2-2-57　设置魔棒工具参数

（12）在图像中的圆环内部选择其中的空白区域。选择"图层 1"，选择菜单命令"图层|图层蒙版|隐藏选区"。

（13）将"宫殿 .jpg"复制过来，得到"图层 6"，将其放置在"图层 1"的下面。适当放大、移动"图层 6"，如图 2-2-58 所示。

（14）将"书法 .jpg"中的整个背景图层复制过来，得到"图层 7"，将图层混合模式设置为"变暗"，再将其放置在所有图层的上面。用套索工具圈选其中的"国"字，用移动工具调整其位置（注意不要覆盖"中"字的笔画），取消选区，如图 2-2-59 所示。

图 2-2-58　合并宫殿素材

图 2-2-59　合并书法素材

（15）在"图层 7"的上面创建文字图层"京剧"（华文中宋、24 点、白色）。在"图层 7"与文字图层之间新建"图层 8"，绘制"京剧"后面的暗红色正方形（颜色值为 #990000），如图 2-2-60 所示。

（16）创建文字图层"诸葛亮舌战群儒"（华文行楷、16 点、黄色 #ffff00），并为该图层添加"投影"图层样式。图像制作完成后的"图层"面板如图 2-2-61 所示。

图 2-2-60　创建文字图层及后面的暗红色正方形

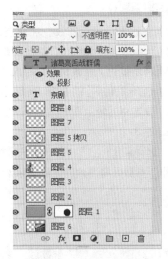

图 2-2-61　"图层"面板

实验3 动画设计

小苗成长动画

实验目的

进一步学习逐帧动画的创建方法。

实验内容

使用 Animate 2020 创建逐帧动画，动画效果可参照"第 3 章实验素材 \ 成长的喜悦 .swf"。所用图片素材为"第 3 章实验素材 \ 1 .jpg ~ 7.jpg"。

操作步骤

（1）启动 Animate 2020，新建空白文档（舞台大小为 163 像素 ×126 像素，帧速率为 4 帧 / 秒，平台类型为 ActionScript 3.0，其他设置保持默认）。

（2）将所需的 7 张素材图片导入"库"面板。

（3）选择"图层 _1"的第 2 帧，按住 Shift 键单击第 7 帧，选中第 2 ~ 7 帧，如图 2-3-1 所示。

（4）在选中的帧上右击，在弹出的菜单中选择"转换为关键帧"命令，将所有选中的帧转换成关键帧，如图 2-3-2 所示。

（5）选择"图层 _1"的第 1 个关键帧，将"库"面板中的"1.jpg"拖动到舞台。在"属性"面板的"位置和大小"参数区将图片的位置坐标（x，y）设置为（0，0），将图片与舞台对齐，如图 2-3-3 所示。

图 2-3-1 选择连续的多个帧

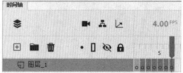

图 2-3-2 将多个帧同时转换为关键帧

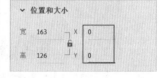

图 2-3-3 修改图片的坐标

提示

在 Animate 中，坐标系的原点位于舞台的左上角。而"属性"面板中的（x，y）表示对象左上角的坐标值。将（x，y）设置为（0，0），可使对象与舞台的左侧及顶部对齐。在本例中，由于图片大小与舞台大小恰好相同，所以图片刚好将舞台全部覆盖。

（6）选择"图层 _1"的第 2 个关键帧，将"库"面板中的"2.jpg"拖动到舞台，并与舞台对齐。

（7）将"库"面板中的"3.jpg ~ 7.jpg"分别拖动到第 3 ~ 7 关键帧的舞台上，并在各关键帧将图片与舞台对齐。此时的"时间轴"面板如图 2-3-4 所示。

（8）选择"图层 _1"的第 1 个关键帧，按 F5 键（或右击第 1 个关键帧，在弹出的菜单中选择"插入帧"命令），这样可在第 1 个关键帧的后面增加 1 个普通帧（普通帧舞台上的内容与其左边相邻关键帧的内容始终保持一致），如图 2-3-5 所示。

图 2-3-4 编辑第 2 ~ 7 帧

图 2-3-5 插入普通帧

（9）按照步骤（8）的操作方法，在随后的每一个关键帧的右侧分别插入 1 个普通帧，如图 2-3-6 所示。

（10）右击第 27 帧，在弹出的菜单中选择"插入帧"命令，这样可将最后一张图片"7.jpg"一直显示到第 27 帧，如图 2-3-7 所示。

图 2-3-6 在其余关键帧右侧插入普通帧

图 2-3-7 延长最后一张图片的显示时间

（11）锁定"图层_1"，新建"图层_2"。在"图层_2"的第 16 帧处插入关键帧，并在该关键帧的舞台上创建文本"成长的喜悦"（黄色、黑体、18pt、字母间距 8），如图 2-3-8 所示。

（12）按 Ctrl+B 组合键将文本分离 1 次。将"图层_2"的第 17 ~ 20 帧都转换为关键帧。

（13）在"图层_2"的第 16 帧保留"成"字，删除其余文字。在第 17 帧保留"成长"两个字，删除其余文字。在第 18 帧保留"成长的"3 个字，删除其余文字。在第 19 帧保留"成长的喜"4 个字，删除"悦"字。"图层_2"的第 20 帧保持不变，如图 2-3-9 所示。

图 2-3-8 创建文本

图 2-3-9 创建文字逐帧动画

（14）锁定"图层_2"。以"成长的喜悦.fla"为名保存动画源文件并发布 SWF 影片文件。

实验 3-2 翻页动画

实验目的

进一步学习补间形状动画的创建方法。

实验内容

打开素材文件"第 3 章实验素材\翻页的书.fla"。利用"库"面板中提供的资源和声音文件"第 3 章实验素材\风.wav"创建一段动画：一阵风吹过来，书页轻轻翻起；风过后，

翻页动画

书页又缓慢地落下。动画效果参照"第3章实验素材＼翻页动画.swf"。

➕ 操作步骤

（1）打开素材文件"翻页的书.fla"，显示"库"面板。将"图层1"改名为"背景"。

（2）将"库"面板中的资源"静止书本"拖动到舞台上图2-3-10所示的位置，并在第80帧处插入帧。锁定"背景"图层。

图2-3-10 编辑"背景"图层

（3）新建图层，命名为"动画"。选择"动画"图层的第1帧，将"库"面板中的资源"书页"拖动到舞台上。调整"书页"的位置，使之与"背景"图层的"静止书本"的右页面对齐，如图2-3-11所示。

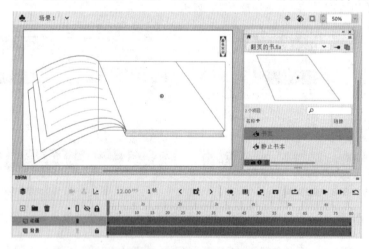

图2-3-11 调整"书页"位置

（4）选择菜单命令"修改|分离"（或按组合键Ctrl+B）将"书页"分离。

（5）在"动画"图层的第20帧处插入关键帧。选择选择工具，在舞台的空白处单击以取消对象的选择状态。

（6）选择选择工具，将鼠标指针移到"书页"右上角，此时鼠标指针旁出现直角标志┛。按住鼠标左键将该节点拖动到图2-3-12所示的位置。

（7）按同样的方法将"书页"右下角的节点拖动到图2-3-13所示的位置。

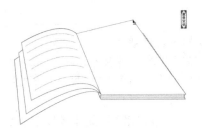

图 2-3-12　拖动"书页"右上角的节点

图 2-3-13　拖动"书页"右下角的节点

（8）使用选择工具将"书页"的上下两条边调整成图 2-3-14 所示的形状。

（9）在"动画"图层的第 40 帧处插入关键帧，第 70 帧处插入空白关键帧。

（10）选中"动画"图层的第 1 帧，按 Ctrl+C 组合键复制"书页"图形。选中"动画"图层第 70 帧，选择菜单命令"编辑 I 粘贴到当前位置"，将复制的图形粘贴到第 70 帧舞台的同一位置。

（11）在"动画"图层的第 1 帧和第 40 帧处分别插入补间形状动画。选择"动画"图层的第 1 帧，在"属性"面板的"补间"参数区中设置"缓动强度"值为 100。

（12）锁定"动画"图层。新建一个图层，命名为"声音"。将素材"风 .wav"导入"库"面板。

（13）选择"声音"图层的第 1 帧，在"属性"面板中设置"声音"参数，如图 2-3-15 所示。

图 2-3-14　调整书页上下两边的形状

图 2-3-15　设置"声音"参数

（14）锁定"声音"图层。此时的"时间轴"面板如图 2-3-16 所示。

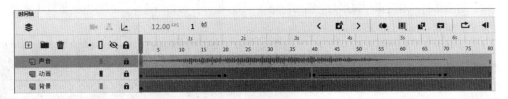

图 2-3-16　"时间轴"面板

（15）测试动画效果，保存 fla 源文件，并发布 SWF 影片文件。

实验 3-3　探照灯动画

　实验目的

进一步学习遮罩动画的创建方法。

　实验内容

利用遮罩层创建探照灯动画。最终效果可参照"第 3 章实验素材 \ 探照灯 .swf"。

探照灯动画

⊕ 操作步骤

（1）新建空白文档（舞台大小为 800 像素 ×200 像素，帧速率为 12 帧 / 秒，平台类型为 ActionScript 3.0，其他设置保持默认）。在"属性"面板的"文档设置"参数区中将舞台颜色设置为黑色。

（2）将"图层 _1"改名为"文字"。在舞台上创建横向静态文本"有审美的眼睛才能发现美"（宋体、48 磅、白色、字符间距为 20）。将文本对齐到舞台中央。

（3）在"文字"图层的第 60 帧处插入帧。锁定"文字"图层。新建"图层 _2"，将其命名为"遮罩"。

（4）选择"遮罩"图层的第 1 帧，在舞台上绘制图 2-3-17 所示的无边框圆形（填充从蓝色 #0000FF 到黑色的径向渐变色，渐变中心在圆心，刚好覆盖第 1 个文字），并将其转换为图形元件。

（5）在"遮罩"图层的第 30 帧和 60 帧处分别插入关键帧，并在该图层的第 1 帧和第 30 帧处分别插入传统补间动画。

（6）将"遮罩"图层第 30 帧的元件实例水平向右移动到图 2-3-18 所示位置（刚好覆盖最后一个文字）。锁定"遮罩"图层。

图 2-3-17　绘制光点效果　　　　　　　　　　图 2-3-18　定位运动对象的另一个端点

（7）新建"图层 _3"，将其命名为"探照灯"。将"探照灯"图层拖动到所有图层的下面。

（8）单击"遮罩"图层的第 1 帧，按住 Shift 键单击该图层的第 60 帧。这样可选中第 1 ~ 60 帧的所有帧。

（9）在选中的帧上右击，从弹出的菜单中选择"复制帧"命令。

（10）用同样的方法选择"探照灯"图层的第 1 ~ 60 帧，并右击所选帧，在弹出的菜单中选择"粘贴帧"命令。锁定"探照灯"图层。

（11）在"遮罩"图层的名称上右击，从弹出的菜单中选择"遮罩层"命令，此时"文字"图层自动转换为被遮罩层。此时的"时间轴"面板如图 2-3-19 所示。

（12）对"文字"图层进行如下操作：在第 64 帧、第 90 帧处分别插入关键帧，在第 61 帧、第 91 帧处分别插入空白关键帧，在第 95 帧处插入帧。

（13）测试动画，保存 fla 源文件，输出 SWF 文件。

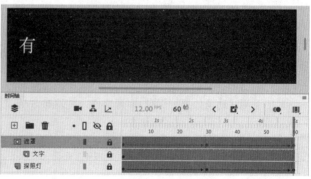

图 2-3-19　"时间轴"面板

实验 3-4　小汽车行驶动画

⊕ 实验目的

进一步学习影片剪辑元件在动画中的使用方法。

⊕ 实验内容

小汽车行驶动画

利用"第 3 章实验素材"文件夹下的图片素材"树木 .jpg""车轮 .png""车身 .png"和声音素材"喇叭 .wav"创建小汽车行驶动画。动画效果参照"第 3 章实验素材 \ 行驶的小汽车 .swf"。

⊕ 操作步骤

（1）新建空白文档（舞台大小为 777 像素 × 400 像素，帧速率为 24 帧 / 秒，平台类型为 ActionScript 3.0，其他设置保持默认）。

（2）将本例所需的图片素材和声音素材（共 4 个文件）全部导入"库"面板。

（3）新建影片剪辑元件"转动的车轮"，进入元件编辑窗口。将"车轮 .png"从"库"面板中拖动到舞台，将其转换为图形元件。在"图层 _1"的第 24 帧处插入关键帧，在"图层 _1"的第 1 帧（关键帧）处创建传统补间动画，并在"属性"面板的"补间"参数区中设置"旋转"参数，如图 2-3-20 所示。锁定"图层 _1"。

（4）新建影片剪辑元件"小汽车"，进入元件编辑窗口。将"车身 .png"和影片剪辑元件"转动的车轮"（使用两次）从"库"面板中拖动到舞台，拼成小汽车形状，如图 2-3-21 所示。锁定"图层 _1"。

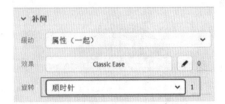

图 2-3-20　设置补间动画参数

图 2-3-21　小汽车形状

（5）新建影片剪辑元件"移动的树木"，进入元件编辑窗口。将"树木 .jpg"从"库"面板中拖动到舞台，将其转换为图形元件，并利用"对齐"面板将其与舞台左对齐。

（6）选择菜单命令"视图 l 标尺"，将标尺显示出来，从竖直标尺上拖出 1 条参考线至左侧第 1 棵树木的树干位置，如图 2-3-22 所示。

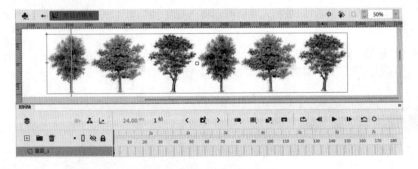

图 2-3-22　定位第 1 棵树的位置

（7）在"图层 _1"的第 180 帧处插入关键帧，在"图层 _1"的第 1 帧（关键帧）处创建传统补间动画。选择第 180 帧，将树木图片水平向左移动（可按住 Shift 键使用"选择工具"向左拖动图片），使得第 4 棵树的树干位于竖直参考线上（可使用左右方向键微调图片位置）。锁定"图层 _1"，如图 2-3-23 所示。

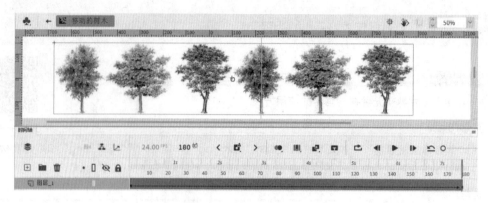

图 2-3-23　定位第 4 棵树的位置

（8）返回场景 1。取消选择菜单命令"视图 | 标尺"以隐藏标尺。将影片剪辑元件"小汽车"从"库"面板中拖动到舞台，放置在图 2-3-24 所示的位置。

（9）在"图层 _1"的第 80 帧处插入关键帧，将"小汽车"水平向右移动到舞台中央（见图 2-3-25）。在"图层 _1"的第 1 帧（关键帧）处创建传统补间动画。在"图层 _1"的第 80 帧（关键帧）处添加动作脚本"stop();"（注意其中的括号、分号都是半角字符）。锁定"图层 _1"。

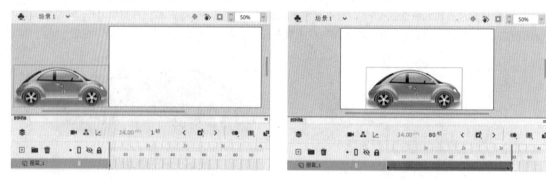

图 2-3-24　定位小汽车的初始位置

图 2-3-25　创建小汽车行驶动画

（10）新建"图层 _2"，将其拖动到"图层 _1"的下面。选择"图层 _2"的第 1 帧，将影片剪辑元件"移动的树木"从"库"面板中拖动到舞台，放置在"图层 _2"中图 2-3-26 所示的位置（在水平方向上与舞台左对齐）。

（11）在"图层 _2"的第 80 帧处插入关键帧。将"图层 _2"第 1 帧的影片剪辑元件实例分离 1 次。锁定"图层 _2"。

（12）新建"图层 _3"，在第 30 帧处插入关键帧，并插入声音文件"喇叭 .wav"。动画制作完成后的"时间轴"面板如图 2-3-27 所示。测试并保存动画文件。

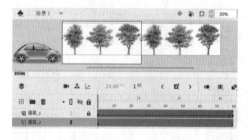

图 2-3-26　将影片剪辑元件"移动的树木"应用到场景

图 2-3-27　动画制作完成后的"时间轴"面板

实验 3-5　画面淡变切换动画

实验目的

进一步学习元件与遮罩层在动画中的使用方法。

实验内容

画面淡变切换动画

利用"第 3 章实验素材"文件夹下的素材"春花 01.jpg"和"春花 02.jpg"创建画面的淡变切换动画。效果参照"第 3 章实验素材\画面淡变切换 .swf"。

操作步骤

（1）新建空白文档（舞台大小为 512 像素 ×384 像素，帧速率为 12 帧 / 秒，平台类型为 ActionScript 3.0，其他设置保持默认）。将本例所需的两张图片素材导入"库"面板。

（2）将"春花 01.jpg"从"库"面板中拖动到舞台，利用"对齐"面板将图片与舞台对齐。在"图层 _1"的第 80 帧处插入帧，锁定"图层 _1"。

（3）新建"图层 _2"。选择"图层 _2"的第 1 帧，将"春花 02.jpg"从"库"面板中拖动到舞台，将其转换为图形元件，并与舞台对齐。

（4）在"图层 _2"的第 20 帧、第 40 帧和第 60 帧处分别插入关键帧。

（5）选择"图层 _2"的第 20 帧。在舞台上单击图形元件的实例，利用"属性"面板将其不透明度设置为 0%，如图 2-3-28 所示。

（6）同样，将"图层 _2"第 40 帧舞台上的图形元件实例的不透明度设置为 0%。

（7）在"图层 _2"的第 1 帧（关键帧）和第 40 帧（关键帧）处分别创建传统补间动画。锁定"图层 _2"。此时的"时间轴"面板如图 2-3-29 所示。

注：步骤（2）～（7）创建了图片"春花 01.jpg"与"春花 02.jpg"之间的淡变切换动画。

图 2-3-28　设置不透明度参数

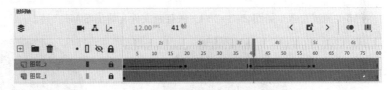

图 2-3-29　创建传统补间动画后的"时间轴"面板

（8）新建"图层 _3"。选择"图层 _3"的第 1 帧，在舞台上图 2-3-30 所示的位置创建横向文本"花开花谢，春去春来，重复着人生有限、宇宙无穷这个永恒的话题"（静态文本、华文中宋、12pt、字符间距为 5、白色）。

（9）新建"图层 _4"，将其放置在所有图层的下面。复制"图层 _3"中的文本对象，利用菜单命令"编辑 | 粘贴到当前位置"将其粘贴到"图层 _4"第 1 帧的相同位置。锁定"图层 _3"。

（10）将"图层 _4"中的文本对象修改成黑色（操作时可暂时隐藏上面 3 个图层），其他属性保持不变。锁定"图层 _4"。

（11）在所有图层的上面新建"图层 _5"，并在该层绘制图 2-3-31 所示的没有边框只有填充的圆形（颜色任意）。

（12）将"图层 _5"转换为遮罩层，此时"图层 _3"自动转换为被遮罩层。

（13）在"图层 _2"的名称上右击，从弹出的菜单中选择"属性"命令，打开"图层属性"对话框，选择"被遮罩"单选项，单击"确定"按钮。这样即可将"图层 _2"手动转换为被遮罩层。

（14）按步骤（13）的操作方法将"图层_1"也转换为被遮罩层。至此动画制作完成，"时间轴"面板如图 2-3-32 所示。

图 2-3-30　创建白色文本

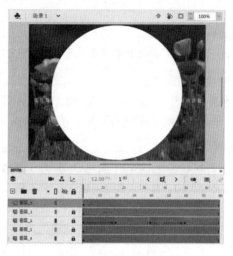

图 2-3-31　创建圆形

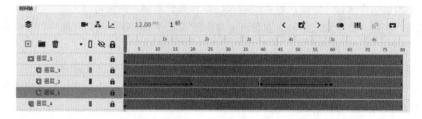

图 2-3-32　动画制作完成后的"时间轴"面板

（15）测试动画（见图 2-3-33）。保存源文件，导出 SWF 文件。

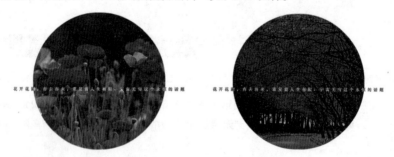

图 2-3-33　动画测试中的两个主要画面

实验 3-6 梅花飘落动画

实验目的

进一步学习引导层和影片剪辑元件在动画中的使用方法。

梅花飘落动画

🔍 **实验内容**

利用"第 3 章实验素材"文件夹下的"梅花 .png""梅树 .jpg""古典园门 .png"创建园门内梅花飘落的动画。效果参照"第 3 章实验素材 \ 梅花飘落 .swf"。

🔍 **操作步骤**

（1）新建空白文档（舞台大小为 700 像素 ×610 像素，帧速率为 12 帧 / 秒，平台类型为 ActionScript 3.0 ）。在"属性"面板的"文档设置"参数区中将舞台颜色设置为黑色。将所需的素材全部导入"库"面板。

（2）将"古典园门 .png"从"库"面板中拖动到舞台，利用"对齐"面板将其与舞台对齐。

（3）在"图层 _1"的第 90 帧处插入帧，锁定"图层 _1"。

（4）新建影片剪辑元件，将其命名为"梅花飘落"，并在其编辑窗口中进行如下操作。

① 将"梅树 .jpg"从"库"面板中拖动到舞台，利用"对齐"面板将其在水平与竖直方向上分别与舞台居中对齐。在"图层 _1"的第 90 帧处插入帧，锁定"图层 _1"。

② 新建"图层 _2"。选择"图层 _2"的第 1 帧，将"梅花 .png"从"库"面板中拖动到舞台，将其转换为图形元件，缩小并放置在图 2-3-34 所示的位置。

③ 为"图层 _2"添加传统运动引导层。选择引导层的第 1 帧，用铅笔工具绘制类似图 2-3-35 所示的曲线引导路径。

图 2-3-34　编辑首帧梅花图片

图 2-3-35　创建平滑的曲线引导路径

④ 在"图层 _2"的第 45 帧处插入关键帧，并在第 1 帧和第 45 帧之间创建梅花沿引导路径下落（顺时针旋转 1 周）的传统补间动画，如图 2-3-36 所示。

⑤ 类似地，在新建图层创建第 2 朵梅花下落的引导层动画，如图 2-3-37 所示（动画在第 45 帧和第 90 帧之间）。

（5）返回场景 1。新建"图层 _2"，将其拖动到"图层 _1"的下面。选择"图层 _2"的第 1 帧，将"梅花飘落"元件从"库"面板中拖动到舞台，放置在图 2-3-38 所示的位置。锁定"图层 _2"。

（6）在"图层 _1"的上面新建"图层 _3"。在该层首帧舞台上图 2-3-39 所示的位置，创建横向文本"花谢花飞飞满天，玉消香断有谁怜"（静态文本、隶书、36pt、字符间距为 6、红色 #FF0000 ）。

（7）将文本转换为图形元件。参照实验 3-5 中步骤（3）~步骤（7）的操作，在"图层 _3"中创建文字淡入淡出的动画。其中第 1 ~ 15 帧淡入，第 55 ~ 70 帧淡出，如图 2-3-39 所示。

（8）测试动画。保存源文件，导出 SWF 文件。

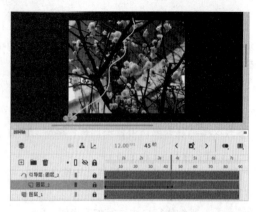

图 2-3-36　创建第 1 朵梅花下落的动画

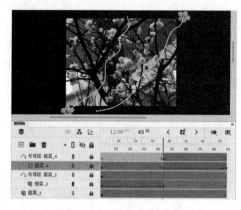

图 2-3-37　创建第 2 朵梅花下落的动画

图 2-3-38　将"梅花飘落"元件应用到场景

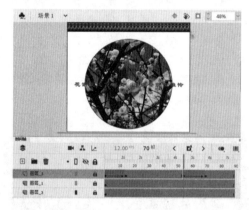

图 2-3-39　创建文字淡入淡出的动画

实验 3-7　日出动画

实验目的

学习使用元件实例的色彩效果与滤镜效果。

实验内容

使用"第 3 章实验素材"文件夹下的相关素材"山脉 .png"和"朝霞 .png"创建日
出动画。效果参照"第 3 章实验素材 \ 日出 .swf"。

日出动画

操作步骤

（1）新建空白文档（舞台大小为 962 像素 ×450 像素，帧速率为 12 帧 / 秒，平台类型为
ActionScript 3.0）。在"属性"面板上将舞台颜色设置为黑色，其他设置保持默认。

（2）新建图形元件，将其命名为"山脉"，并在该元件中导入素材"山脉 .png"。

（3）新建图形元件，将其命名为"朝霞"，并在该元件中导入素材"朝霞 .png"。

（4）新建影片剪辑元件，将其命名为"太阳"。在该元件编辑窗口中绘制一个无边框、填充颜色为
黄色（#FFFF00）、大小约为 300 像素 ×300 像素的圆形。

（5）新建图形元件，将其命名为"红晕"。在该元件的编辑窗口中绘制一个圆形：无边框，填充颜色
为由红色到透明的径向渐变色（见图 2-3-40）、大小约为 700 像素 ×700 像素。图 2-3-40 中渐变色控制

条上两个色标的颜色都为红色（#FF0000），左侧色标的 A（不透明度）值为 100%，右侧色标的 A 值为 0%。

（6）返回场景，将"图层 _1"改名为"山脉"。将"库"面板中的"山脉"元件拖动工到舞台上，利用"对齐"面板将其与舞台在水平方向上居中对齐，在竖直方向上底对齐。在"山脉"图层的第 100 帧处插入帧。

（7）新建图层，将其命名为"太阳"。将"太阳"图层拖动到"山脉"图层的下面。将"库"面板中的"太阳"元件拖动到"太阳"图层首帧的舞台上，并放置在图 2-3-41 所示的位置。

图 2-3-40　定义渐变色

图 2-3-41　将"太阳"元件应用到场景

（8）新建图层，将其命名为"朝霞"。将"朝霞"图层拖动到"太阳"图层的下面。将"库"面板中的"朝霞"元件拖动到"朝霞"层首帧的舞台上，等比缩小并放置在图 2-3-42 所示的位置。

（9）选择"太阳"图层的第 1 帧（关键帧），单击舞台上的"太阳"元件实例，在"属性"面板的"滤镜"参数区中为其添加"模糊"和"发光"滤镜，参数设置如图 2-3-43 所示。其中发光颜色为红色（#FF0000）。

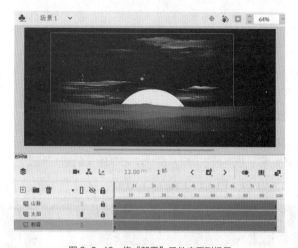

图 2-3-42　将"朝霞"元件应用到场景

图 2-3-43　为"太阳"添加滤镜

（10）在"太阳"图层的第 90 帧处插入关键帧，并在该帧进行如下处理：将"发光"滤镜的颜色修改为黄色（#FFFF00），将"太阳"竖直向上移动到图 2-3-44 所示的位置。

（11）在"太阳"图层的第 1 帧处创建传统补间动画。锁定"太阳"图层。

（12）在"山脉"图层的第90帧处插入关键帧。在"属性"面板中设置"山脉"元件实例的"色彩效果"参数，其中第1帧的参数如图2-3-45（a）所示，第90帧的参数如图2-3-45（b）所示。

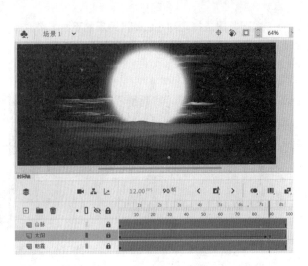

图2-3-44　创建"太阳"升起动画

（a）

（b）

图2-3-45　设置"色彩效果"参数

（13）在"山脉"图层的第1帧处创建传统补间动画。锁定"山脉"图层。

（14）在"朝霞"图层的第45帧和第90帧处分别插入关键帧。在"属性"面板中设置"朝霞"元件实例的"色彩效果"参数，其中第1帧的参数如图2-3-46(a)所示，第45帧的参数如图2-3-46(b)所示，第90帧的参数如图2-3-46（c）所示。

（a）第1帧的参数　　　　　（b）第45帧的参数　　　　　（c）第90帧的参数

图2-3-46　设置"朝霞"元件实例在不同关键帧的"色彩效果"参数

（15）在"朝霞"层的第1帧和第45帧分别创建传统补间动画。锁定"朝霞"层。

（16）新建图层，将其命名为"红晕"（在"太阳"图层的下面）。在"红晕"图层的第5帧处插入关键帧。

（17）将"库"面板中的"红晕"元件拖动到"红晕"图层第5帧的舞台上，放置在"太阳"的后面，如图2-3-47(a)所示（尽量与太阳同心）。

（18）在"红晕"图层的第90帧处插入关键帧，将"红晕"元件实例向上移动到"太阳"的后面，如

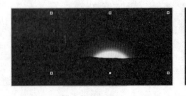

（a）初始位置　　　　　　　（b）调整后的位置

图2-3-47　调整"红晕"的位置

图 2-3-47（b）所示。在"红晕"图层的第 5 帧处创建传统补间动画。

（19）在"红晕"图层的第 15 帧处插入关键帧。在"属性"面板中设置"红晕"元件实例的"色彩效果"参数，其中第 5 帧的参数如图 2-3-48（a）所示，第 15 帧的参数如图 2-3-48（b）所示，第 90 帧的参数如图 2-3-48（c）所示。

（a）第 5 帧的参数　　　　　　　（b）第 15 帧的参数　　　　　　　（c）第 90 帧的参数

图 2-3-48　设置"红晕"元件实例的"色彩效果"参数

（20）在"红晕"图层的第 90 帧处等比放大"红晕"元件实例至 2000 像素 ×2000 像素，中心仍定位在"太阳"的中心，如图 2-3-49 所示。

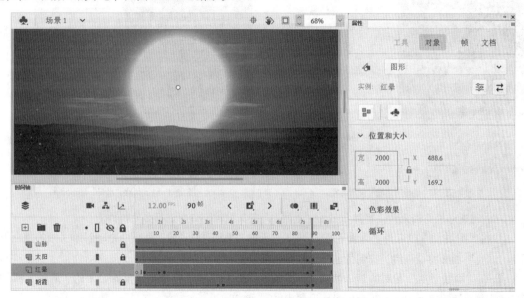

图 2-3-49　在第 90 帧处设置"红晕"的大小与位置

（21）锁定"红晕"图层。测试动画效果。保存 fla 源文件，并发布 SWF 文件。

实验 3-8　下雨动画

实验目的

进一步学习交互式动画中动作脚本的用法。

实验内容

使用"第 3 章实验素材"文件夹下的相关素材"白云 .png"和"雨 .wav"创建下雨动画。动画效果参照"第 3 章实验素材 \ 下雨 .swf"。

下雨动画

⊕ 操作步骤

（1）新建空白文档（舞台大小为 400 像素 ×300 像素，帧速率为 30 帧 / 秒，平台类型为 ActionScript 3.0）。在"属性"面板上将舞台颜色设置为黑色。

（2）将素材"白云 .png"和"雨 .wav"导入"库"面板。

（3）取消选择菜单命令"视图 | 贴紧 | 贴紧至对象"。

（4）新建图形元件，将其命名为"雨线"，并进入该图形元件的编辑窗口。

（5）使用线条工具在"雨线"元件的编辑窗口中绘制图 2-3-50 所示的白色短斜线（向左倾斜，粗细为 1 像素，宽度为 3 像素左右，高度为 9 像素左右，对齐到舞台中心）。

（6）新建图形元件"水花"。使用椭圆工具在"水花"元件的编辑窗口中绘制图 2-3-51 所示的白色椭圆（宽度约 75 像素，高度约 24 像素，边框粗细为 1 像素，无填充色，对齐到舞台中心）。

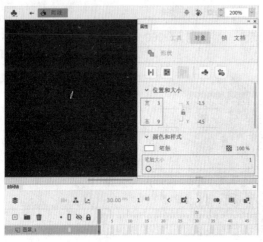

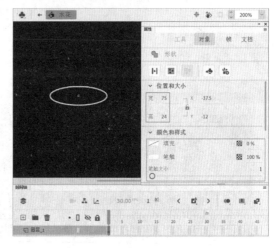

图 2-3-50　创建"雨线"图形元件　　　　　　图 2-3-51　创建"水花"图形元件

（7）创建影片剪辑元件，将其命名为"落雨"，在其编辑窗口中进行如下操作。

① 将"图层 _1"改名为"雨线下落"。将图形元件"雨线"从"库"面板中拖动到第 1 帧的舞台上，利用"属性"面板将"雨线"实例的 x 与 y 坐标值都设置为 0。

② 在"雨线下落"图层的第 7 帧处插入关键帧，使用选择工具单击该帧舞台上的"雨线"实例，利用"属性"面板将其 x 与 y 坐标值分别设置为 –80 和 250。

③ 在"雨线下落"图层的第 1 帧处创建传统补间动画。锁定"雨线下落"图层。

④ 新建"图层 _2"，改名为"水花扩展"，并在该图层进行如下操作：在第 7 帧处插入关键帧，将图形元件"水花"从"库"面板中拖动到该帧的舞台上。在第 35 帧处插入关键帧。在第 7 帧处创建传统补间动画。

⑤ 在"水花扩展"图层继续进行如下操作：利用"变形"面板将第 7 帧的"水花"实例等比缩小为原来的 10%，利用"属性"面板将缩小后的"水花"实例的 x 与 y 坐标值分别设置为 –81.25 和 254.25（与"雨线"位置对应，如图 2-3-52 所示）。相应地，利用"属性"面板将第 35 帧的"水花"实例的 x 与 y 坐标值也设置为 –81.25 和 254.25（与第 7 帧的"水花"同心），并将其不透明度设置为 0%，如图 2-3-53 所示。

⑥ 锁定"水花扩展"图层。"落雨"元件编辑完成。

（8）显示"库"面板，在素材列表区"落雨"元件对应"链接"的位置双击，输入链接标识符"rainDrop"，如图 2-3-54 所示，按 Enter 键确认。

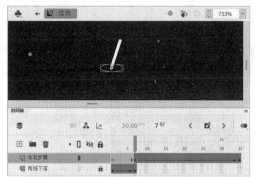

图 2-3-52 设置第 7 帧 "水花" 的位置与大小

图 2-3-53 设置第 35 帧 "水花"的属性

图 2-3-54 编辑 "链接" 属性

 提示

此处将 "落雨" 元件与 rainDrop 类链接，输出影片时 Animate 会自动生成定义 rainDrop 类的代码。

（9）返回场景 1，将 "图层 _1" 改名为 "编码"，并在该图层的第 2 帧与第 3 帧处分别插入关键帧。

（10）选择 "编码" 图层的第 1 帧，利用 "动作" 面板输入如下代码。

```
var mc:rainDrop; // 定义 rainDrop 类的变量
var mcNum:uint=0; // 定义雨线数量变量，初始值为 0
```

选择 "编码" 图层的第 2 个关键帧，在 "动作" 面板中输入如下代码。

```
mc=new rainDrop();   // 创建新对象的过程，类似于复制功能
mc.x=Math.random()*500-50;   // 设置新实例的 x 坐标（本例舞台宽度 400）
mc.y=Math.random()*300-100;   // 设置新实例的 y 坐标（本例舞台高度 300）
mc.alpha = Math.random()*0.6+0.4;   // 设置新实例的不透明度
addChild(mc); // 将 mc 添加到显示列表
```

选择 "编码" 图层的第 3 个关键帧，在 "动作" 面板中输入如下代码。

```
mcNum++;
if(mcNum<240){
    gotoAndPlay(2);
}
else{
    stop();
}
```

（11）打开 "颜色" 面板，将笔触颜色设置为无，填充颜色设置为从黑色到白色的线性渐变色。将渐变色中的白色修改为蓝色（#0000FF），将黑色修改为深蓝色（#000033）。并将深蓝色色标适当向左拖动，如图 2-3-55 所示。

（12）新建 "图层 _2"，将其改名为 "背景"。选择 "背景" 图层的第 1 帧，使用矩形工具在舞台上绘制一个 400 像素 ×300 像素的矩形，利用 "对齐" 面板将其对齐到舞台中心。

（13）在工具箱中选择渐变变形工具 ，单击舞台上的矩形（此时矩形上出现渐变变形手柄），沿逆

时针方向拖动矩形右上角的旋转标志 ，将线性渐变调整为竖直方向，如图2-3-56所示。

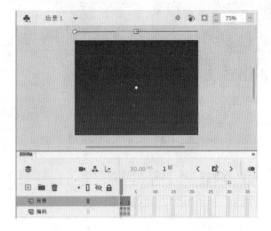

图2-3-55　编辑渐变色　　　　　　　　　　　　图2-3-56　调整渐变的方向

（14）锁定"背景"图层和"编码"图层。新建影片剪辑元件，将其命名"白云"，在其编辑窗口进行如下操作。

① 将图片素材"白云.png"从"库"面板中拖动到舞台，将其转换为图形元件，并利用"对齐"面板将其与舞台在水平方向上右对齐，在竖直方向上居中对齐。

② 选择菜单命令"视图|标尺"，显示标尺。从竖直标尺上向右拖移出一条参考线至右侧大块云彩的左边缘，如图2-3-57所示。

③ 在第300帧处插入关键帧，并将该帧的"白云"与舞台在水平方向上左对齐。然后使用键盘方向键水平向左移动图片至图2-3-58所示的位置（使参考线位于左侧的大块云彩的左边缘，与第1帧大块云彩的位置对应）。

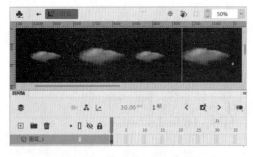

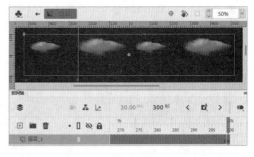

图2-3-57　使用参考线定位首帧白云的位置　　　　图2-3-58　定位第300帧白云的位置

④ 在第1帧处创建传统补间动画。

⑤ 利用"动作"面板为第300帧添加动作脚本"gotoAndPlay(1);"（这样可避免"白云"影片剪辑动画循环播放时在开始处的缓动，注意代码中的括号与分号都是半角）。

（15）返回场景1。在所有图层的最上面新建图层，将其命名为"白云"。将影片剪辑元件"白云"从"库"面板中拖动到"白云"图层首帧的舞台上，利用"对齐"面板将其与舞台顶对齐、右对齐。锁定"白云"图层。

（16）新建图层，将其命名为"音效"。选择"音效"图层的第1帧，在"属性"面板"声音"参数区的"名称"下拉列表中选择"雨.wav"选项，在"同步"下拉列表中选择"开始"选项，并将"声音循环"属性设为"循环"。

（17）测试动画效果。保存.fla源文件，并发布swf文件。

实验 4　音频编辑

实验 4-1　利用素材合成连续的鸟鸣音频

实验目的

练习附加音频的操作方法。

实验内容

将"第 4 章实验素材"文件夹下的音频素材文件"1.wav""2. wav""3. wav""4. wav""5. wav"依次首尾衔接起来，合并为一个音频文件，并以 .mp3 格式进行保存。最终效果可参照"第 4 章实验素材\鸟语 .mp3"

利用素材合成连续的鸟鸣音频

操作步骤

（1）启动 Audition 2020，使用"文件 | 打开"菜单命令打开素材文件"1. wav"。此时，Audition 自动进入波形视图。

（2）选择菜单命令"文件 | 打开并附加 | 到当前文件"，在弹出的"打开并附加到当前文件"对话框中同时选中音频文件"2. wav""3. wav""4. wav""5. wav"，单击"打开"按钮，此时 Audition 窗口如图 2-4-1 所示。

图 2-4-1　附加音频后的 Audition 窗口

（3）将播放指针拖动到波形的开始处，单击"编辑器"窗口底部的"播放"按钮▶，试听附加音频后的声音效果。

（4）使用菜单命令"文件 | 另存为"按题目要求保存文件。

实验 **4-2** 录制网上歌曲

实验目的

进一步熟悉使用 Audition 进行录音的方法。

操作步骤

（1）将耳机与计算机正确连接。

（2）在"声音"对话框的"录制"选项卡中，启用"立体声混音"并将其设置为默认录音设备，如图 2-4-2 所示。

（3）右击"立体声混音"选项，在弹出的菜单中选择"属性"命令，打开"立体声混音 属性"对话框，在"级别"选项卡（见图 2-4-3）中设置录音设备的音量大小。

（4）启动 Audition 2020，选择"编辑 | 首选项 | 音频硬件"菜单命令，打开"首选项 – 音频硬件"对话框（见图 2-4-4），确认"默认输入"选项为"立体声混音"，单击"确定"按钮关闭对话框。

录制网上歌曲

图 2-4-2　选择录音设备

图 2-4-3　设置音量大小

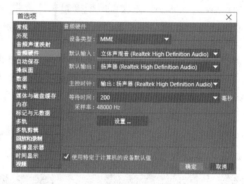
图 2-4-4　确认 Audition 的输入设备

（5）在 Audition 中单击工具栏左侧的视图按钮 波形，弹出"新建音频文件"对话框，采用默认设置，单击"确定"按钮，进入波形视图。

（6）从互联网上找到要录制的歌曲。

（7）在 Audition 的"编辑器"窗口底部单击"录音"按钮●，开始录音。

（8）在互联网上播放要录制的歌曲。此时在 Audition 的"编辑器"窗口中，可以看到录制的音频波形（如果音量大小不合适，可在"立体声混音 属性"对话框中进行调整，然后重新录制）。

（9）录音完毕后，单击"编辑器"窗口底部的"停止"按钮■。将所录音频开始处的静音部分删除，并保存音频文件。

实验 **4-3** 多轨配乐练习

实验目的

练习多轨视图下音频合成的方法。

实验内容

多轨配乐练习

利用"第 4 章实验素材"文件夹下的音频文件"散文朗诵片段 .wav"和"出水莲片段 .wav"合成配乐散文朗诵效果。以"荷塘月色"为名保存会话，并输出 .mp3 格式的音频文件。最终效果可参照"第 4 章实验素材\荷塘月色 .mp3"。

操作步骤

（1）启动 Audition 2020，单击工具栏左侧的视图按钮 **多轨**，弹出"新建多轨会话"对话框，参数设置如图 2-4-5 所示。单击"确定"按钮，进入 Audition 的多轨视图。

（2）在"编辑器"窗口中选择轨道 2，将播放指针定位于轨道的起始处。使用"多轨 | 插入文件"菜单命令插入素材音频"出水莲片段 .wav"，如图 2-4-6 所示。

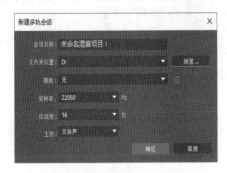

图 2-4-5 "新建多轨会话"对话框

图 2-4-6 在轨道 2 中插入音频素材

（3）在"编辑器"窗口中选择轨道 1，将播放指针定位于 0:35.000（35 秒）的位置。使用"多轨 | 插入文件"菜单命令插入素材音频"散文朗诵片段 .wav"，如图 2-4-7 所示。

（4）单击轨道 2 上的"出水莲片段 .wav"，在其音量包络线（素材顶部的一条黄色水平线，可通过选择菜单命令"视图 | 显示剪辑音量包络"显示）的特定位置单击以添加包络点，通过拖动包络点改变包络点的位置使得素材的音量随着时间的变化而变化，如图 2-4-8 所示。对于多余的包络点，可以通过在竖直方向上将其拖出轨道区域进行删除。

图 2-4-7 在轨道 1 中插入音频素材

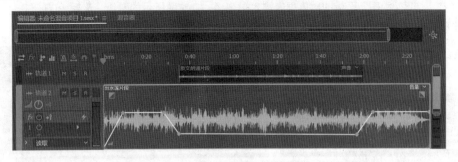

图 2-4-8 调整背景音乐的音量

（5）将播放指针定位于轨道的起始处。单击"播放"按钮▶，试听配乐效果。同时在左右（时间）或上下（音量）方向调整音量包络点的位置，使散文朗诵的背景音乐效果更佳。

（6）使用菜单命令"文件 | 另存为"将会话以"荷塘月色 .sesx"为名保存。使用菜单命令"文件 | 导出 | 多轨混音 | 整个会话"导出合成音频"荷塘月色 .mp3"。

（7）使用"文件 | 关闭会话及其媒体"菜单命令关闭项目文件。

提示

若音量包络线为折线，音量的变化会比较突兀。在音量包络线上右击，在弹出的菜单中选择"曲线"命令，可以将折线包络线转换为平滑曲线包络线（为了保持平滑前包络线的基本形状，可在水平线部分原包络点的旁边适当加点），如图2-4-9所示。

图2-4-9　对音量包络线进行平滑处理

实验 4-4 单轨配乐练习

 实验目的

练习在波形视图下合成音频的方法。

 实验内容

利用"第4章实验素材"文件夹下的音频文件"卜算子 – 咏梅 .mp3"和"梅花三弄 .mp3"合成有配乐的诗朗诵效果。以"配乐诗朗诵 _ 咏梅 .mp3"为名保存音频文件。最终效果可参照"第4章实验素材 \ 配乐诗朗诵 _ 咏梅 .mp3"。

单轨配乐练习

 操作步骤

（1）启动 Audition 2020，在"文件"面板的空白处右击，在弹出的菜单中选择"导入"命令，将"卜算子 – 咏梅 .mp3"和"梅花三弄 .mp3"导入"文件"面板。

（2）在"文件"面板中双击素材"梅花三弄 .mp3"，将其在"编辑器"窗口中打开。按 Space 键试听音效。

（3）在"选区 / 视图"面板的数值框内输入图 2-4-10 左图所示的数值，选择 1:03.300 ~ 2:08.080 的音频波形，如图 2-4-10 右图所示。

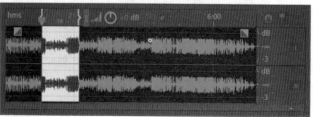

图 2-4-10　精确选择波形

（4）选择菜单命令"编辑 l 复制到新文件"，将所选波形复制到新建文件中。

（5）将播放指针定位于新建文件波形的开始处。使用菜单命令"编辑 l 插入 l 静音"在波形的开始处插入 14 秒的静音，如图 2-4-11 所示。

（6）按 Ctrl+A 组合键全选波形，按 Ctrl+C 组合键复制波形。

（7）在"文件"面板中双击"卜算子 – 咏梅 .mp3"，将其在"编辑器"窗口中打开。

图 2-4-11 插入静音

（8）选择菜单命令"编辑 | 混合粘贴"，参数设置如图 2-4-12 左图所示。单击"确定"按钮，混合结果如图 2-4-12 右图所示。

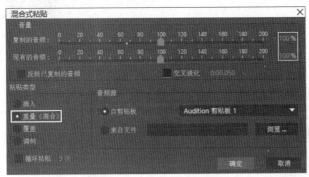

图 2-4-12 将两个音频混合

（9）按 Space 键试听配音效果。选择菜单命令"文件 | 另存为"以"配乐诗朗诵 _ 咏梅 .mp3"为名保存文件。

实验 **4-5** 添加音频效果

 实验目的

练习音频效果的添加方法。

添加音频效果

实验内容

为音频素材"第 4 章实验素材 \ 卜算子 – 咏梅 .mp3"添加回声效果。

操作步骤

（1）启动 Audition 2020，打开素材文件"卜算子 – 咏梅 .mp3"。

（2）选择菜单命令"效果 | 延迟与回声 | 回声"，打开"效果 – 回声"对话框（见图 2-4-13）。

（3）单击对话框左下角的 ▶ 按钮播放默认音效，根据需要调整对话框中的参数。

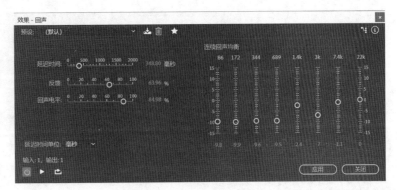

图 2-4-13 "效果 – 回声"对话框

单击效果开关按钮⏻可以开启或关闭效果，以便比较添加效果后的声音与源声。

（4）单击"应用"按钮，将效果添加在当前音频上。按 Space 键进行播放，试听音效。

（5）再次按 Space 键停止播放，保存文件。

实验 4-6 在多轨视图下合成音频

🔍 **实验目的**

熟悉多轨视图下音频编辑的基本方法。

🔍 **实验内容**

在多轨视图下，利用"第4章实验素材"文件夹下的音频文件"卜算子 – 咏梅 .mp3"和"梅花三弄 .mp3"合成配乐诗朗诵效果，并输出 MP3 格式的混缩文件。

在多轨视图下
合成音频

🔍 **操作步骤**

（1）启动 Audition 2020，单击工具栏左侧的视图按钮▉▉ **多轨**，在弹出的"新建多轨会话"对话框中设置"采样率"为 44100 Hz，"位深度"为 16 位，"主控"为立体声，单击"确定"按钮进入多轨视图。

（2）选择轨道 1，将播放指针定位于轨道的起始位置。使用菜单命令"多轨 | 插入文件"将素材音频"卜算子 – 咏梅 .mp3"插入轨道 1。

（3）同样，将素材音频"梅花三弄 .mp3"插入轨道 2 的开始位置，如图 2-4-14 所示。

图 2-4-14　将素材插入轨道

（4）确保轨道 2 上的素材"梅花三弄 .mp3"处于选择状态，利用"选区 / 视图"面板选择 1:03.300 至 2:08.080 之间的轨道区域，如图 2-4-15 所示。

图 2-4-15　选择轨道区域

（5）选择菜单命令"剪辑 | 修剪 | 修剪到时间选区"，裁切掉素材上选区左右两侧的部分。

（6）将播放指针定位于轨道上 14 秒的位置，如图 2-4-16 所示。

图 2-4-16　定位播放指针

（7）确保选择了菜单命令"编辑 | 对齐 | 对齐到剪辑"。使用移动工具拖动轨道 2 上的素材使其左端吸附到播放指针，如图 2-4-17 所示。

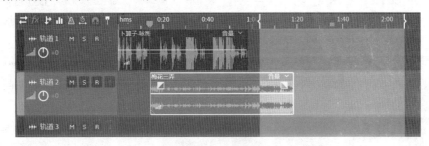

图 2-4-17　移动素材

（8）使用移动工具在未选中的轨道区域内（见图 2-4-15）单击，取消选区。单击选择轨道 1 上的素材，按住 Ctrl 键单击加选轨道 2 上的素材。

（9）选择菜单命令"文件 | 导出 | 多轨混音 | 所选剪辑"，打开"导出多轨混音"对话框，"格式"设置为"MP3 音频（*.mp3）"，输入文件名"配乐诗朗诵 _ 咏梅 .mp3"，选择文件的保存位置。单击"确定"按钮。

（10）保存会话文件。

实验 4-7　在多轨视图下修补音频

实验目的

进一步熟悉多轨视图下音频编辑的基本方法。

实验内容

"第 4 章实验素材"文件夹下的音频文件"见此情不由我暗自心寒（越调片段）01.mp3"是申凤梅大师的经典唱腔，但结尾处不完整。请使用同一文件夹下的另一素材"见此情不由我暗自心寒（越调片段）02.mp3"进行修复，并将修复结果输出为 WMA 格式的混缩文件。

在多轨视图下修补音频

操作步骤

（1）启动 Audition 2020，将两个音频素材导入"文件"面板。在"文件"面板中查看素材的"采样率""声道""位深度"值。如果所需参数未显示，可右击文件列表的标题栏，在弹出的菜单中选择对应的命令，如图 2-4-18 所示。

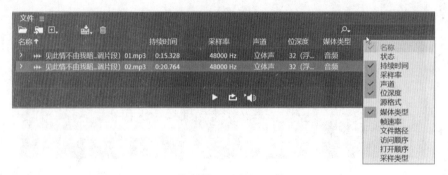

图 2-4-18　查看音频基本参数

（2）单击工具栏左侧的视图按钮【■■■ **多轨**】，弹出"新建多轨会话"对话框，根据素材基本参数设置"采样率"为 48000 Hz，"位深度"为 32（浮点），"主控"为立体声，单击"确定"按钮进入多轨视图。

（3）将"见此情不由我暗自心寒（越调片段）01.mp3"插入轨道 1 的开始处，将"见此情不由我暗自心寒（越调片段）02.mp3"插入轨道 2 的开始处。

（4）使用时间选择工具【Ⅰ】选择轨道 1 素材的结尾部分（见图 2-4-19（a）），单击"编辑器"窗口底部的"缩放至选区"按钮【🔍】，放大选区（见图 2-4-19（b）），使用移动工具【➡】将轨道 1 素材结尾部分的静音裁剪掉（见图 2-4-19（c））。取消选区。

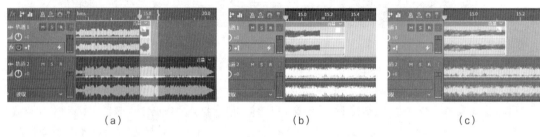

（a）　　　　　　　　　　　　　（b）　　　　　　　　　　　　　（c）

图 2-4-19　裁剪掉轨道 1 素材末尾的静音

（5）单击轨道 1 和轨道 2 的"独奏"按钮【S】或"静音"按钮【M】，分别反复、单独试听两段素材的音频效果，最后将播放指针大致定位在 15.14 秒的位置（见图 2-4-20）。

（6）使用移动工具【➡】单击轨道 2 上的素材。选择菜单命令"剪辑|拆分"，将轨道 2 上的素材从播放指针处剪开。选择后面一段素材，按 Ctrl+C 组合键复制。选择轨道 1，将播放指针定位在轨道 1 中素材的后面，按 Ctrl+V 组合键粘贴素材，如图 2-4-21 所示。

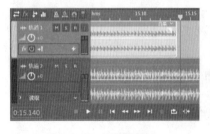

图 2-4-20　定位播放指针　　　　　　　　　　　　　　　图 2-4-21　粘贴素材

（7）使用移动工具【➡】向左拖动轨道 1 上复制得到的素材，使其与左边的轨道 1 中的原素材前后衔接在一起（不要重叠）。

（8）将轨道 2 静音，试听轨道 1 中的音频合成效果，保存会话文件。选择菜单命令"文件|导出|多轨混音|整个会话"，导出 WMA 格式的音频文件。

实验 5 视频处理

实验 5-1 自定义工作界面

实验目的

进一步熟悉 Premiere Pro 2020 工作界面的基本操作。

实验内容

根据个人偏好，自定义 Premiere Pro 2020 工作界面，并将自定义的工作界面保存起来，以备之后使用。

自定义工作界面

操作步骤

（1）启动 Premiere Pro 2020，新建项目文件，新建序列。

（2）选择菜单命令"窗口丨工作区丨编辑"，进入编辑模式界面。

（3）关闭"信息"面板、"库"面板、"标记"面板、"媒体浏览器"面板、"历史记录"面板、"音频剪辑混合器"面板、"元数据"面板和"音频仪表"面板。

（4）拖动"效果"面板的标签至"节目"面板标签的右侧并松开鼠标（见图 2-5-1），使"效果"面板与"节目"面板组合在一起。

（5）使用类似的操作将"效果控件"面板组合到"节目"面板组中，如图 2-5-2 所示。

图 2-5-1 组合"节目"面板与"效果"面板

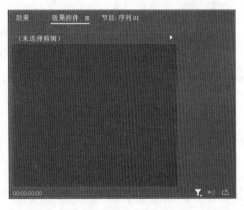

图 2-5-2 将"效果控件"面板组合至"节目"面板组中

（6）将"节目"面板与"源"面板组合，将"项目"面板组合到"效果控件"面板组中。将工具栏拖动到程序窗口的右下角，拖动其左右边缘，将其宽度调整到合适大小，如图 2-5-3 所示。

（7）选择菜单命令"窗口丨工作区丨另存为新工作区"，打开"新建工作区"对话框。输入自定义工作界面名称"myWorkspace"，单击"确定"按钮。

（8）再次选择菜单命令"窗口丨工作区"，可以看到"myWorkspace"选项已经在其中了，以后可随时调用该自定义工作界面。

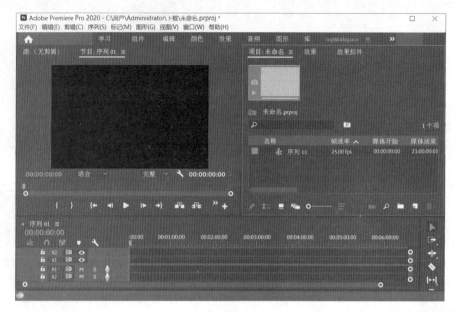

图 2-5-3　最终工作界面

实验 5-2 短片合成"春思"

实验目的

学习 Premiere Pro 2020 素材编辑的基本方法。

实验内容

利用"第5章实验素材\春思"文件夹下的素材"报纸.jpg""NATURE.mp3""荷花.mp4""绣线菊.mp4"合成短片"春思"。视频效果可参照"第5章实验素材\春思.wmv"。

操作步骤

（1）启动 Premiere Pro 2020，采用默认设置新建项目文件，新建序列。

（2）使用菜单命令"文件|导入（Import）"导入所需素材"报纸.jpg""NATURE.mp3""荷花.mp4""绣线菊.mp4"。

（3）在"项目"面板的素材列表中分别双击"报纸.jpg""荷花.mp4""绣线菊.mp4""NATURE.mp3"，在"源"面板中浏览或试听素材。

（4）将素材"绣线菊.mp4"从"项目"面板中拖动到时间轴面板的 V3 轨道的开始处。此时弹出"剪辑不匹配警告"对话框，单击"更改序列设置"按钮关闭对话框。

（5）在工具栏中选择缩放工具，在 V3 轨道的"绣线菊.mp4"素材上单击几次，将素材适当放大。取消"绣线菊.mp4"素材的音视频链接，删除对应的音频。

（6）将素材"NATURE.mp3"插入 A2 轨道的开始处，将素材"报纸.jpg"插入 V1 轨道的开始处。

（7）将素材"荷花.mp4"插入 V2 轨道，使其右端与 A2 轨道的"NATURE.mp3"对齐。取消"荷花.mp4"素材的音视频链接，删除对应的音频（见图 2-5-4）。

（8）确保已经选中时间轴面板左上角的"对齐"按钮，并在工具栏中选中选择工具。在水平方向上拖动 V1 轨道上的"报纸.jpg"素材的右边缘，使其与"NATURE.mp3"的右边缘对齐，如图 2-5-5 所示。

图 2-5-4　插入轨道素材

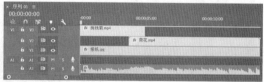

图 2-5-5　修改 V1 轨道素材的时间长度

（9）展开 V3 轨道，这样可看到素材上的水平不透明度曲线，以及轨道控制区对应 V3 轨道的更多控制项，如图 2-5-6 所示。

（10）选择 V3 轨道上的"绣线菊 .mp4"素材，按 Shift+End 组合键将播放指针定位于该素材的结尾处。

（11）单击 V3 轨道名称"视频 3"下方的"添加－移除关键帧"按钮◇，在素材结尾处添加 1 个"不透明度"关键帧。

（12）选择 V2 轨道上的"荷花 .mp4"素材，按 Shift+Home 组合键将播放指针定位于该素材的开始处。再次选择 V3 轨道上的"绣线菊 .mp4"素材，仿照步骤（11）在该处为"绣线菊 .mp4"素材添加 1 个"不透明度"关键帧。

（13）向下拖动"绣线菊 .mp4"素材结束位置的"不透明度"关键帧标记，将该处的视频画面设置为完全透明，如图 2-5-7 所示。这样可实现"绣线菊 .mp4"素材与"荷花 .mp4"素材在重叠区域的渐隐过渡。

图 2-5-6　展开 V3 轨道

图 2-5-7　修改不透明度曲线

（14）确保已经选中 V2 轨道上的"荷花 .mp4"素材。在"效果控件"面板中单击"运动"选项左侧的三角形按钮▷，将其展开，如图 2-5-8 所示。

图 2-5-8　显示"荷花 .mp4"素材的"运动"参数

（15）在时间轴面板中将播放指针定位于 9 秒的位置（时间刻度为 00：00：09：00）。在"效果控件"面板中依次单击"位置""缩放""旋转"选项左侧的"切换动画"按钮◉，在"荷花 .mp4"素材的当前位置分别添加"位置"关键帧、"缩放"关键帧与"旋转"关键帧。

（16）将播放指针定位于 11 秒的位置（时间刻度为 00：00：11：00）。在"效果控件"面板中依次单击"位置""缩放""旋转"选项右侧的"添加－移除关键帧"按钮◇，在"荷花 .mp4"素材的当前位置分别添加"位置""缩放""旋转"3 种类型的关键帧。此时的时间轴面板与"效果控件"面板如图 2-5-9 所示。

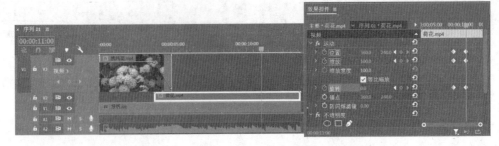

图 2-5-9 在"荷花 .mp4"素材的不同位置添加各种关键帧

（17）在"节目"面板中选择"荷花 .mp4"素材的视频画面，通过旋转、缩放和移动操作将画面变换到图 2-5-10 所示的效果（刚好覆盖"报纸"上的插图）。

（18）锁定 V1、V2、V3 与 A2 轨道。至此完成视频项目的全部编辑。在"节目"面板中播放视频，预览合成效果。

（19）使用"文件 | 保存"菜单命令保存最终的项目文件，使用"文件 | 输出 | 媒体"菜单命令导出 WMV 格式的视频。

图 2-5-10 缩小并旋转、移动关键帧画面

实验 5-3 短片合成"冬去春来"

 实验目的

学习 Premiere Pro 2020 中视频特效的使用方法。

 实验内容

利用"第 5 章实验素材 \ 冬去春来"文件夹下的全部 12 个图像素材和 5 个音频素材合成短片"冬去春来"。视频效果可参照"第 5 章实验素材 \ 冬去春来 .wmv"。

短片合成"冬去春来"

 操作步骤

（1）将插件文件 RAIN.AEX、SNOW.AEX 和 Shine.aex 复制到 …\Premiere Pro 2020\Plug-Ins\Common 文件夹下。

（2）启动 Premiere Pro 2020，新建项目文件（文件名称为"冬去春来"，保存位置为桌面，其他设置保持默认）；新建序列，参数设置如图 2-5-11 所示（对话框中未显示的参数都采用默认设置）。

（3）选择菜单命令"编辑 | 首选项 | 时间轴"，打开"首选项"对话框，将"静止图像默认持续时间"设置为 10 秒（该步操作必须在图像素材导入之前完成）。

（4）使用菜单命令"文件 | 导入"导入"第 5 章实验素材 \ 冬去春来"文件夹下的所有素材。当导入图像"月亮 .psd"时，会弹出对话框，询问要导入的图层及素材大小，参数设置如图 2-5-12 所示。

（5）对素材进行分类。在"项目"面板中新建素材文件夹"图像""音频""视频"，并将导入的素材分别拖入对应类型的文件夹中。

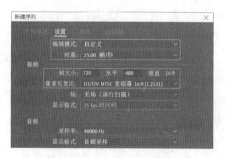

图 2-5-11　设置新建序列参数

图 2-5-12　设置 PSD 文件的导入参数

（6）将素材"美人蕉.mp4""MASK.gif""标题.png"分别插入时间轴面板的 V1、V2 和 V3 轨道的起始位置。在工具栏中选择缩放工具🔍，在插入的素材上单击，以适当放大素材，如图 2-5-13 所示。

（7）将素材"冬 01.mp4""冬 02.mp4""春 01.mp4""春 02.mp4""夏 01.mp4""夏 02.mp4""秋 01.mp4""秋 02.jpg"依次插入 V1 轨道中"美人蕉.mp4"的后面（前后两段素材一定要首尾相接，否则无法添加过渡效果）。对于步骤（6）和步骤（7）中导入的视频，依次取消其音频与视频的链接，并删除对应的音频，如图 2-5-14 所示。

图 2-5-13　插入片头素材

图 2-5-14　插入冬、春、夏、秋素材

（8）将图像素材"月亮 / 月亮.psd"插入 V2 轨道，使其与 V1 轨道上的"秋 02.jpg"素材对齐。通过"节目"面板调整"月亮"图像的位置，如图 2-5-15 所示。

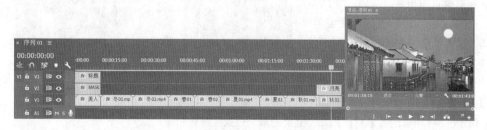
图 2-5-15　将"月亮"图像插入 V2 轨道

（9）将音频素材"爱的纪念.wav"插入时间轴面板 A1 轨道的起始位置，作为整个短片的背景音乐。

（10）在时间轴面板中，使用选择工具▶向左拖动音频素材的右边缘，将多余的部分剪切掉，使其与 V1 轨道上的素材长度保持一致。展开 A1 轨道，向下拖动音频素材上的水平音量线，适当降低音量，如图 2-5-16 所示。

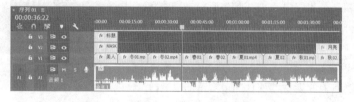
图 2-5-16　在时间轴面板中编辑音频素材

（11）将音频素材"雨.WAV""知了.wma""蟋蟀.WAV"插入A2轨道上图2-5-17所示的位置。其中"雨.WAV"对应V1轨道的素材"春01.mp4""春02.mp4""夏02.mp4"，"知了.wma"对应素材"秋01.mp4"，"蟋蟀.WAV"对应素材"秋02.jpg"。注意时间长度的对应，多余的部分要剪切掉。

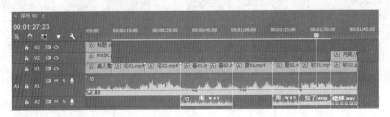

图2-5-17　在A2轨道上添加素材

（12）将音频素材"雷声.WAV"插入A3轨道上图2-5-18所示的位置（素材被放大显示），使其对应V1轨道的素材"春01.mp4"。

图2-5-18　在A3轨道上添加素材

（13）通过"效果控件"面板将V2轨道上"MASK.gif"素材的不透明度设为80%，同时为其添加"颜色键"视频效果，参数设置如图2-5-19（a）所示（其中"主要颜色"为黑色，"颜色容差"为255，其他参数保持默认）。在时间轴面板中将播放指针定位于"MASK.gif"的显示区间内，通过"节目"面板观看视频效果；如图2-5-19（b）所示。

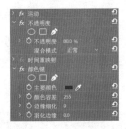

（a）参数设置

（b）视频效果

图2-5-19　使用"颜色键"抠像

（14）在V1轨道的各素材间添加"交叉溶解"过渡效果（位于"溶解"过渡组）。

说明：当在两段视频之间添加过渡效果时，如果无法加在两段视频中间，只能加在其中一侧；此时可用选择工具单击已添加在一侧的过渡效果，然后在"效果控件"面板的"对齐"下拉列表中选择"中心切入"选项。

（15）在时间轴面板中，将"标题.png"素材的首尾分别剪切掉一部分（见图2-5-20）。在"效果"面板上展开"预设"效果，将"模糊"效果组中的"快速模糊入点"和"快速模糊出点"效果分别添加在该素材上（见图2-5-21）。

（16）为V2轨道上的"MASK.gif"和"月亮/月亮.psd"素材分别添加"快速模糊入点"与"快速模糊出点"效果。

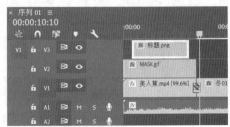

图2-5-20　裁剪素材"标题.png"

（17）对V1轨道上的素材"秋02.jpg"添加"过时"视频效果组中的"RGB曲线"效果，参数设置与画面调整效果如图2-5-22所示（主要曲线向下弯曲，绿色和蓝色曲线适当上扬，其他参数保持默认）。

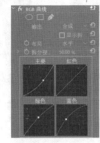

图 2-5-21　展开"预设 / 模糊"效果组　　　　图 2-5-22　设置"RGB 曲线"效果参数及画面调整效果

（18）对 V1 轨道上的素材"春 01. mp4"添加加外挂视频效果组 Simulation 中的 CC Rain 效果，参数设置如图 2-5-23 所示。并在效果名称上右击，从弹出的菜单中选择"复制"命令，如图 2-5-23 所示。

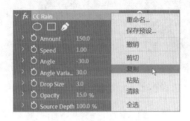

图 2-5-23　设置效果参数并复制效果

（19）在时间轴面板中，单击 V1 轨道上的素材"春 02.mp4"，在其"效果控件"面板的空白处右击，从弹出的菜单中选择"粘贴"命令，如图 2-5-24 所示，将相同参数设置的下雨效果复制到素材"春 02.mp4"上。

（20）在时间轴面板，同样将下雨效果粘贴到素材"夏 02.mp4"上。

（21）对 V1 轨道上的素材"冬 01. mp4"添加外挂视频效果组 Simulation 中的 CC Snow 效果，参数设置及实际效果如图 2-5-25 所示。

（22）在时间轴面板中，将素材"冬 01. mp4"上的下雪效果复制到素材"冬 02. mp4"上。修改"冬 02. mp4"上的下雪效果的参数，将 Flake size（雪片大小）减小到 1.00（见图 2-5-26）。

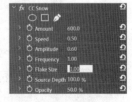

图 2-5-24　粘贴效果　　　　图 2-5-25　添加下雪效果　　　　图 2-5-26　修改雪片大小

（23）在时间轴面板中，使用剃刀工具 将素材"春 01. mp4"分割成图 2-5-27 所示的 5 段（与音频素材"雷声 .wav"对应，分割前可放大素材并使用播放指针进行定位）。在第②个与第④个素材片段上分别添加"风格化"视频效果组中的"闪光灯"效果，参数设置如图 2-5-28 所示（其中"闪光色"为白色）。

图 2-5-27 分割素材　　　　　　　　　　图 2-5-28 添加"闪光灯"效果

（24）在时间轴面板中，对素材"夏01.mp4"添加"生成"效果组中的"镜头光晕"效果。通过"效果控件"面板在剪辑的不同位置为"光晕亮度"参数添加关键帧，如图 2-5-29 所示（"光晕亮度"值分别设置为 155%（最大）与 3%（最小），以实现光源闪烁的效果。

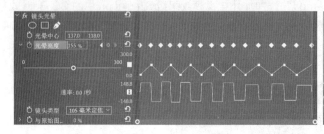

图 2-5-29 设置"镜头光晕"效果

（25）在时间轴面板中，对素材"标题.png"添加外挂视频效果组 Trapcode 中的"发光"效果，参数设置及效果如图 2-5-30 所示。

图 2-5-30 添加"发光"效果

（26）通过"效果控件"面板在图 2-5-31 所示的位置分别为参数"源点定位"和"发光透明度"添加关键帧。其中"源点定位"的第 1 个和第 3 个关键帧与"发光透明度"的第 2 个和第 3 个关键帧的位置是对应的。"源点定位"在其第 1 个、第 2 个、第 3 个关键帧的参数值分别为（200，150）、（-50，180）、（200，150）。"发光透明度"在其第 1 个、第 2 个、第 3 个、第 4 个关键帧的参数值分别为 0、100、100、0。

（27）锁定 V1、V2、V3 与 A1、A2、A3 轨道。至此完成视频项目的全部编辑。在"节目"面板中播放视频，预览效果。

（28）使用菜单命令"文件|保存"保存最终的项目文件"冬去春来.prproj"。

（29）使用菜单命令"文件|导出|媒体"输出视频文件"冬去春来.wmv"。注意"导出设置"对话框的"基本视频设置"应与实验开始的序列参数的设置一致，如图 2-5-32 所示。

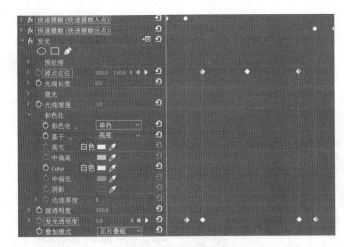

图 2-5-31 创建关键帧动画

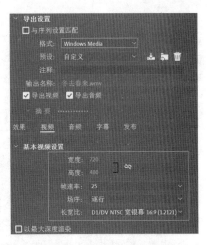

图 2-5-32 基本视频设置

实验 5-4 短片合成"诗情画意"

⊕ 实验目的

学习 Premiere Pro 2020 中视频过渡效果的使用方法。

⊕ 实验内容

利用"第 5 章实验素材 \ 诗情画意"文件夹下的全部 8 个图像素材和 1 个音频素材合成短片"诗情画意"。视频效果可参照"第 5 章实验素材 \ 诗情画意 .wmv"。

短片合成"诗情画意"

⊕ 操作步骤

（1）启动 Premiere Pro 2020，新建项目文件（文件名称为"诗情画意"，保存位置为桌面，其他设置保持默认）。新建序列，参数设置如图 2-5-33 所示（对话框中未显示的参数都采用默认设置）。

（2）选择菜单命令"编辑|首选项|时间轴"，打开"首选项"对话框，将"静止图像默认持续时间"设置为 10 秒。

图 2-5-33 设置新建序列参数

（3）导入"第 5 章实验素材 \ 诗情画意"文件夹下的全部 8 个图像素材和 1 个音频素材。

（4）从 V1 轨道的起始位置开始，依次插入图像素材"诗情画意 01.jpg"~"诗情画意 08.jpg"（彼此邻接，但不重叠）。将音频素材"梦中的婚礼 .wma"插入 A1 轨道的开始处。

（5）确保选中时间轴面板左上角的"在时间轴中对齐"按钮。使用选择工具▶向右拖动 V1 轨道上最后一个图像素材的右边缘，使其与音频素材的右边缘对齐，如图 2-5-34 所示。

图 2-5-34 在轨道上插入素材并增加最后一个图像素材的长度

（6）在 V1 轨道的第 2 个与第 3 个图像素材的衔接处，添加"3D 运动"过渡效果组中的"翻转"过渡效果。在"效果控件"面板上将"持续时间"修改为"00:00:02:05"，如图 2-5-35（a）所示。单击"自定义"按钮，打开"翻转设置"对话框，参数设置如图 2-5-35（b）所示（其中"填充颜色"为黑色）。此时过渡效果如图 2-5-35（c）所示。

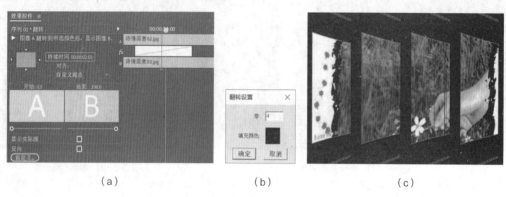

（a） （b） （c）

图 2-5-35　添加"翻转"过渡效果

（7）在 V1 轨道的第 3 个与第 4 个图像素材之间，添加"划像"过渡效果组中的"圆划像"效果。将过渡的"持续时间"修改为"00:00:02:05"（其他参数保持默认）。

（8）同样，在第 4 个与第 5 个图像素材之间，添加"页面剥落"过渡效果组中的"翻页"效果。将过渡的"持续时间"修改为"00:00:02:05"，效果如图 2-5-36 所示。

（9）在第 5 个与第 6 个图像素材之添加"缩放"过渡效果组中的"交叉缩放"效果，将过渡的"持续时间"修改为"00:00:02:05"。

（10）在第 6 个与第 7 个图像素材之间添加"内滑"过渡效果组中的"带状内滑"效果。在"效果控件"面板中，将过渡的"持续时间"修改为"00:00:02:05"，并通过"自定义"按钮将"带数量"设置为 14，效果如图 2-5-37 所示。

（11）在第 7 个与第 8 个图像素材之间添加"擦除"过渡效果组中的"渐变擦除"效果。在弹出的"渐变擦除设置"对话框中采用默认设置，单击"确定"按钮，如图 2-5-38 所示。将过渡的"持续时间"修改为"00:00:02:05"。

图 2-5-36　添加"翻页"过渡效果　　图 2-5-37　添加"带状滑动"过渡效果　　图 2-5-38　添加"渐变擦除"过渡效果

（12）在第 1 个与第 2 个图像素材之间添加外挂过渡效果组 FilmImpact.net TP2 中的 Impact Rays 过渡效果。将过渡的"持续时间"修改为"00:00:02:05"。

（13）通过"节目"面板浏览视频合成效果。

（14）使用菜单命令"文件 | 保存"保存最终的项目文件。使用菜单命令"文件 | 导出 | 媒体"输出 WMV 视频文件。

实验 **5-5** 短片合成"古诗词名句欣赏"

实验目的

学习 Premiere Pro 2020 中字幕的创建方法。

实验内容

短片合成
"古诗词名句欣赏"

利用"第 5 章实验素材 \ 古诗词名句欣赏"文件夹下的图像素材"荷
01.jpg"~"荷 06.jpg"及音频素材"舞动荷风（片段）.mp3"合成短片"古诗词名
句欣赏"。视频效果可参照"第 5 章实验素材 \ 古诗词名句欣赏 .wmv"。

操作步骤

（1）启动 Premiere Pro 2020，新建项目文件（文件
名称为"古诗词名句欣赏"，保存位置为桌面，其他设置
保持默认）；新建序列，参数设置如图 2-5-39 所示（未
显示的参数都采用默认设置）。

（2）选择菜单命令"编辑 | 首选项 | 时间轴"，打开"首
选项"对话框，将"静止图像默认持续时间"设置为 5 秒。

（3）导入"第 5 章实验素材 \ 古诗词名句欣赏"文件
夹下的图像素材"荷 01.jpg"~"荷 06.jpg"和音频素材"舞
动荷风（片段）.mp3"。

图 2-5-39 设置"新建序列"参数

（4）从 V1 轨道的起始位置开始，依次插入图像素材"荷 01.jpg"~"荷 06.jpg"（彼此邻接，但
不重叠）。将音频素材"舞动荷风（片段）.mp3"插入 A1 轨道的开始处（见图 2-5-40）。

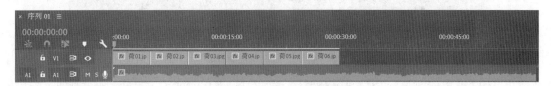

图 2-5-40 在轨道上插入原始素材

（5）在 V1 轨道的最后一个图像素材上右击，从弹出的菜单中选择"速度 / 持续时间"命令，将"持
续时间"更改为"00:00:10:00"（10 秒）。

（6）在 A1 轨道上裁切掉音频素材相对于图像素材超出的部分，如图 2-5-41 所示。

图 2-5-41 裁切音频素材

（7）在"节目"面板中调整 V1 轨道上素材"荷 02.jpg"的位置，使其靠右放置，如图 2-5-42（a）
所示。调整"荷 04.jpg"与"荷 06.jpg"的位置，使它们靠左放置，如图 2-5-42（b）所示（以"荷
04.jpg"为例）。调整"荷 03.jpg"与"荷 05.jpg"的位置，使它们靠上放置，如图 2-5-42（c）所示（以
"荷 05.jpg"为例）。

（a）　　　　　　　　　（b）　　　　　　　　　（c）

图 2-5-42　在"节目"面板中调整素材的位置

（8）在 V1 轨道的各个图像素材之间添加"擦除"过渡效果组中的"渐变擦除"效果（所有参数保持默认）。

（9）在 V1 轨道的最后一个图像素材"荷 06.jpg"上添加"扭曲"视频效果组中的"边角定位"效果，并在素材时间线上图 2-5-43 右图所示的位置分别为"右上"和"右下"参数创建两个关键帧，左边关键帧（时间为 00:00:30:23）的"右上"和"右下"参数保持默认，右边关键帧（时间为 00:00:32:11）的参数设置如图 2-5-43 所示。

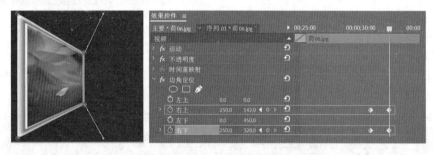

图 2-5-43　设置视频效果关键帧的参数

（10）向下展开 A1 轨道，选择轨道中的素材"舞动荷风（片段）.mp3"，利用轨道控制区的"添加－移除关键帧"按钮◈，在水平音量控制线上添加 4 个关键帧，向下拖动首尾两个关键帧标记，创建背景音乐的淡入淡出效果，如图 2-5-44 所示。

（11）在时间轴面板中将播放指针定位于"荷 01.jpg"的显示区间内。选择菜单命令"文件 | 新建 | 旧版标题"（打开"新建字幕"对话框，采用默认设置，以下同），创建"字幕 01"，并在"字幕 01"中创建文字对象"古诗词名句欣赏"，如图 2-5-45 所示（在字幕预览窗口的右上角选中"显示背景视频"按钮▣）。文字要求如下（未提到的参数采用默认值）。

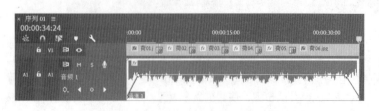

图 2-5-44　创建背景音乐的淡入淡出效果

图 2-5-45　"字幕 01"效果

- 行距为 16，颜色为红色，大小为 54，水平居中对齐。
- 古诗词：字体为"方正黄草简体"，字符间距为 0。
- 名句欣赏：字体为"微软雅黑（粗体）"，字符间距为 25。
- 文字外描边为白色，大小为 18。

（12）在时间轴面板中将播放指针定位于"荷 02.jpg"的显示区间内。仿照步骤（11），创建"字幕 02"，并在"字幕 02"中创建垂直文字对象"宋·周敦颐·爱莲说"。在字幕设计窗口选中该文字对象，在"旧版标题样式"栏中右击"Times New Roman Regular Red glow"，从弹出的菜单中选择"仅应用样式颜色"命令（见图 2-5-46）。继续在"旧版标题属性"栏中设置该文字对象的属性：华文隶书，字体大小为 42，文字颜色为红色，阴影颜色为白色（未提到的参数采用默认设置）。"字幕 02"效果如图 2-5-47 所示。

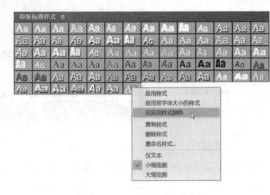

图 2-5-46　套用样式部分参数　　　　　　　图 2-5-47　"字幕 02"效果

（13）在时间轴面板中将播放指针定位于"荷 03.jpg"的显示区间内。仿照步骤（11）创建"字幕 03"，并在"字幕 03"中创建横向文字对象"予独爱莲之出淤泥而不染，濯清涟而不妖,"。与"字幕 02"类似，先套用样式"Times New Roman Regular Red glow"的颜色，再修改相关属性：华文中宋，字体大小 34，行距为 15，字距为 5，填充颜色为红色，阴影颜色为白色。"字幕 03"效果如图 2-5-48 所示。

（14）在时间轴面板中将播放指针定位于"荷 04.jpg"的显示区间内。仿照步骤（11）创建"字幕 04"，并在"字幕 04"中创建垂直文字对象"中通外直，不蔓不枝,"，除了行距不用设置，字符间距为 15 之外，其他设置与"字幕 03"相同。"字幕 04"效果如图 2-5-49 所示。

（15）在时间轴面板中将播放指针定位于"荷 05.jpg"的显示区间内。仿照步骤（11）创建"字幕 05"，并在"字幕 05"中创建横向文字对象"香远益清，亭亭净植,"。为其设置与"字幕 04"相同的样式与属性，效果如图 2-5-50 所示。

图 2-5-48　"字幕 03"效果　　　　　图 2-5-49　"字幕 04"效果　　　　　图 2-5-50　"字幕 05"效果

（16）在时间轴面板中将播放指针定位于"荷 06.jpg"的显示区间内。仿照步骤（11）创建"字幕 06"，并在"字幕 06"中创建垂直文字对象"可远观而不可亵玩焉。"为其设置与"字幕 04"相同的样式与属性，效果如图 2-5-51 所示。

（17）在时间轴面板中，将播放指针定位于"荷 06.jpg"的"边角定位"动画之后。使用菜单命令"文件|新建|旧版标题"创建滚动字幕"字幕 07"，设置相关参数使文字从屏幕底部滚动出来，停止在屏幕的中间位置。文字内容如图 2-5-52 所示。适当设置文字的字体、字体大小、字符间距、行距、填充颜色、阴影颜色等属性，如图 2-5-53 所示。

图 2-5-51 "字幕 06"效果　　　　图 2-5-52 "字幕 07"文字内容　　　　图 2-5-53 "字幕 07"效果

（18）将"字幕 01"~"字幕 07"插入 V2 轨道上图 2-5-54 所示的位置。其中"字幕 01"~"字幕 06"分别与"荷 01.jpg"~"荷 06.jpg"素材的左端对齐，"字幕 07"与"荷 06.jpg"素材的右端对齐。"字幕 01"~"字幕 06"的时间长度都是 00：00：04：05，"字幕 07"的时间长度为 00：00：03：00。

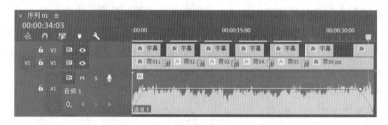

图 2-5-54 在 V2 轨道中插入字幕

（19）在"节目"面板中适当调整 V2 轨道上"字幕 01"~"字幕 07"中各素材的位置（尽量与前面各字幕创建时，相对于 V1 轨道各图片背景的位置一致）。

（20）在"字幕 02"的首尾两端分别添加"立方体旋转"过渡效果（位于"3D 运动"视频过渡组中），效果参数保持默认。

（21）在"字幕 03"的首尾两端分别添加"渐变擦除"过渡效果（位于"擦除"视频过渡组中），效果参数保持默认。

（22）在"字幕 04"的首尾两端分别添加"内滑"过渡效果（位于"内滑"视频过渡组中），效果参数保持默认。

（23）在"字幕 05"的首尾两端分别添加"交叉缩放"过渡效果（位于"缩放"视频过渡组中），效果参数保持默认。

（24）在"字幕 06"的首尾两端分别添加 Impact Rays 过渡效果（位于外挂视频过渡组 FilmImpact.net TP2 中），效果参数保持默认。此时的时间轴面板如图 2-5-55 所示。

图 2-5-55　为字幕添加过渡效果后的时间轴面板

（25）通过"节目"面板浏览视频合成效果。

（26）使用菜单命令"文件|保存"保存最终的项目文件。使用菜单命令"文件|导出|媒体"输出 WMV 视频文件。

实验 5-6　卷轴动画"梁祝旋律"

 实验目的

进一步学习 Premiere Pro 2020 的运动动画和"裁剪"效果的用法。

 实验内容

利用"第 5 章实验素材\卷轴动画"文件夹下的图像素材"卷纸 .png""卷轴 .png"和视频素材"梁祝片段 .wmv"，创建卷轴动画。最终效果可参照"第 5 章实验素材\卷轴动画 – 梁祝旋律 .wmv"。

卷轴动画"梁祝旋律"

 操作步骤

（1）启动 Premiere Pro 2020，采用默认设置新建项目文件。新建序列，参数设置如图 2-5-56 所示（其他未显示参数采用默认设置）。

（2）将全部素材导入"项目"面板。将视频素材"梁祝片段 .wmv"从"项目"面板中拖动至时间轴面板的 V2 轨道，弹出"剪辑不匹配警告"对话框，单击"保持现有设置"按钮。

（3）选择菜单命令"文件|新建|旧版标题"，弹出"新建字幕"对话框，采用默认设置（见图 2-5-57），单击"确定"按钮，打开字幕设计窗口。

图 2-5-56　设置序列参数

图 2-5-57　新建"字幕 01"

（4）在字幕设计窗口中，利用左侧工具栏中的矩形工具创建矩形。在属性栏中设置矩形参数："宽度"为 520 像素，"高度"为 1035 像素，"X 位置"为 301，"Y 位置"为 569，"填充类型"为"实底"，"颜色"为白色，其他属性保持默认，如图 2-5-58 所示。关闭字幕设计窗口。

（5）将"字幕 01"从"项目"面板中拖动至时间轴面板的 V1 轨道，并使用选择工具拖动其右边缘，使其时间长度与轨道 V2 上的"梁祝片段 .wmv"保持一致。

（6）选择轨道 V2 上的"梁祝片段 .wmv"素材。打开"效果控件"面板，在"运动"选项下将"缩放"参数设置为 56.4，如图 2-5-59 所示。

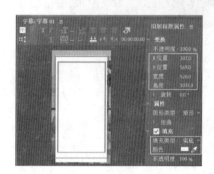

图 2-5-58　创建白色矩形画纸　　　　　　　图 2-5-59　在白色画纸上缩放定位视频

（7）将"卷纸 .png"从"项目"面板中拖动至时间轴面板的 V3 轨道，使用选择工具拖动其右边缘，使其时间长度与轨道上的其他素材保持一致。在"效果控件"面板的"运动"选项中将"位置"参数分别设置为 300.0 与 52.0（位于白色矩形画纸的顶部）。

（8）在时间轴面板 V3 轨道的上面增加 V4 轨道。将"卷轴 .png"从"项目"面板中拖动至 V4 轨道的开始处，使用选择工具拖动其右边缘，使其时间长度与轨道上的其他素材保持一致。在"效果控件"面板的"运动"选项中将"位置"参数分别设置为 300.0 与 1084.0（位于白色矩形画纸的底部）。此时的时间轴面板与节目面板如图 2-5-60 所示。

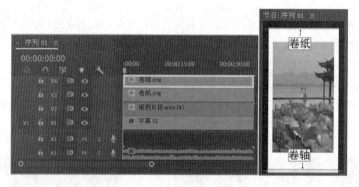

图 2-5-60　组合卷轴画效果

（9）在时间轴面板中选择 V4 轨道上的"卷轴 .png"素材，通过"效果控件"面板创建其位移动画：分别在时间点（00:00:00:00）和（00:00:07:02）（即时间线开始处和 7 秒 2 帧的位置）处创建"位置"参数的关键帧，并将 00:00:00:00 处关键帧的 x、y 坐标设置为 300.0 与 212.0，00:00:07:02 处关键帧的 x、y 坐标保持不变，如图 2-5-61 所示。

（10）打开"效果"面板，将"视频效果|变换"组中的"裁剪"效果添加到 V1 轨道的"字幕 01"素材上。

（11）在时间轴面板中选择 V1 轨道上的"字幕 01"素材。在"效果控件"面板中展开"裁剪"效果，分别在时间点 00:00:00:00 和 00:00:07:02 处创建"底部"参数的关键帧，并将 00:00:00:00 处关键帧的值设为 82.0%，00:00:07:02 处关键帧的值保持不变（即 0.0%）。

（12）仿照步骤（10）与步骤（11），为 V2 轨道上的"梁祝片段 .wmv"素材添加"裁剪"效果，在"效果控件"面板中，分别在时间点 00:00:00:00 和 00:00:06:01 处创建"底部"参数的关键帧，并将 00:00:00:00 处关键帧的值设为 92.0%，00:00:06:01 处关键帧的值保持不变（即 0.0%），如图 2-5-62 所示。

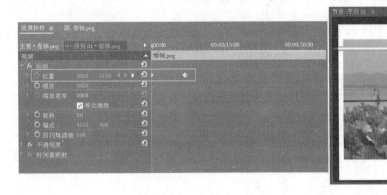

图 2-5-61　创建卷轴上下位移动画

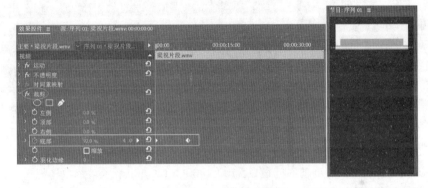

图 2-5-62　创建视频展开动画

（13）在时间轴面板中 V4 轨道的上面增加 V5 轨道。使用"文件 | 新建 | 旧版标题"菜单命令（采用默认设置）新建"字幕 02"，在字幕设计窗口中绘制图 2-5-63 所示的图形（两条白色直线段和一个灰色小圆）。将"字幕 02"放置在 V5 轨道上，并使用选择工具拖动其左右边缘，使其时间长度与其他轨道上的素材保持一致。

（14）在"节目"面板中预览视频效果。保存最终的项目文件，导出 WMV 视频文件。

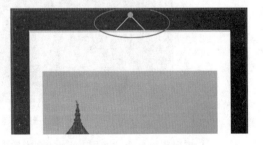

图 2-5-63　绘制"字幕 02"中的图形

实验 **5-7**　变换动画"国色天香"

实验目的

学习 After Effects 2020 的基本用法。

实验内容

利用"第 5 章实验素材 \ 国色天香 \ 牡丹 .mp4"创建视频变换动画。最终效果可参照"第 5 章实验素材 \ 国色天香 .mov"。

变换动画"国色天香"

🔍 **操作步骤**

（1）使用菜单命令"文件|新建|新建项目"新建项目文件。选择菜单命令"合成|新建合成"，参数设置如图2-5-64所示，单击"确定"按钮。

（2）使用菜单命令"文件|导入|文件"，将视频素材"第5章实验素材\国色天香\牡丹.mp4"导入"项目"面板，并将它们拖动至时间轴面板中。

（3）在时间轴面板中，将当前时间设置为00：00：00：00（位于时间轴面板的左上角，格式为"时：分：秒：帧"），这样可将播放指针定位于时间线开始处。按[键（或按住Shift键使用选取工具▶拖动素材）将"牡丹.mp4"左侧对齐到播放指针。

（4）展开"变换"参数栏，将"缩放"值设置为"0.0，0.0%"，"旋转"值设置为"0x+0.0°"。分别单击"缩放"和"旋转"左侧的码表按钮🕐，在当前位置添加"缩放"与"旋转"关键帧（见图2-5-65）。

图2-5-64 设置图像合成参数

图2-5-65 设置第1个时间点的关键帧

（5）在时间轴面板中，将当前时间设置为00：00：02：10，将"缩放"值设置为"100.0，100.0%"，"旋转"值设置为"1x+0.0°"。此时After Effects会自动产生关键帧，如图2-5-66所示。

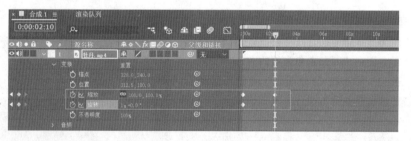

图2-5-66 设置第2个时间点的关键帧

（6）使用菜单命令"图层|新建|文本"创建文字图层。文字内容为"国色天香"，字体为"华文中宋"，大小为136像素，填充颜色为红色，边框颜色为黄色，将其放置在视频窗口的中央（见图2-5-67）。

说明：可在"字符"面板中设置文字的各种属性。

（7）在时间轴面板中，使用选取工具拖动文字素材的左右边缘，将其左边缘定位在00：00：02：10的位置，右边缘与"牡丹"图层的右边缘对齐，如图2-5-68所示。

说明：在时间轴面板中选择"牡丹.mp4"，按O键将播放指针定位于"牡丹.mp4"的末端，再将文字素材的右边

图2-5-67 创建文字图层

缘拖动到播放指针处。同样，在"牡丹 .mp4"的"变换"参数栏中单击▶或◀按钮，将播放指针定位于 00：00：02：10 时间点的关键帧处，再拖动文字素材的左边缘到播放指针处。将时间线放大一定倍数后再进行上述操作更方便。

图 2-5-68　调整文字图层的时间线

（8）在时间轴面板中，仿照步骤（3）~ 步骤（5）的操作方法，在 00：00：02：10 处分别为文字图层建立"缩放"与"不透明度"关键帧，并设置"缩放"值为"1000.0，1000.0%"，"不透明度"值为"0.0%"。在 00：00：04：10 处再次为文字图层建立"缩放"与"不透明度"关键帧，并设置"缩放"值为"100.0，100.0%"，"不透明度"值为"100.0%"（见图 2-5-69）。

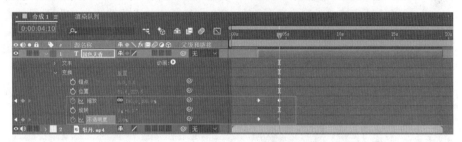

图 2-5-69　为文字图层创建关键帧动画

（9）至此完成本例的动画制作。选择时间轴面板，通过预览面板播放视频，在"合成"面板中预览合成效果。

说明：关于"牡丹 .mp4"图层的声音，可在其"音频"参数栏中通过降低"音频电平"的值使其静音。

（10）使用菜单命令"文件 | 保存"保存最终的项目文件。使用菜单命令"合成 | 添加到渲染队列"或"文件 | 导出 | 添加到渲染队列"输出影片。

实验 5-8　短片合成"美丽的茶花"

 实验目的

进一步学习 After Effects 2020 基本用法。

实验内容

利用"第 5 章实验素材 \ 美丽的茶花"文件夹下的视频素材"茶花 01.wmv""茶花 02.mp4""茶花 03.mp4"和音频素材"芳菲何处（片段）.mp3"合成短片"美丽的茶花"。最终效果可参照"第 5 章实验素材 \ 美丽的茶花 .mov"。

短片合成"美丽的茶花"

操作步骤

（1）将外挂插件文件夹 VideoCopilot 复制到…\Adobe After Effects 2020\Support Files\Plug-ins

文件夹下。启动 After Effects 2020，新建项目文件。新建合成，参数设置如图 2-5-70 所示。

（2）将"第5章实验素材\美丽的茶花"文件夹下的"茶花 01.wmv""茶花 02.mp4""茶花 03.mp4""芳菲何处（片段）.mp3"导入"项目"面板，如图 2-5-71 所示。

图 2-5-70 设置新建合成参数

图 2-5-71 导入素材

（3）依次将素材"茶花 01.wmv""茶花 02.mp4""茶花 03.mp4""芳菲何处（片段）.mp4"拖入时间轴面板，放置在图 2-5-72 所示的位置。其中"茶花 01.wmv"图层的起始点为 00：00：08：00，"茶花 03.mp4"图层的结束点是 00：00：36：00，"芳菲何处（片段）.mp4"图层的起始点为 00：00：00：00。而"茶花 02.mp4"与"茶花 01.wmv""茶花 03.mp4"重叠部分的长度大致相等。

注：通过"图层 I 排列"菜单中的命令可以调整时间轴面板中各图层的上下排列顺序。

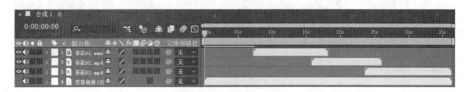

图 2-5-72 将素材插入时间线

（4）为"茶花 01.wmv"图层添加"渐变擦除"过渡效果（位于"效果和预设"面板的"过渡"效果组中，双击即可将其添加到选中的图层上）。按组合键 Ctrl+Alt+Shift+ 键盘方向键将播放指针定位在"茶花 02.mp4"素材的起始处，并在此处分别建立"过渡完成"与"过渡柔和度"关键帧，将两个参数的值都设置为 0%。同样，按上述组合键将播放指针定位在"茶花 01.wmv"素材的结束处，在此处再次建立"过渡完成"与"过渡柔和度"关键帧，将两个参数的值都设置为 100%。这样就实现了"茶花 01.wmv"向"茶花 02.mp4"的自然过渡，如图 2-5-73 所示。

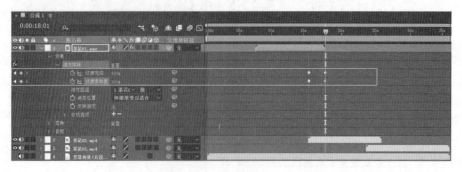

图 2-5-73 在"茶花 01.wmv"与"茶花 02.mp4"之间设置过渡效果

（5）为"茶花 02.mp4"图层添加"CC Grid Wipe"（网格擦除）过渡效果（位于"效果和预设"

面板的"过渡"效果组中）。仿照步骤（4）的操作方法，完成"茶花 02.mp4"向"茶花 03.mp4"的过渡设置（只需建立"Completion"（完成度）关键帧即可），如图 2-5-74 所示。

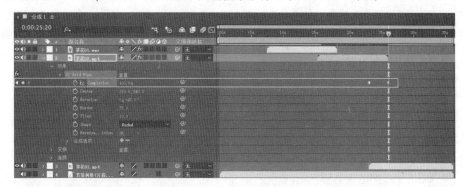

图 2-5-74　在"茶花 02.mp4"与"茶花 03.mp4"之间设置过渡效果

（6）新建文字图层。文字内容为"美丽的茶花"，字体为"微软雅黑（粗体）"，大小为 96 像素，填充颜色为黑色，边框颜色为白色（描边宽度为 2 像素），字符间距为 240，将其放置在视频窗口的中央，如图 2-5-75 所示。此时，在时间轴面板中，文字图层位于最上层。

（7）在所有图层上面新建黑色纯色图层（见图 2-5-76），并为纯色图层添加"Saber"（光电描边）效果（位于"效果与预设"面板的 VideoCopilot 效果组中），参数设置如图 2-5-77 所示。

图 2-5-75　创建文字图层

图 2-5-76　创建黑色纯色图层

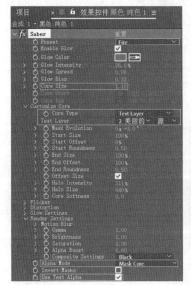

图 2-5-77　Saber 参数设置及效果

（8）在时间轴面板中选择纯色图层，使用菜单命令"图层|混合模式|屏幕"将黑色过滤掉。

（9）在时间轴面板中，选择"美丽的茶花"文本图层，分别在00∶00∶09∶12与00∶00∶10∶20处建立"位置"与"缩放"关键帧。其中00∶00∶09∶12处"位置"与"缩放"值保持不变，将播放指针定位于00∶00∶10∶20处的关键帧，通过"合成"面板将文本缩小并移动到图2-5-78所示的位置。这样就创建了文字的缩放移动动画。

图2-5-78　创建文字变换动画

（10）为"茶花01.wmv"图层设置淡入动画。在时间轴面板中选择"茶花01.wmv"图层，分别在00∶00∶08∶00与00∶00∶9∶12处建立"不透明度"关键帧，并设置00∶00∶08∶00处"不透明度"值为0%，设置00∶00∶09∶12处"不透明度"值为100%，如图2-5-79所示。

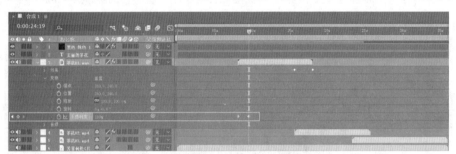

图2-5-79　设置"茶花01.wmv"图层的淡入效果

（11）在时间轴面板中将播放指针定位于时间线的起始位置（最左端），按小键盘上的"0"键预览视频合成效果，按Space键结束预览。

（12）使用菜单命令"文件|保存"保存最终的项目文件。使用菜单命令"合成|添加到渲染队列"或"文件|导出|添加到渲染队列"输出影片。

实验 6　多媒体作品合成

多媒体作品合成综合实验——制作翻页卡片

实验目的

进一步学习使用 Photoshop、Premiere Pro、Animate 等软件合成多媒体作品的方法。

实验内容

使用 Photoshop、Premiere pro、Animate 等软件制作翻页电子卡片，效果可参照"第 6 章实验素材\翻页卡片 .swf"。所用素材为"第 6 章实验素材"文件夹下的"回形针 .jpg""风景 .jpg""画框 .psd""To_Alice.MP3""文字内容 .txt"。

操作步骤

（一）准备素材

1. 使用 Photoshop 绘制回形针

（1）使用 Photoshop 打开"第 6 章实验素材 \ 回形针 .jpg"，使用缩放工具将图像放大到 200%（见图 2-6-1）。

使用 Photoshop
绘制回形针

（2）将背景图层转换为普通图层，采用默认名称"图层 0"。新建"图层 1"，填充白色。使用菜单命令"图层 | 新建 | 图层背景"将"图层 1"转换为"背景"图层。

（3）选择"图层 0"，选择菜单命令"编辑 | 自由变换"（或按 Ctrl+T 组合键），将鼠标指针放在变换控制框外围，按住鼠标左键顺时针拖动鼠标，将回形针旋转到图 2-6-2 所示的位置。按 Enter 键确认。

（4）在"图层"面板上将"图层 0"的不透明度降低到 40% 左右（这样可使接下来创建的路径比较清晰，便于调整）。

（5）选择菜单命令"视图 | 标尺"（或按 Ctrl+R 组合键），显示标尺。在回形针上定位参考线（目的是标出回形针的各条边及拐角点的位置），如图 2-6-3 所示。

图 2-6-1　原素材图像

图 2-6-2　旋转回形针

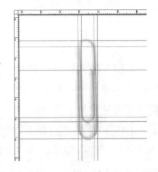

图 2-6-3　定位参考线

（6）选择菜单命令"视图 | 对齐到 | 参考线"。使用钢笔工具创建图 2-6-4 所示的折线路径（确定关键锚点时不仅要参考原图上回形针的端点、顶点和拐角点的位置，还要注意图形的左右对称性及竖直

方向等）。

（7）按 Ctrl+R 组合键隐藏标尺。选择菜单命令"视图 | 清除参考线"。

（8）使用直接选择工具、转换点工具等调整路径，如图 2-6-5 所示（为便于查看，图中已隐藏"图层 0"）。

（9）在"路径"面板上双击工作路径，弹出对话框，单击"确定"按钮。这样可将临时路径存储起来，以免丢失。

（10）在工具箱中选择画笔工具，在选项栏上设置像素大小为 4 的硬边画笔（即硬度为 100%）。在工具箱中将前景色设置为红色（#FF0000）。

（11）在"图层"面板上新建并选择"图层 1"。在"路径"面板上单击"用画笔描边路径"按钮，结果如图 2-6-6 所示。

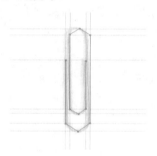  

图 2-6-4　创建折线路径　　　　图 2-6-5　调整路径　　　图 2-6-6　描边路径

（12）隐藏路径。为"图层 1"添加"投影"（见图 2-6-7）和"斜面和浮雕"（见图 2-6-8）图层样式，回形针效果如图 2-6-9 所示。

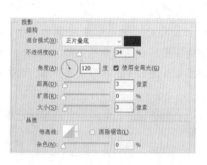 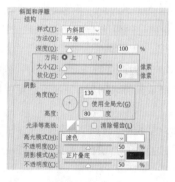

图 2-6-7　设置"投影"图层样式参数　　图 2-6-8　设置"斜面和浮雕"图层样式参数　图 2-6-9　添加样式
后的回形针效果

（13）使用裁剪工具将回形针周围的空白区域裁切掉（注意，回形针的右侧和底部留出的空间应稍大，防止阴影被切掉），如图 2-6-10 所示。

（14）删除"图层 0"与背景图层（效果见图 2-6-11）。选择菜单命令"文件 | 存储为"，将最终图像存储为 PNG 格式，并命名为"回形针.png"，以备后续使用。

 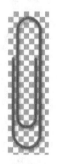

图 2-6-10　裁切画布　　图 2-6-11　保存透明背景的图像

2. 使用 Photoshop 处理下雪图像

（1）在 Photoshop 中打开素材图像"第6章实验素材\风景.jpg"。使用菜单命令"图像 | 图像大小"将图像缩小为 540 像素 ×390 像素，分辨率保持 72 像素 / 英寸不变。

使用 Photoshop
处理下雪图像

（2）选择菜单命令"图像 | 调整 | 色阶"，参数设置如图 2-6-12（a）所示。单击"确定"按钮。图像调整效果如图 2-6-12（b）所示。

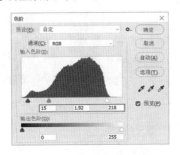

（a）参数设置 　　　　　　　　　（b）调色效果

图 2-6-12　调整图像色彩

（3）选择仿制图章工具，在选项栏上选择像素大小为 100 的软边（即硬度为 0%）画笔，将图 2-6-13 所示位置的局部图像修补到图像右上角。

（4）复制背景图层，得到"背景 拷贝"图层。在"背景 拷贝"图层上添加"高斯模糊"滤镜（菜单命令"滤镜 | 模糊 | 高斯模糊"），将模糊半径设为 1.5 左右。

（5）将"背景 拷贝"图层的图层混合模式设置为"变暗"，如图 2-6-14 所示。

图 2-6-13　修补图像 　　　　　　　　　图 2-6-14　修改图层混合模式

（6）将"背景 拷贝"图层向下合并到背景图层。再次用"色阶"命令调整图像，参数设置如图 2-6-15（a）所示，图像调整效果如图 2-6-15（b）所示。

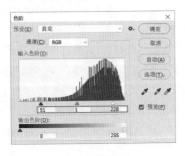

（a）参数设置 　　　　　　　　　（b）调色效果

图 2-6-15　再次调整图像

（7）选择菜单命令"图像|调整|可选颜色"，对洋红和红色分别进行调整，参数设置如图2-6-16（a）、（b）所示。单击"确定"按钮，图像调整效果如图2-6-16（c）所示。

（a）参数设置（1）

（b）参数设置（2）

（c）调色效果

图2-6-16 用"可选颜色"命令调整图像

（8）选择菜单命令"文件|存储为"，将最终图像仍旧存储为JPG格式，命名为"下雪.jpg"，以备后续使用。

3. 使用Photoshop合成窗框效果

（1）在Photoshop中打开素材图像"第6章实验素材\画框.psd"，如图2-6-17所示（该素材也可由Photoshop直接绘制）。按Ctrl+A组合键全选图像，按Ctrl+C组合键复制图像。

使用Photoshop
合成窗框效果

（2）新建一个540像素×390像素，分辨率为72像素/英寸，RGB颜色模式，白色背景的图像文件（像素大小及分辨率与图像"下雪.jpg"相同）。按Ctrl+V组合键粘贴图像。

（3）在"图层"面板上同时选中"图层1"与背景图层。依次选择菜单命令"图层|对齐|顶边"与"图层|对齐|左边"，将素材对齐到图像窗口左上角，如图2-6-18所示。

（4）复制"图层1"，得到"图层1拷贝"。选择"图层1拷贝"，选择菜单命令"编辑|变换|垂直翻转"。参照步骤（3）将"图层1拷贝"中的素材对齐到画面左下角，效果及"图层"面板如图2-6-19所示。

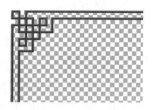
图2-6-17 素材图像

图2-6-18 将"图层1"与
背景图层对齐

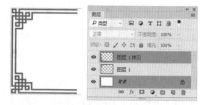
图2-6-19 复制并对齐图层

（5）将"图层1拷贝"向下合并到"图层1"。再次复制"图层1"，同样得到"图层1拷贝"。选择"图层1拷贝"，选择菜单命令"编辑|变换|水平翻转"。将"图层1拷贝"对齐到图像窗口的右边，效果及"图层"面板如图2-6-20所示。

（6）再次将"图层1拷贝"向下合并到"图层1"，并在"图层1"上添加"投影"和"斜面和浮雕"图层样式，参数设置类似回形针的图层样式（见图2-6-7、图2-6-8，可以适当调整参数），如图2-6-21所示。

（7）选择菜单命令"图像|调整|色阶"，参数设置如图2-6-22所示。单击"确定"按钮。图像调整效果如图2-6-23所示。

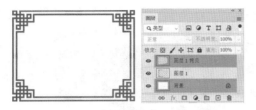

图 2-6-20　再次复制并对齐图层

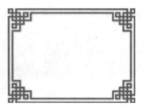

图 2-6-21　添加图层样式

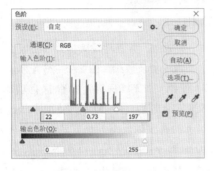

图 2-6-22　"色阶"对话框

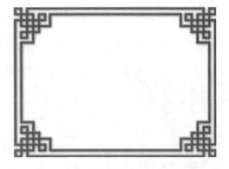

图 2-6-23　色阶调整结果

（8）删除背景图层。选择菜单命令"文件 | 存储为"，将图像以 PNG 格式存储，并将其命名为"窗框 .png"，以备后续使用。

4．使用 Premiere Pro 合成下雪视频

说明：合成视频前应在 Premiere Pro 中正确安装下雪外挂插件。另外，尽管使用 Photoshop、Animate、3ds Max 等都可以模拟下雪效果，但使用 Premiere Pro 操作最快，效果也比较真实。

使用 Premiere Pro
合成下雪视频

（1）启动 Premiere Pro 2020，新建项目文件，参数设置如图 2-6-24（a）所示。新建序列，参数设置如图 2-6-24（b）所示（未显示参数采用默认设置）。

（2）导入"第 6 章实验素材 \ 下雪 .jpg"（即前面使用 Photoshop 处理好的素材图像）。

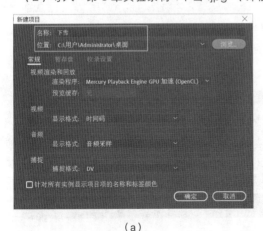

（a）

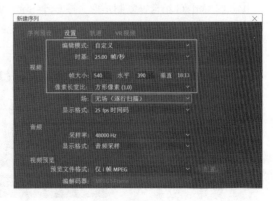

（b）

图 2-6-24　新建项目与序列

（3）将素材图像"下雪 .jpg"插入 V1 轨道的开始处，并在素材上右击，在弹出的菜单中选择"速度 / 持续时间"命令。在弹出的"剪辑速度 / 持续时间"对话框中将"持续时间"设置为 00:03:00:00（3

分钟），如图 2-6-25 所示。单击"确定"按钮。

图 2-6-25　设置轨道素材的持续时间

（4）打开"效果"面板，为 V1 轨道上的图像素材添加下雪效果，并在"效果控件"面板上设置相关参数，参数设置及效果如图 2-6-26 所示。

图 2-6-26　设置下雪效果参数

（5）使用"文件 | 保存"命令保存项目文件；使用"文件 | 导出 | 媒体"命令，分别导出 H.264 格式（MP4）的视频以及 GIF 格式的文件（帧画幅大小为 540 像素 ×390 像素，帧速率为 25 帧 / 秒），将文件分别命名为"下雪 .mp4"和"下雪 .gif"，以备后续使用。

（二）使用 Animate 合成与输出作品

1. 制作自动翻页卡片

使用 Animate
合成与输出作品

（1）启动 Animate 2020。新建空白文档（舞台大小为 800 像素 ×600 像素，帧速率为 12 帧 / 秒，平台类型为 ActionScript 3.0）。在"属性"面板的"文档设置"参数区中将舞台颜色设置为 #990099。

（2）打开"颜色"面板，将笔触颜色设置为无色，将填充颜色设置为线性渐变色，参数设置如图 2-6-27 所示。其中①、②、④号色标的颜色值为 #F2BFFF，③号色标的颜色值为 #EBA3FE。

（3）在舞台上绘制图 2-6-28 所示的矩形，利用"属性"面板将其大小修改为 320 像素 ×450 像素。按组合键 Ctrl+G，将矩形组合起来。

（4）按 Ctrl+C 组合键复制矩形，按 Ctrl+Shift+V 组合键原位粘贴矩形。

（5）将复制出的矩形水平向右移动到图 2-6-29 所示的位置（与原矩形间隔 1 像素）。

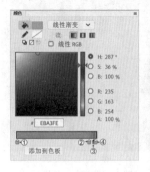

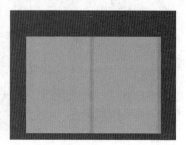

图 2-6-27　设置渐变色　　　　图 2-6-28　绘制卡片左封面　　　　图 2-6-29　复制并移动矩形

（6）按 Ctrl+B 组合键分离右侧矩形，为其重新填充颜色 #F2BFFF，并再次将其组合。

（7）锁定"图层 _1"，并在其第 51 帧处右击，在弹出的菜单中选择"插入帧"命令。将"图层 _1"改名为"封面"。至此完成卡片封面的创建。

（8）新建"图层_2"，将其命名为"中线"。选择线条工具，利用"属性"面板将笔触颜色设置为白色，笔触粗细为 2 像素，样式为虚线。选择"中线"图层的首帧，在卡片左右封面的分隔线处绘制一条竖直线段。锁定"中线"图层，如图 2-6-30 所示。

（9）新建"图层_3"。选择矩形工具。利用"颜色"面板将笔触颜色设置为无，将填充颜色设置为白色，将表示明度参数的 A 值设置为 80%，如图 2-6-31 所示。

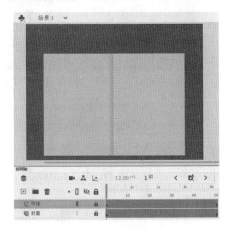

图 2-6-30　绘制白色竖直虚线　　　　　图 2-6-31　设置半透明填充色

（10）在"图层_3"的首帧绘制矩形。利用"属性"面板将其大小设为 317 像素 × 444 像素，通过键盘方向键调整白色矩形的位置，使其与右封面的左边对齐（覆盖白色竖直虚线），并在竖直方向上与右封面对称居中对齐，如图 2-6-32 所示。

（11）在"图层_3"的第 2 帧、第 11 帧、第 21 帧、第 31 帧、第 41 帧、第 51 帧处分别插入关键帧。

（12）选择"图层_3"的第 11 帧。选择任意变形工具，此时被选中的白色半透明页面周围出现变形控制框。将鼠标指针定位于变形控制框右边缘中间的黑色控制块上，按住 Alt 键不放的同时按住鼠标左键水平向左拖动鼠标，使矩形变窄；同样，按住 Alt 键不放的同时竖直向上拖动变形控制框的右边缘（避开黑色控制块），使矩形出现斜切效果。向左和向上变形的幅度如图 2-6-33 所示。

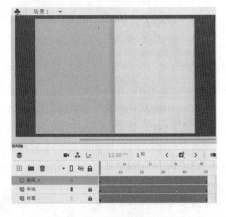

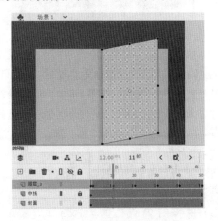

图 2-6-32　绘制白色半透明页面　　　　　图 2-6-33　使用任意变形工具斜切矩形

（13）按 Esc 键取消矩形的选择状态。选择任意变形工具，将鼠标指针定位于半透明页面的上边缘上（此时鼠标指针旁出现弧形标志），按住鼠标左键向下拖动鼠标，使页面顶边弯曲；用同样的方法向下拖动透明页面的下边缘使之弯曲。弯曲的程度如图 2-6-34 所示。

（14）选择"图层_3"的第 21 帧，参照步骤（12）与步骤（13）变形白色半透明页面，变形效果如图 2-6-35 所示。

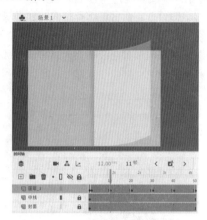

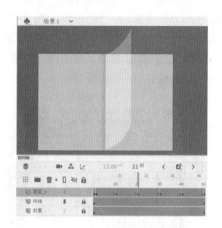

图 2-6-34　使用任意变形工具变形矩形　　　　图 2-6-35　变形第 21 帧处的矩形

（15）选择"图层 _3"的第 31 帧。采用类似的方法变形白色半透明矩形（向左拖动右边缘中间的控制块至中线的左侧，向上弯曲页面），如图 2-6-36 所示。

（16）选择"图层 _3"的第 41 帧。参照步骤（15）变形白色半透明矩形，如图 2-6-37 所示。

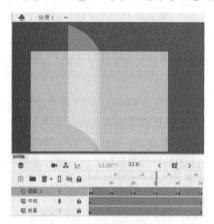

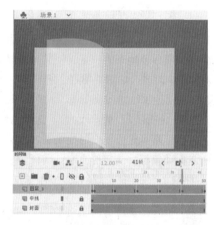

图 2-6-36　变形第 31 帧处的矩形　　　　图 2-6-37　变形第 41 帧处的矩形

（17）确保没有选择菜单命令"视图 | 贴紧 | 贴紧至对象"。

（18）选择"图层 _3"的第 51 帧。选择任意变形工具，按住 Alt 键不放的同时水平向左拖动变形控制框右边缘中间的控制块，使其跨过中线至图 2-6-38 所示的位置（距离封面的左边缘 2~3 像素）。

（19）在"图层 _3"的第 2 帧、第 11 帧、第 21 帧、第 31 帧、第 41 帧处分别插入补间形状动画，如图 2-6-39 所示。

说明：选择菜单命令"控制 | 测试"，发现第 21 帧至第 31 帧的翻页动画未成功创建，下面通过添加变形提示解决这个问题。

（20）选择第 21 帧，连续选择 4 次菜单命令"修改 | 形状 | 添加形状提示"（或按组合键 Ctrl+Shift+H），为当前关键帧添加 a、b、c、d 4 个变形提示。选择菜单命令"视图 | 贴紧 | 贴紧至对象"，将 4 个变形提示按顺序依次拖动到页面的 4 个角上，如图 2-6-40 所示。

（21）选择第 31 帧（前面添加的变形提示同样会出现在该帧），与第 21 帧的位置对应，将 4 个变形提示放置在页面的 4 个角上，如图 2-6-41 所示。此时，如果第 21 帧和第 31 帧的变形提示放置得都准确，第 31 帧的变形提示会显示为绿色，第 21 帧的变形提示显示为黄色。

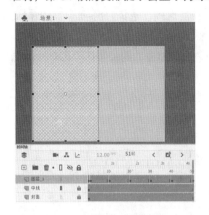

图 2-6-38　变形第 51 帧的矩形

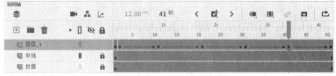

图 2-6-39　创建补间形状动画

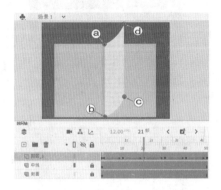

图 2-6-40　在第 21 帧处定位变形提示

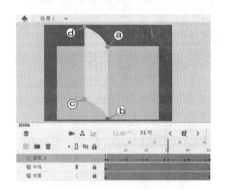

图 2-6-41　在第 31 帧处定位变形提示

（22）如果第 31 帧的某个或某些变形提示显示为红色，可放大该变形提示处的对象局部，如图 2-6-42 所示（放大时，变形提示会消失，可选择菜单命令"视图 | 显示形状提示"恢复显示）。将变形提示拖动到准确的位置（白色页面下尖点），其颜色就会变成绿色了，如图 2-6-43 所示。

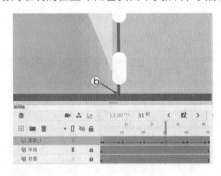

图 2-6-42　放大对象局部

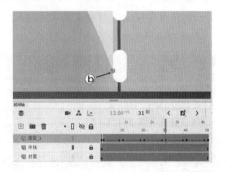

图 2-6-43　准确定位变形提示

（23）如果通过步骤（22）的操作，将第 31 帧中出问题的变形提示准确定位后，其仍然显示为红色，此时可用同样的方法调整第 21 帧中对应位置的变形提示。只有前后关键帧中对应的变形提示都准确定位后，翻页变形动画才能成功创建。

（24）将"图层 _3"改名为"翻页动画"，并锁定该图层。

2. 导入视频素材

（1）新建"图层_4"，将其放置在"中线"图层与"封面"图层之间。选择"图层_4"的首帧。选择菜单命令"插入|新建元件"，创建影片剪辑元件，将其命名为"下雪"，并进入该元件的编辑窗口。

（2）选择菜单命令"文件|导入|导入视频"，按对话框提示导入前面准备的视频素材"下雪.mp4"；要点如下。

● 选择视频：单击"浏览"按钮，选择前面准备好的视频素材"下雪.mp4"；其他设置如图2-6-44所示。

● 设定外观：在"外观"下拉列表中选择"无"选项。

● 完成视频导入：采用默认设置，单击"完成"按钮。

（3）返回场景1。打开"库"面板，将"下雪"元件拖动到"图层_4"首帧的舞台上，适当缩小后放置在图2-6-45所示的位置。

图2-6-44 "导入视频"对话框

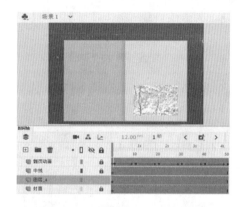

图2-6-45 "下雪"元件实例的应用

（4）选择菜单命令"文件|导入|导入到舞台"，将前面准备好的图像素材"窗框.png"导入"图层_4"首帧的舞台，将其适当缩小，以便与视频对齐，如图2-6-46所示。

（5）将"图层_4"改名为"视频"，并锁定该图层。

（6）新建"图层_5"，将其命名为"文字"，并放置在"中线"图层与"视频"图层之间。在图2-6-47所示的位置创建文本对象（文字内容可从文本文件"第6章实验素材\文字内容.txt"中复制）。为了美观，可选择自己喜欢的字体，适当调整文字大小、字间距、行间距等参数。

图2-6-46 导入"窗框.png"素材

图2-6-47 在卡片上添加文字

（7）锁定"文字"图层。导入音频素材"第6章实验素材\To_Alice.mp3"。

（8）新建图层，将其命名为"音乐"，并放置在所有图层的上面。在"音乐"图层的第2帧插入关键帧，选择该关键帧，在"属性"面板的声音"名称"下拉列表中选择"To_Alice.mp3"选项，将"同步"

设置为"开始"，重复 1 次。锁定"音乐"图层。

3. 添加交互控制

（1）新建图层，将其命名为"代码"，并放置在所有图层的上面。在"代码"图层的第 51 帧处插入关键帧。通过"动作"面板分别为"代码"图层的第 1 帧和第 51 帧添加动作脚本"stop();"。

（2）锁定"代码"图层。新建图层，将其命名为"按钮"，放置在"翻页动画"图层的上面。删除"按钮"图层的第 2 ~ 51 帧（仅保留第 1 帧）。

（3）选择"按钮"图层的第 1 帧。导入前面处理好的图像素材"回形针 .png"。使用任意变形工具对素材进行缩放、旋转操作，并将其放置在图 2-6-48 所示的位置。

（4）选择回形针，按 Ctrl+B 组合键将其分离。使用多边形工具（位于套索工具组，用法与 Photoshop 的多边形套索工具类似）选择图 2-6-49 所示的区域（黑色围成的区域），按 Delete 键将其删除，如图 2-6-50 所示。

图 2-6-48　导入"回形针 .png"素材

图 2-6-49　选择回形针的部分区域

图 2-6-50　回形针夹住卡片的效果

（5）单击"按钮"图层的第 1 帧，选择回形针。选择菜单命令"修改 | 转换为元件"将其转换成按钮元件，并命名为"回形针"。

（6）选择"回形针"按钮元件的实例，利用"属性"面板将该按钮元件实例的名称设置为 btn_play，并为"代码"图层的第 1 个关键帧添加如下动作脚本。

```
btn_play.addEventListener(MouseEvent.CLICK,onclick); // 对按钮添加侦听器
// 事件目标 . 添加事件侦听器（事件类型，侦听函数）
function onclick(e:MouseEvent):void { gotoAndPlay(2);} // 定义侦听函数
```

（7）锁定"按钮"图层。最终作品的图层及时间线结构如图 2-6-51 所示。

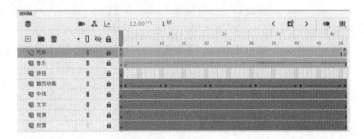
图 2-6-51　最终作品的图层及时间线结构

4. 保存并输出作品

（1）选择菜单命令"控制 | 测试"测试作品。起初，卡片停留在第 1 帧，单击"回形针"按钮，启动翻页动画，同时背景音乐响起，并逐渐看到下雪动画。动画停止在最后 1 帧。

（2）选择菜单命令"文件 | 另存为"，将作品源文件存储为 .fla 格式，命名为"翻页卡片 .fla"。

（3）选择菜单命令"文件 | 发布设置"，输出 SWF 格式的影片文件。

参考文献

[1] 江红，李建芳，余青松. 多媒体技术及应用 [M]. 北京：清华大学出版社 & 北京交通大学出版社，2013.

[2] 王行恒，江红，李建芳，高爽，刘垚. 大学计算机软件应用. 2 版 [M]. 北京：清华大学出版社，2007.

[3] Ed Bott,Carl Siechert,Craig Stinson. Windows 10 Inside Out,2nd Edition[M]. Washington: Microsoft Press, 2016

[4] Rob Tidrow,Jim Boyce,Jeffrey R. Shapiro. Windows 10 Bible[M]. Indianapolis: Iohn Wiley & Sons, Inc., 2015.

[5]（美）罗马尼罗（Romaniello.S）. Photoshop CS 从入门到精通. 魏海萍，等译 [M]. 北京：电子工业出版社，2004.

[6] 李金明，李金蓉. 中文版 Photoshop CC 完全自学教程 [M]. 北京：人民邮电出版社，2014.

[7] 新视角文化行. Photoshop CS6 中文版平面设计实战从入门到精通 [M]. 北京：人民邮电出版社，2013.

[8] 唯美世界. 中文版 Photoshop CC 从入门到精通（微课视频版）[M]. 北京：中国水利水电出版社，2017.

[9] 李建芳，杨云，高爽. Photoshop 平面设计（CC 版）[M]. 北京：清华大学出版社 & 北京交通大学出版社，2018.

[10] 李建芳. Photoshop CC 2020 案例教程. 4 版 [M]. 北京：北京大学出版社，2023.

[11] 叶华，马颖. 新概念 Illustrator CS3 教程. 5 版 [M]. 北京：北京科学技术出版社，2008.

[12] 李建芳. 3ds Max 2011 案例教程 [M]. 北京：北京大学出版社，2012.

[13] 林贵雄，吕军辉. 计算机绘谱 [M]. 北京：清华大学出版社，2007.

[14] Adobe 公司. Adobe Audition CC 经典教程（贾楠 译）[M]. 北京：人民邮电出版社，2014.

[15] 杨端阳. 电脑音乐家 Audition CC 2017[M]. 北京：清华大学出版社，2016.

[16] 王志新，彭聪，陈小东. After Effects CS5 影视后期合成实战从入门到精通 [M]. 北京：人民邮电出版社，2012.

[17] 孙颖，Flash ActionScript3 殿堂之路 [M]. 北京：电子工业出版社，2007.